航空摄影测量与遥感技术研究

安晓光　郭　玲　著

吉林科学技术出版社

图书在版编目（CIP）数据

航空摄影测量与遥感技术研究 / 安晓光, 郭玲著
. -- 长春 : 吉林科学技术出版社, 2023.5
ISBN 978-7-5744-0483-0

Ⅰ. ①航… Ⅱ. ①安… ②郭… Ⅲ. ①航空摄影测量
②航空遥感－遥感技术 Ⅳ. ①P231②TP72

中国国家版本馆CIP数据核字(2023)第105667号

航空摄影测量与遥感技术研究

著　安晓光　郭　玲
出版人　宛　霞
责任编辑　王　皓
封面设计　优盛文化
制　版　优盛文化
幅面尺寸　170mm × 240mm
开　本　16
字　数　230 千字
印　张　15.5
印　数　1–1500 册
版　次　2023年5月第1版
印　次　2024年1月第1次印刷

出　版　吉林科学技术出版社
发　行　吉林科学技术出版社
地　址　长春市南关区福祉大路5788号出版大厦A座
邮　编　130118
发行部电话/传真　0431-81629529　81629530　81629531
81629532　81629533　81629534
储运部电话　0431-86059116
编辑部电话　0431-81629510
印　刷　廊坊市印艺阁数字科技有限公司

书　号　ISBN 978-7-5744-0483-0
定　价　93.00 元

前言 preface

随着社会经济的快速发展和科技的进步，航空摄影测量与遥感技术逐渐成为集地理学技术、信息技术、全球定位技术和遥感技术于一身的综合性地理学空间信息社会科学，它由摄影测量、遥感和空间信息系统以及计算机视觉技术等交叉而成，数字或模拟的成果将直接作用于客观世界，从而形成图像数据获取、传输、信息加工、表达和应用的数据流和信息流。它具有测量区域广阔、覆盖范围大、续航时间长、扫描质量良好、工作效率高等优点。它能够构建动态测量，提升测量速率，为施工测量获取可信的地貌、地质结构、地物辨识等信息，有利于建设项目的顺利进行。站在信息科学的立场上理解摄影测量与遥感，有利于它自身向数字化、自动化、智能化和网络化方向发展，也有利于拓宽它在各种空间信息系统中的应用。

本书首先从摄影测量与遥感技术的基本理论出发，在对航空测量与遥感技术的基本概念与发展进行了分析后，进一步阐述了航摄资料的要求、航空摄影像片的基本知识等内容，为后文的阐述奠定了基础。其次，本书对航空摄影测量与遥感技术的关键技术进行了详细的分析，包括像片控制测量与像片调绘、航摄像片纠正、正射投影技术、遥感图像解译等。最后，通过实际案例对航空测量与遥感技术的应用进行了深入探究。本书以理论研究为基础，力求对航空摄影测量与遥感技术进行多方面、立体化的综合研究，以期为航空摄影测量的建设贡献微薄之力。本书具有较高的应用价值，可供从事相关工作的人员作为参考用书使用。

目录 contents

第一章　绪论

第一节　摄影测量与遥感技术概述

一、摄影测量的定义、任务和分类

摄影测量学是通过影像研究信息的获取、处理、提取和成果表达的一门信息科学。1988 年，国际摄影测量与遥感协会在日本京都第 16 届国际摄影测量与遥感大会上明确提出了摄影测量遥感的定义，即摄影测量与遥感是对非接触传感器系统获得的影像及其数字表达进行记录、量测和解译，从而获得自然物体和环境的可靠信息的一门技术、科学和工艺。

摄影测量的主要任务是依照地形测量并绘制地形图（多种比例尺），收集各种地形数据，并创建地形数据库，为所有运用到地形数据的信息系统提供基础数据。摄影测量最重要的特性是不需要与物体本身接触，只需通过像片测量和判读，这样既能免于自然环境的限制，也能够清楚知晓客观物体的各种信息。

摄影测量的分类方式主要有三种：①根据摄影距离的远近能将摄影测量分成五种，即显微镜摄影测量、近景摄影测量、地面摄影测量、航空摄影测量和航天摄影测量；②根据摄影测量研究对象的不同可将其分成两类，即地形摄影测量与非地形摄影测量；③根据摄影测量所用处理手段的不同可分成三类，即模拟摄影测量、解析摄影测量和数字摄影测量。

二、遥感的定义与遥感技术的应用

遥感是通过遥感器这类对电磁波敏感的仪器，在远离目标和非接触目标物体条件下探测目标地物，获取其反射、辐射或散射的电磁波信息（如电场、磁场、电磁波、地震波等信息），并进行提取、判定、加工处理、分析与应用的一门科学和技术。

遥感技术与现代物理学、空间技术、计算机技术、数学和地理学密切相关。遥感技术已广泛应用于各种领域，成为地球环境资源调查和规划不可缺少的有效手段。

遥感数据包括信息采集、接收存储、处理、信息提取和应用。

（1）信息采集。传感器是收集、量测和记录遥远目标信息的仪器，是遥感技术系统的核心。传感器一般由信息收集、探测器、信息处理和信息输出四部分组成，如图 1–1 所示。

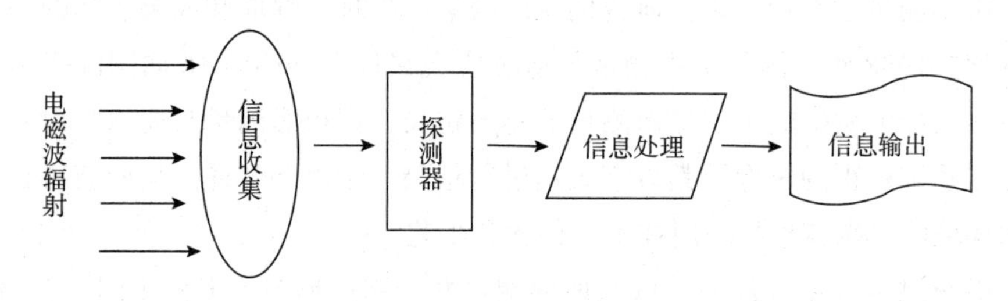

图 1–1　传感器的组成

传感器接收地物反射或发射的电磁波信号并将其转化为电信号。信息采集部分的核心是传感器，搭载传感器的平台既可以是卫星、飞机，还可以是地面平台。

（2）接收存储。卫星影像的接收和存储是在遥感卫星地面站中完成的，地面站包括接收站、数据处理中心和光学处理中心，我国在 1986 年与美国合作建立了中国卫星地面接收站。收集的数据通过数模转换变成数字数据，目前的影像数据以数字形式保存，以前由于计算机技术的限制，采用磁带或者胶片形式存储。随着计算机技术的发展，保存格式也趋于标准化，大多采用 TIFF 或者 Geo TIFF 的格式。

从数据的文件内部读写格式上分，可分为三种格式，即 BSQ、BIL、BIP。

BSQ 是按波段保存，即一个波段保存后接着保存第二个波段；BIL 是按行保存，即保存第一个波段的第一行后接着保存第二个波段的第一行，依次保存；BIP 是按像元保存，即先保存第一个波段的第一个像元，之后保存第二波段的第一个像元，依次保存。

（3）处理。当前，产生了一门新的学科——遥感数字图像处理，其是基于数字的，主要依靠计算机硬件技术的发展与遥感图像处理软件的发展兴起的。

（4）信息提取。信息提取主要是在前面操作的基础之上，从影像上提取有用的信息。

（5）应用。不同行业的应用规范有所不同。例如，测绘部门使用遥感技术主要是获取地形模型还有地物位置信息；农业部门使用遥感技术主要是获取农作物的信息；林业部门使用遥感技术主要是获取林业的分布、储积量等信息。

三、摄影测量与遥感技术的发展

摄影测量与遥感技术是随着科学技术的发展而产生的两种非常重要的测量和监测方式。这两种测量方式是非接触式测量，相比于传统测量方法，更加高效和精确，适合复杂环境下的大规模测量工程。

测量方式的发展历程可以分为四个阶段，分别为原始阶段、传统阶段、数字化阶段和大数据阶段。原始阶段主要依靠简单的测量工具进行测量，如卷尺、皮尺、管水准器、量角器等。原始阶段测量范围有限，仅能对简单的地形和建筑结构进行测量，不仅工作量大，而且容易因人为因素产生误差。传统阶段借助先进而准确的测量工具进行数据测量，主要测量仪器有水准仪、经纬仪和全站仪等。相比原始阶段，传统阶段测量的准确率和效率大幅提高，但需要处理大量数据，而且测量范围依然有限，适合各类区域型工程测量。数字化阶段主要依靠高科技的数字化手段对图像进行处理，进而获得其中的高度及距离等地形数据。大数据阶段是利用各种与地形相关的数据进行分析处理，最终得到相应的测量数据。数字化阶段和大数据阶段均建立在对大量数据处理和分析的基础上，相比传统阶段，其效率和精准度均有大幅提升。在数字化阶段中，较典型的测量方式是摄影测量；大数据阶段较典型的测量方式是遥感技术。

自从苏联宇航员加加林登上太空之后，航天技术在 20 世纪 60 年代开始发展。美国地理学者首先提出了“遥感”这个名词，用来取代传统的“航片判读”这一术语，随后便得到了广泛使用。1972 年美国发射了第一颗陆地卫星，这标志着航天遥感时代的开始。

遥感技术对摄影测量学的冲击和作用首先在于它打破了摄影测量学长期以来过分局限于测绘物体形状与大小等数据的几何处理，尤其是航空摄影测量长期以来只偏重测制地形图的局面。在遥感技术中，除了使用可见光的框幅式黑白摄影机外，还使用彩色、彩红外摄影、全景摄影、红外扫描仪、多光谱扫描仪、成像光谱仪、CCD 阵列扫描、矩阵摄影机和合成孔径侧视雷达等手段。例如，美国在 1999 年发射的地球观测系统（EOS），其主要传感器 ASTER 覆盖可见光到远红外，有较高的空间分辨率（15 m）和温度分辨率（0.3 K）。其中高分辨率成像光谱仪有 36 个波段，加上其微波遥感 EOS-SAR，基本上覆盖了大气窗口的所有电磁波范围。空间飞行器作为平台，围绕地球长期运行，为人们提供了大量的多时相、多光谱、多分辨率的丰富影像信息；而且，所有的航天传感器也可以用于航空遥感。正是由于遥感技术对摄影测量学的作用，国际摄影测量学会在 1980 年西德汉堡举办的第 14 届国际摄影测量大会上正式更名为国际摄影测量与遥感学会，其他国家也有了相应的名称变动。

20 世纪 80 年代以后，遥感技术的跃进再次显示了它对摄影测量的作用。

首先，航天飞机作为遥感平台或发射手段，可重复使用和返回地面，大大提高了遥感应用的性价比，更重要的是许多新的传感器的地面分辨率（空间分辨率）、温度分辨率、光谱分辨率（光谱带数）和时间分辨率（重复周期）有了很大提高。例如，美国于 1999 年 9 月 24 日成功发射的 IKONOS-2 遥感卫星可采集 1 m 分辨率全色和 4 m 分辨率多光谱影像；美国 2001 年 10 月 18 日发射的 QuickBird 遥感卫星可采集 0.61 m 分辨率全色和 2.44 m 分辨率多光谱影像。

其次，作为主动遥感的侧视雷达在进行对地观测、海洋研究和陆地资源探测方面有较好的发展前途。例如，1978 年美国海洋卫星 SEASAT 的合成孔径侧视雷达 SAR 系统，尽管只工作了三个月，但它不仅可以测量全球海洋动力学及其物理特征，而且对陆地的地质构造及土地利用调查也很有价值。其后在 20 世纪 80 年代，两颗对地观测的航天飞机成像雷达 SIR-A 和 SIR-B 分别于 1981 年和 1984 年进入太空，获取地球表面 1 600 万 km^2 的雷达图像。前者显示了微波对超干旱地区散沙覆盖的穿透能力，测定出埋在流沙下面几厘米甚至一米处的流溪、渠道和基岩；后者用以研究雷达不同参数的效果，探查淹没的古城、火山，估计断层地震的可能性以及寻找地下水源等。20 世纪 90 年代，随着技术的逐步成熟及需求程度的加深，星载雷达呈现出空前的高潮。1991 年 3 月，苏联把 S 波段的金刚石卫星雷达送入轨道；同年 7 月，欧洲航天局将 C 波段 SAR 装载在欧洲遥感卫星 ERS-1 上发射升空；1992 年 2 月，日本发射了装有 L 波段成像雷达的地球资源卫星 JERS-1，图像分辨率可达到 18 m；1995 年 11 月，加拿大空间局将世界上第一颗可以提供商业服务的雷达卫星 RADARSAT 送入了太空，其最高分辨率可达到 10 m。所有这些都为遥感影像的定性和定量分析创造了条件。在现在和未来，利用空间影像测图成为一种重要途径。

最后，解析摄影测量，尤其是数字摄影测量对遥感技术有较大的推动作用。众所周知，遥感图像的高精度几何定位和几何纠正就是解析摄影测量现代理论的重要应用；数字摄影测量中的影像匹配理论可用来实现多时相、多传感器、多种分辨率遥感图像的复合和几何配准；自动定位理论可用来快速、及时地提供具有“地学编码”的遥感影像；摄影测量的主要成果，如 DEM 地形测量数据库和专题图数据库，是支持和改善遥感图像分类效果的有效信息；至于像片判读以及图像分类的自动化和智能化，则是摄影测量与遥感技术共同研究的课题。一个现代的数字摄影测量系统与一个现代遥感图像处理系统已看不出有什么本质差别了。

事实上，包括像片判读在内的摄影测量学历史，就是遥感发展的历史；而遥感技术则是传统摄影测量学发展的趋势，将两者有机地结合起来，已成为地理信息系统（geographic information system, GIS）技术中的数据采集和更新的重要手段。

第二节 影像信息科学

随着时代的发展，摄影测量技术和遥感技术都获得了较大的进步，两种技术的有机结合更是成为先进的地理信息系统技术收集、更新数据的重要手段，从另一个角度讲，GIS 成为摄影测量与遥感技术存储、管理、表达、应用数据的重要平台。摄影测量技术、遥感技术以及 GIS 技术之间的有机结合推动了影像信息科学的形成与发展。

一、摄影测量、遥感与地理信息系统

数字测图、全数字化摄影测量以及遥感图像处理技术的发展会产生大量的数字数据，这些数据需要存储在一个专用的数据库或空间信息系统中，在回答用户的提问时需要综合考虑这些技术的专业数据以及其他非图形的专题信息，经过分析再作出最终决定。一个完整的地理信息系统如图 1–2 所示，图 1–2 中清楚地表明了系统的基本组成和应用。从某种意义上讲，GIS 和土地信息系统（LIS）都是空间信息系统的某种特定形式，与物体的空间分布和对应位置有很大关联，因此摄影测量与遥感技术和地理信息系统的有机结合是必然的。

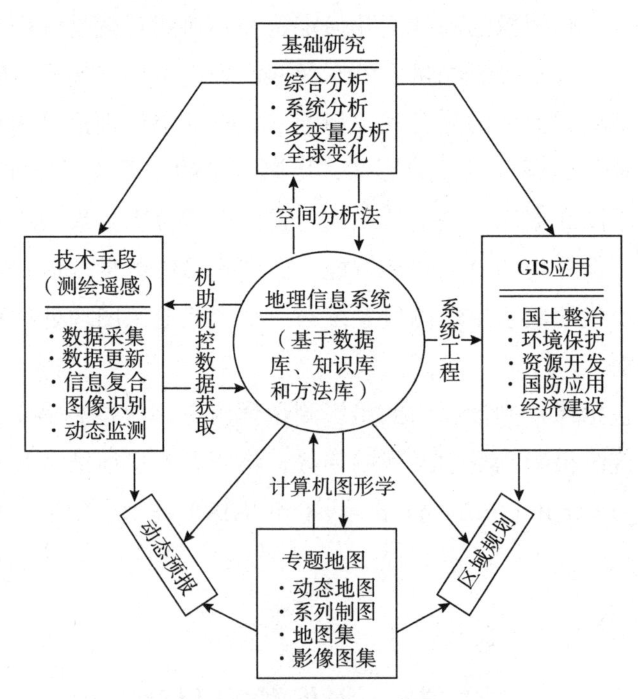

图 1–2　地理信息系统的组成与应用

GIS 的发展时间并不长，有资料表明，GIS 这个词语最早出现在 20 世纪

60 年代的加拿大，是由当时的测量学家罗杰・汤姆林森（R.F.Tomlison）提出的，在汤姆林森的主持下，加拿大政府测量机构第一个完成 GIS，它的主要作用是通过测绘更精准地管理和规划自然资源。土地信息系统其实就是地籍测量实现数字化、自动化的产物。奥地利政府于 1956 年开始地籍测量的自动化研究，且在地籍测量时搭配了计算机。1974 年，第 14 届国际测量师联合会（FIG）代表大会召开，会上明确提出 LIS 的定义，这就是测绘与 GIS、LIS 之间的历史渊源。

GIS 在摄影测量和遥感历史上占据重要地位，此地位自 GIS 诞生就已经确定了。美国摄影测量学会于 1968 年第一次使用 GIS 这个相对专业的术语，这意味着 GIS 的研究最初就是由国际摄影测量学会（后改名为国际摄影测量和遥感学会）（ISPRS）组织的。后来，该组织还进行了许多与 GIS 技术有关的研究。例如，国际摄影测量和遥感学会在 1980 年召开的汉堡大会上正式将学会第Ⅳ委员命名为“摄影测量与遥感的制图和数据库应用”，其主要工作就是研究 GIS 技术。

国际摄影测量和遥感学会在 1984—1988 年创建了一个跨第Ⅲ和第Ⅳ专业委员会的工作组，取名为“计算机图形学、数字方法和土地信息系统”。这个工作组的主要工作内容就是研究数字测图技术和 GIS 技术，具体内容有数据结构、数据收集、栅格和矢量法的结合以及 GIS 的设计、实现、数据模型等。

国际摄影测量和遥感学会于 1988 年在日本京都召开第 16 届大会，会议上，第Ⅲ委员会和第Ⅳ专业委员会都对地理信息技术十分关注，最终学会决定由第Ⅰ委员会（中国主持的）成立五个专门研究 GIS 的工作组，这五个工作组被分别命名为Ⅲ /1、Ⅲ /2、Ⅲ /3、Ⅲ /4、Ⅲ /5，它们分别负责收集地理信息理论、利用影像分析实现目标重建和定位、从数字影像中提取专题信息、对基于知识的咨询系统进行管理、对数字摄影测量系统的设计与算法进行研究。这些工作组主要的工作内容早就不再是采集数据这种 GIS 初级阶段的内容，而是涉及空间信息系统的高层次内容，如数据和数据库结构、GIS 数据模型、知识表达、地理数据的质量分析和动态模型化等。第Ⅳ委员会的工作组Ⅳ /5 直接用 GIS 命名，它的主要工作是处理 GIS 理论、数据采集、管理和应用等。

由第Ⅳ委员会的研究内容可知，遥感技术和 GIS 技术之间的关系十分紧密，既有相互作用，又有相互融合。遥感技术逐渐成为GIS收集和更新数据的主要方式，GIS的数据能有效促进遥感数字图像处理和自动分类。遥感与GIS有机融合的研究先后经历了多个阶段，在初级阶段，需要先通过几何纠正和目视判读遥感影像制作各种地形图和专题图，然后将这些图通过恰当的方式实现图件数字化方式转入GIS中。到了20世纪70年代中期，需要先提取遥感影像中的各种专题信息（栅格数据），然后再将它们变成矢量数据输入GIS中。如今，只需一个完整的系统就能将两者有机融合，即创建一个集遥感图像处理系统与GIS于一体的完善系统。

20世纪90年代以后，美国摄影测量与遥感学多次主张将GIS视为未来最重要的科学，甚至每年举办代表大会也会主动要求与GIS大会一起召开。荷兰国际地理信息科学与地球观测学院（ITC）将制图、航测与GIS结合在一起创建了一个全新的专业——地学信息工程；加拿大的部分大学也做出了相似的举动，如卡尔加里大学和拉瓦尔大学主动将GIS相关专业合并为Geomatics；澳大利亚的新南威尔士大学创建了测绘工程（Geomatic Engineering）专业。1994年6月，加拿大矿产资源能源部（EMR）将从属单位测绘局变更为加拿大地理信息署。

时代在发展，科技在进步，无数摄影测量工作者艰苦奋斗，发明出解析测图仪，这种仪器可以将GIS采集的数据直接导入数据库或者地理信息系统；数字摄影测量工作站不但能快速处理航空像片，还能处理各种传感器的遥感图像。

综上所述，摄影测量、遥感和GIS的结合符合历史发展规律，三者结合既能保证遥感图像作为GIS基础数据获取和快速更新的重要数据源存在，也能保证摄影测量成为数据获取和更新的有效手段而存在。

二、影像信息科学的形成

摄影测量、遥感和GIS的结合，产生了一门新的信息科学分支——影像信息科学。

影像信息科学是一门记录、存储、传输、量测、处理、解译、分析和显示由非接触传感器影像获得的目标及其环境信息的科学、技术和经济实体。图

1–3 形象地概括了影像信息科学的组成与相互关系。

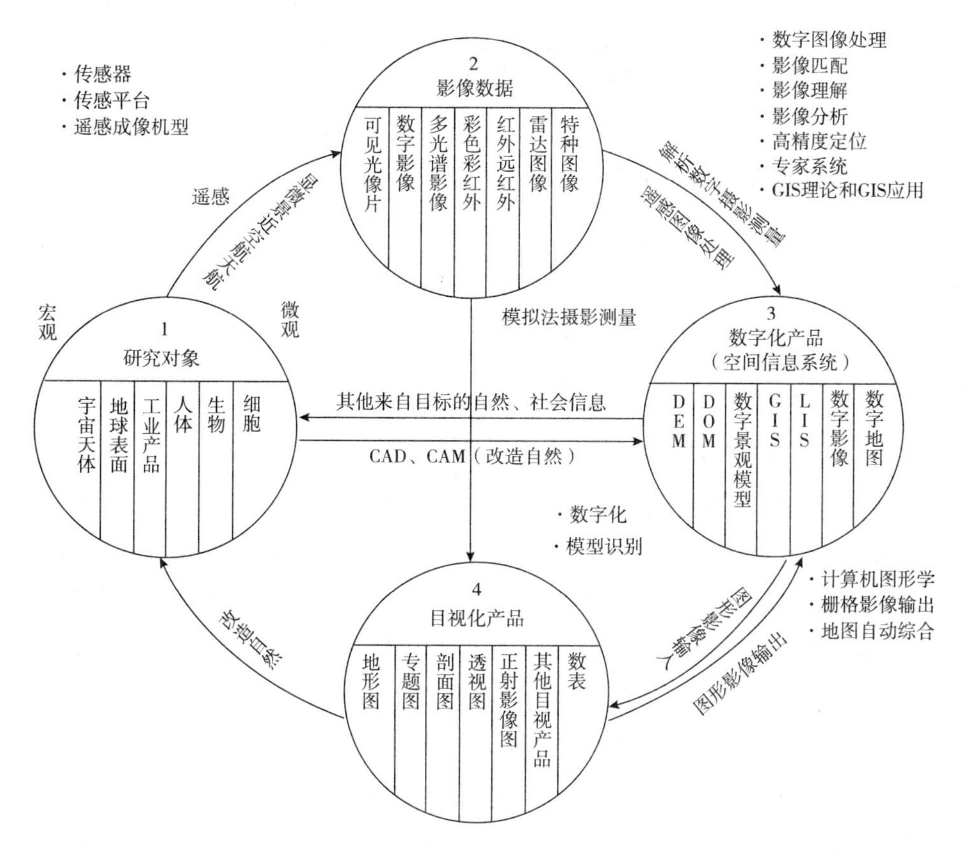

图 1–3 影像信息科学的组成与相互关系

从图 1–3 中可以看到，影像信息获取、处理、加工和结果表达的整个过程是一个有机的结合体，它既包含了模拟法、解析法和数字摄影测量，又包含了遥感与地理信息系统。

应当说，影像信息科学是由摄影测量学、遥感、地理信息系统、计算机图形学、数字图像处理、计算机视觉、专家系统、航天科学、计算机技术、通信技术和传感器技术等相结合的一个边缘学科，它提供了基于影像认识世界和改造世界的一条途径，因而具有无限的生命力。

图 1–3 中还列出了与影像信息科学密切相关的专业课和专业基础课程（图中用 * 号表示）。从中可以看出，影像信息科学是信息科学中的一门高新技术。

第三节　摄影测量与遥感技术的发展

一、摄影测量学的发展

由上文可知，摄影测量技术拥有许多优势，也正因为这些优势，摄影测量技术已经在多个领域得到广泛应用，如航空航天领域、国防实验领域、建筑施工领域、交通运输领域、勘察勘测领域、照片鉴别领域以及体育运动领域，其主要做精密测量以及运动测量。以下是摄影测量技术的几项具体应用。

（一）火箭待发段箭体倾倒角度实时测量

“火箭待发段箭体倾倒角度实时测量图像分系统”是载人航天工程中十分重要的安控子系统之一，该系统主要通过安装在可以拍到箭体的不同位置的两台摄像机实现图像的收集。在载人航天飞船发射过程中，特别是火箭箭体脱离塔架之间的阶段，这两台摄像机会实时监测箭体发生的倾斜程度，一旦超过预设角度，就会自动激发逃逸飞行器的点火装置，避免出现重大事故。

“火箭待发段箭体倾倒角度实时测量图像分系统”收集摄像机拍摄、传输的实时图像，并在图像上自动提取箭体的边缘数据以及各种标志数据，通过这些数据测算出箭体中轴线发生偏移的角度数值，数值实时变化，一旦超过预设值会立刻发出警报。我国的神舟系列载人飞船已经将此系统应用在发射阶段。

（二）长距离轨道几何参数检测

列车想要在铁轨上保持高速行驶对铁轨几何参数的精度和效率有很高的要求，而且速度越快要求越高。因此，在铺设和养护铁路过程中，铁轨几何参数检测是一项特别重要的内容。如今，许多铁路在铺设和养护时会使用实时变焦摄像机，通过提取、分析摄像机拍摄影像中测量小车（行走在铁路轨道上）醒目标志的变化，实时测量铁轨的各项参数，如高低、轨距、超高等。这种方式就是在铁轨几何参数测量检测中运用了设想测量技术，与国外使用的激光准直度铁轨几何参数系统相比，其不但结构简洁、操作简单、精度较高，而且价格不高，已经在实际中应用。

（三）飞船返回舱抛投试验三维运动测量

为了保证载人飞船返回舱能安全着陆，人们必须深入研究返回舱着陆的运动特性，对此可通过重复、多次的抛投试验确定返回舱着陆的关键参数。过去，研究人员一般会选择使用三维陀螺来测量，但是陀螺在使用中会出现磨损，为了保证数据准确，每次试验都需要使用新的陀螺，成本较高。后来，研究人员研发出了“飞船返回舱抛投三维运动参数摄像测量系统”，该系统会对摄像机拍摄的返回舱抛投过程的实时影像进行详细的分析，运用螺旋线法以及中轴线法就能获得高精度的返回舱抛落轨迹和姿态角度。

（四）交通事故现场复原

如今，交通道路上安装了许多摄像头，这些摄像头能收集、存储许多实时数据，实现交通路况的实时监控。在交通事故发生后，交警可以调阅事故周围的摄像数据，结合事故发生后的摄影测量方法，经过数字图像处理后能精准地得出事故发生的具体情况。

摄影测量的发展经历了模拟摄影测量、解析摄影测量和数字摄影测量三个阶段。

（1）模拟摄影测量的基本原理是利用光学 / 机械投影方法实现摄影过程的反转，用两个或多个投影器模拟摄影机摄影时的位置和姿态，构成与实际地形表面成比例的几何模型，通过对该模型的量测得到地形图和各种专题图。

（2）解析摄影测量是以电子计算机为主要手段，通过对摄影像片的量测和解析计算方法的交会方式，研究和确定被摄物体的形状、大小、位置、性质及其相互关系，并提供各种摄影测量产品的一门科学。

（3）数字摄影测量是基于摄影测量的基本原理，通过对所获取的数字或数字化影像进行处理，自动（半自动）提取被摄对象用数字方式表达的几何与物理信息，从而获得各种形式的数字产品和目视化产品。

摄影测量三个发展阶段的特点如表 1-1 所示。

表 1–1 摄影测量三个发展阶段的特点

发展阶段	原始资料	摄影方式	仪器类型	操作方式	产品类型
模拟摄影测量	像片	物理投影	模拟测图仪	人工操作	模拟产品
解析摄影测量	像片	数字投影	解析测图仪	机助作业员操作	模拟产品 数字产品
数字摄影测量	数值化影像数字影像	数字投影	数字计算机摄影测量工作站	自动化操作 + 人工干预	模拟产品 数字产品

二、遥感技术的发展

传感器在工业生产、国防建设、科学技术领域发挥着较大的作用。传感器正向微型化、多功能化、智能化方向发展。微型化传感器利用微机械加工技术将微米级的敏感元件、信号调整器、数据处理装置集成封装在一块芯片上；由于体积小、价格便宜、便于集成等特点，可以提高系统测试精度。多功能化传感器能够同时检测 2 个或 2 个以上的特性参数。智能传感器带有专用计算机，可实现相应智能化。其发展历程包括微型传感器、智能化传感器、多功能化传感器。

最初，照相机、气球、飞机构成初期遥感技术系统。1962 年在美国密歇根大学召开的第一次国际环境遥感讨论会上，美国海军研究局的伊芙琳·普鲁特（Eretyn Pruitt）首次提出“remote sensing”一词，会后被普遍采用至今。第二次世界大战中的航空侦察促进了航空摄影技术的发展。20 世纪 60 年代以来，苏联和美国的空间技术竞相发展，分别发射了一系列的空间计划卫星，促进了航天遥感技术的发展。20 世纪 70 年代，空间技术转向为民用服务，地球资源技术卫星诞生。20 世纪 80 年代，地球资源技术卫星的传感器技术不断提高。20 世纪 90 年代，除苏联和美国外，还有一些国家也发射了各种资源卫星。目前，高分辨率的商业卫星发展迅速。

遥感的发展是伴随传感器的发展而发展的，所以要了解遥感的发展，就需要知道以前或者目前天上的卫星。例如，美国的 Landsat 系列、IKONOS 系列、Quikbird 系列、Orbview 系列、EOS 系列，法国的 Sport 系列，加拿大的 Radarsat 系列，俄罗斯的 RESURS-DK1 系列以及印度的 IRS 系列。

目前使用较广的数据源主要有 SPOT4、SPOT5，Landsat5、Landsat7，IKONOS，Quikbird，ALOS，Resurs-DK-1，Cartosat-1（P5），ResourceSat（P6）。

遥感正处于蓬勃发展期，有人把它比作 9 点钟的太阳。这是因为在计算机和其他电子技术未得到发展的时候，遥感只是用于军事侦察和摄影爱好。近年来，由于计算机和卫星技术的突破性发展，遥感才得到了重视并快速发展。

高分辨率传感器、微波遥感和高光谱遥感应用前景广阔，新型的遥感应用将逐步增加遥感将进一步从军事应用转到商业化应用。

第二章　航空摄影与航空摄影测量理论基础

第一节　航空摄影的基本概念

一、航空摄影与航空像片

（一）航空摄影

航测是航空摄影的简称，主要是利用安装在飞机等航空飞行器上的针孔摄影机从空中对地面进行摄影，从而获得航空像片。航空摄影机不仅要具备物镜畸变小、分辨率高、透光力强、结构稳定的特点，还要拥有高度自动化的技术。因此，在采用摄影测量方法测制地形图的时候，一定要对测区进行有计划的空中摄影，摄影飞机在空中要按照规定的离地高度进行摄影，以免遭到不必要的损失，在飞行过程中，还需要具备一定的稳定性，航速不能过快或过慢，续航时间也要长。

通常情况下，人们根据测区面积的状况，将航空摄影分为面积航空摄影、条状地带航空摄影和独立地块航空摄影三类。

（1）面积航空摄影主要用于测绘地形图或进行大面积资源调查，相邻航线之间的像片重叠称为旁向重叠，一般要求旁向重叠度保持在 15% ～ 30%。

（2）条状地带航空摄影主要用于公路、铁路、输电线路定线和江、河流域的规划与治理工程等。在摄影中，相邻两像片间的重叠称为航向重叠，航向重叠度一般保持在 60% ～ 65%，最小不低于 53%。它与面积航空摄影的区别是一般只有一条或少数几条航带，如图 2–1 所示。

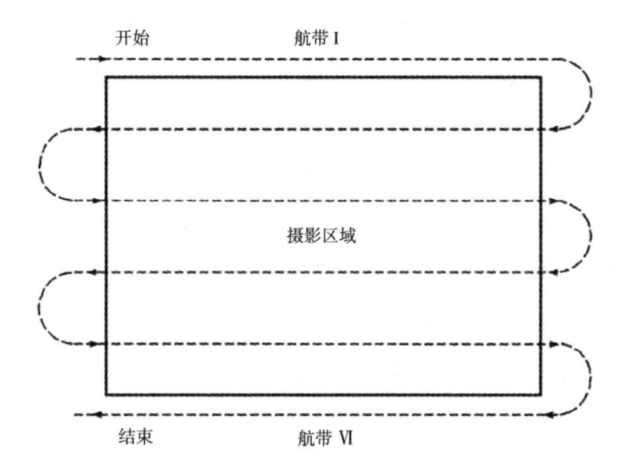

图 2-1　空中摄影略图

（3）独立地块航空摄影主要用于大型工程建设和矿山勘探。这种航空摄影只拍摄少数几张具有一定重叠度的像片。

（二）航空像片

1. 航空摄影的像片资料

（1）航空像片。航空像片是航空摄影测量的基础资料，像片的好坏直接影响航测成图的精度。常用航片尺寸有 18 cm × 18 cm 和 23 cm × 23 cm 两种。如图 2-2 所示，航空像片通常具有以下标记。

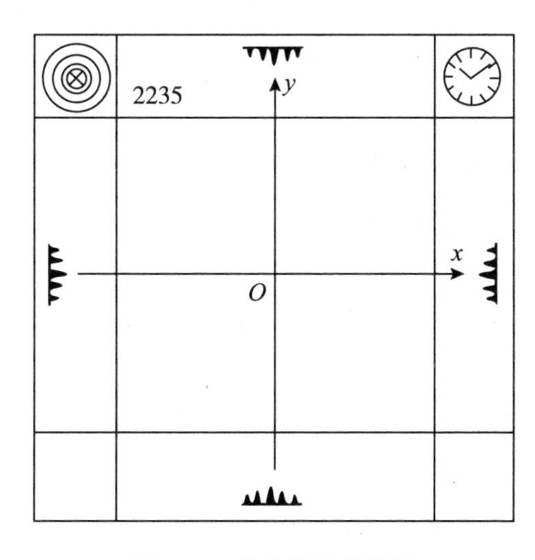

图 2-2　航空像片的标记

框标——像片四边的中央为框标影像。上下与左右相对框标的连线的交点称为像主点，以两连线为横、纵轴，像主点为原点，可建立像片坐标系 *Oxy*。

压平线——平行于像片四边的四条直线为压平线。借助压平线可检查摄影时胶片是否压平，若压平线弯曲，说明胶片没有压平。

圆水准器——在像片的一角有圆水准器的影像，圆水准器上共有三圈同心圆，一圈代表 1°。根据水准气泡的位置，可以判定像片的倾斜角度，当气泡偏至最外一圈时，像片则为倾斜像片。

时表——在像片的另一角为时表的影像。由它可知摄影的时间，有利于对像片进行判读。

（2）像片镶嵌图与镶嵌复照图。将航空像片按航线编号顺序及相应影像依次重叠拼成的整块像片图称为像片镶嵌图。将镶嵌图按一定比例尺复照得到的像片图称为镶嵌复照图。二者主要用于航片质量检查、航片索引、概貌浏览及计划的制订。

照片马赛克是指根据路线编号序列和相应图像由重叠的航空照片形成的整个照片图像。通过以一定比例重新拍摄马赛克图像而获得的照片图像称为马赛克照片。它们主要用于检查航拍照片的质量、索引航拍照片、浏览概览和制订计划。

（3）像片略图与像片平面图。将未经纠正的像片按编号顺序及相应影像重叠进行拼接，并且去掉重叠部分后得到的像片图称为像片略图。在区域地质调查中，像片略图常用作地质解译的底图，也可直接作为野外实际材料图或地质构造略图。

将纠正后的像片按编号顺序及相应影像重叠进行拼接，并且去掉重叠部分后得到的像片图称为像片平面图。

由于像片平面图是比较完整、准确的地面摄影图，因此它可以用来量测距离和方向，也可作为区域调查的影像地质图和实际材料图的底图。

2. 航片的比例尺

航摄像片上某段长度与相应的实地水平长度之比，称为航片比例尺，用 $1/m$ 表示。由于中心投影的特点，随着地面高程的变化，像片各部分的比例尺也不相同。因此，像片比例尺一般是指像片的平均比例尺或粗略比例尺。如果需要某一地域的准确比例尺，则需在所求地域具体确定。确定比例尺的方法有以下几种。

（1）在航摄鉴定书中查出航摄仪的焦距 f，并查出所求地域的航高 H，用公式 $f/H=1/m$ 求得。

（2）在像片上和地形图上分别量出所求地域两相应点间的距离，用公式 $1/m=l'/lM$ 求得。式中，l' 为像片上两点间的距离，l 为地形图上相应两点间的距离，M 为地形图的比例尺分母。

（3）在野外工作时，可在实地找到像片上两相应点的位置，通过实际测量两点间的水平距离求得像片比例尺。

在用（2）、（3）两种方法确定比例尺时，为了提高精度，最好在同一地域、不同方位选定两段距离，分别求出比例尺，再取平均数。不同方位的两段距离力求正交，且交点越靠近像主点越好。

摄影比例尺指航空摄影机的主距与航高之比，所以当像片水平和地面水平的情况下，像片比例尺是一个常数。成图比例尺是图上距离比实际距离缩小或扩大若干倍的符号。

在选取摄影比例尺时要考虑成图比例尺、摄影测量内业成图方法和成图精度等，另外还要考虑经济性和摄影资料的可使用性。摄影比例尺可分为大、中、小三种。为充分发挥航摄像片的使用潜力，考虑上述因素，一般应选择较小的摄影比例尺。航空摄影中航摄比例尺与成图比例尺之间的关系可参照表 2-1 确定。

表 2-1　航摄比例尺与成图比例尺

比例尺	航摄比例尺	成图比例尺
大比例尺	1 ∶ 2 000 ～ 1 ∶ 3 500	1 ∶ 500
	1 ∶ 3 500 ～ 1 ∶ 7 000	1 ∶ 1 000
	1 ∶ 7 000 ～ 1 ∶ 14 000	1 ∶ 2 000
中比例尺	1 ∶ 10 000 ～ 1 ∶ 20 000	1 ∶ 5 000
	1 ∶ 20 000 ～ 1 ∶ 40 000	1 ∶ 10 000

续表

比例尺	航摄比例尺	成图比例尺
小比例尺	1 ∶ 25 000 ～ 1 ∶ 60 000	1 ∶ 25 000
	1 ∶ 35 000 ～ 1 ∶ 80 000	1 ∶ 50 000
	1 ∶ 60 000 ～ 1 ∶ 100 000	1 ∶ 100 000

3. 航摄像片的倾斜误差与投影误差

假设在同一摄影站对同一平坦地区拍摄了水平像片和倾斜像片，若以水平像片为标准，将倾斜像片与之相比，就会发现同名像点在两张像片上的位置不同，这种像点位移称为倾斜误差。

如图 2–3 所示，当航摄像片倾斜时，原在水平像片上的 a_0、b_0、c_0、d_0 点，由于存在倾斜误差 δ_h，点位将移至 a、b、c、d 处，导致像片上各处的比例尺不同，对此航测内业中可利用少量的地面已知控制点将倾斜像片转换成水平像片，即采用像片纠正的方法消除倾斜误差。

如图 2–4 所示，A、B 为两个地面点，它们相对于基准面 T 的高差分别为 Δh 和 $-\Delta h$，它们在基准面 T 上的垂直投影分别为 A_0、B_0，a、b 分别为地面点 A、B 在像片上的中心投影，a_0、b_0 分别为 A_0、B_0 在像片上的中心投影。线段 aa_0、bb_0 即为由于地面起伏引起的 A、B 两点的像点位移。根据相似三角形关系可以推导出投影误差的计算公式为

$$\delta_h = \frac{\Delta h}{H} r \tag{2-1}$$

式中：Δh 为地面点相对所选基准面的高差；H 为对所选基准面的航高；r 为像片上所求像点到像底点（一般用像主点代替）的距离，称为辐射距。

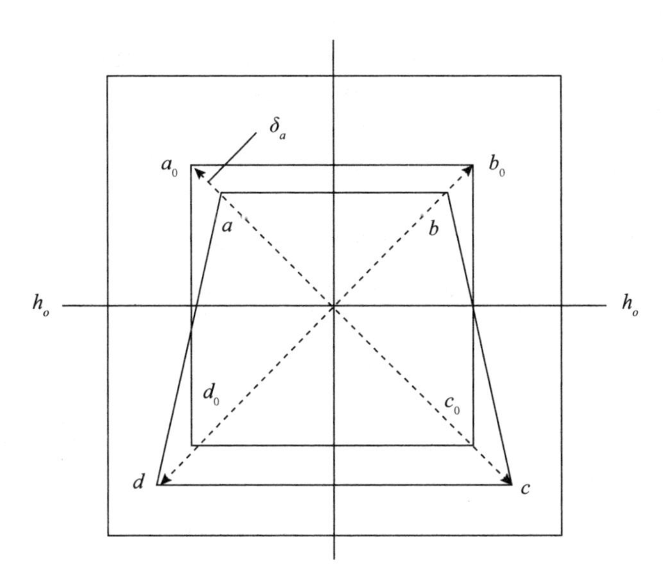

图 2-3　像片倾斜引起的倾斜误差

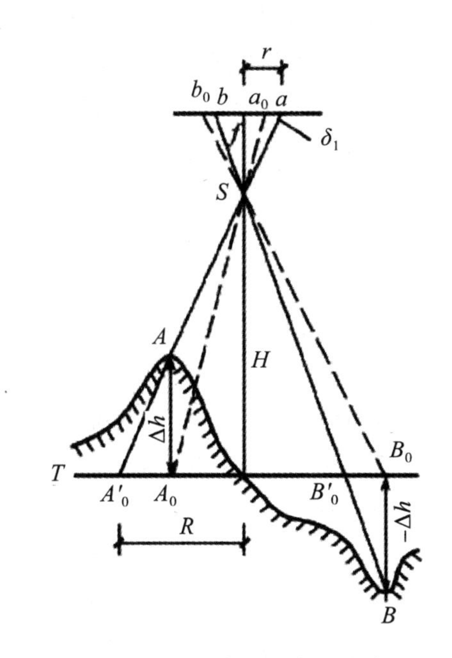

图 2-4　地形起伏引起的像点位移

根据式（2-1）可知，投影误差有以下规律。

（1）投影误差的大小与辐射距成正比，即像点距离像底点越远，投影差越大。

（2）投影误差与高差成正比，即高差越大，投影差越大。

（3）投影误差与航高成反比，即航高越大，投影差越小，

投影误差可以利用少量的地面已知高程点，采取分带纠正的方法加以限制。

综上所述，实际工作中航片和地面都不可能严格水平，航片摄像存在倾斜误差和投影误差，因此航片不能直接当作地形图使用，必须经过两项误差校正。

4. 航摄像片与地形图的区别

航空摄影测量的基本任务是利用航摄像片测绘地形图。航摄像片与地形图之间主要存在以下区别。

（1）投影方式。地形图是正射投影，图上具有固定的比例尺；航片是中心投影，像片上各处的比例尺不同。

（2）表示方法。地形图是用各种规定的图形符号和文字注记表示地物、地貌，航摄像片是由影像的形状、大小和色调反映地物、地貌。

（3）内容取舍。航摄像片是地面景物的全部反映，而地形图则有所取舍；地形图上可以表示出居民地的名称、房屋的性质与层数等有意义的内容，而在航摄像片上反映不出来。

二、立体观察

（一）立体观察的原理

单眼观察物体时，只能分辨物体的方向，不能辨别物体的空间位置。

双眼观察物体时，两眼自动调节，使两眼视轴同时交会于同一目标，能够自然地辨别物体的远近和高低。如图 2-5 所示，空间两点 A、B 在左右视网膜上的构像分别为 a_1、b_1 和 a_2、b_2，在视网膜上的构像长度 a_1b_1 和 a_2b_2 不等，其差值 $P=a_1b_1-a_2b_2$，称为生理视差。不同的生理视差经视神经传到大脑皮层的视觉中心后，使人对物体产生远近的立体感觉。因此，生理视差是产生立体感觉的根源，人造立体视觉就是从这一原理出发的。图 2-5 中假定在眼睛与物体之间放一对透明的玻璃板 P_1 和 P_2，透过玻璃板观察 A、B 两点，并把左、右两眼看到的影像描绘在玻璃板上。然后移去 A、B 两点，只观察其留在玻璃板上的

影像，这时仍会产生与直接观察 A、B 两点完全相同的视觉效果。由于此时观察的并不是空间物体本身，而是它们的影像，因此其被称为人造立体视觉。根据此原理，人们可以通过相邻两个摄影基站用摄影机拍摄一对互有重叠的物体像片，即立体像对。若按照相应空间位置恢复摄影光束，就可以建立所摄物体的立体效应，观察物体的立体效果。

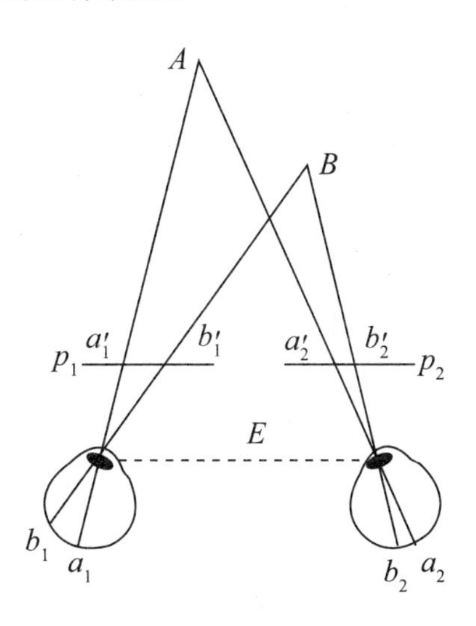

图 2-5　立体观察的原理

由上述分析可知，建立人造立体视觉必须具备以下五个条件。

（1）由两个不同摄影站摄取同一景物的一个立体像对，两张像片比例尺之差应小于 16%。

（2）两张像片应按摄影时的相对位置安放，并使两摄影站连线与眼基线平行。

（3）立体观察时两眼必须同时各看一张像片上的同名像点。

（4）两像片中相应点的距离应适合人眼的凝视能力，即一般应与眼睛的眼基距 E 相适应，而不得大于眼基距（交会角适宜角度为 15°～30°）。

（5）像片与两眼的距离应大致与明视距离（约为 250 mm）相等。

（二）人造立体效应

由以上叙述可知，只要满足建立人造立体视觉的五个条件，就可以利用立体像对进行立体观察。如果两张像片安放的位置不同，就会产生不同的立体效应，即正立体、反立体和零立体效应。

1. 正立体效应

如图 2-6（a）所示，将两张像片按拍摄时的相关位置安放，并且左眼只看左片，右眼只看右片，就会得到与实际景物一致的立体视觉，称为正立体效应。在进行立体观察与立体量测时，要获得正立体效应才能正确辨别物体及其空间位置。

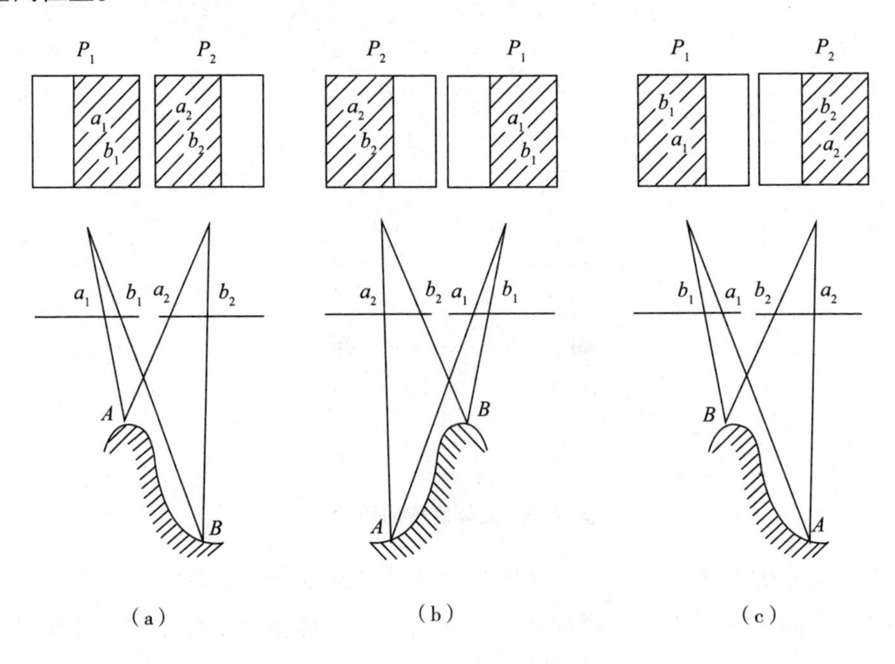

图 2-6　人造立体效应

2. 反立体效应

立体观察时，如果将左右像片的位置对调，如图 2-6（b）所示，则会得到与实际景物高低相反的立体视觉，称为反立体效应。如果不对调左右像片，而是将它们在自身平面内同向旋转 180°，同样可得到一个反立体效应，如图 2-6（c）所示。在立体量测中，用正反两种立体效应交替进行立体观察，可以检查和提高立体量测精度。

3. 零立体效应

将正立体情况下的两张像片，在各自的平面内按同一方向旋转 90°，此时看到的影像不能形成立体，而是一个平面，称为零立体效应。分工法相测图中可用零立体效应转绘地物。

（三）立体观察的方法

立体观察要求两眼各看一张像片，因此需要隔离左、右视线，摄影测量中常采用立体镜法、互补色法、光闸法及偏振光法观察立体模型。

1. 立体镜法

利用具有分像和放大功能的立体镜（图 2-7）进行立体观察，使观察者做到左眼只看左片，右眼只看右片，同时增强立体观察的效果，这种方法被广泛应用于精密的摄影测量仪器上。在立体镜下观察像片的步骤如下。

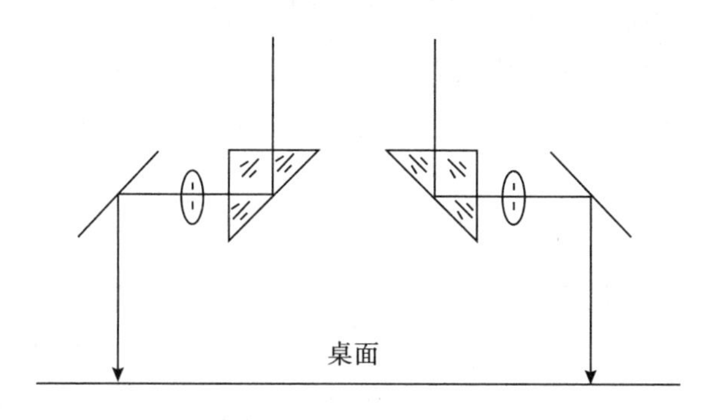

图 2-7　反光立体镜

（1）放置立体镜于桌面，将两张像片按同名像点叠合，辨别出拍摄像片时的相关位置，进而确定出左片、右片。

（2）将像对放置于立体镜下，使两像片的像主点的连线（又称摄影基线或方位线）尽量平行于立体镜的横轴及眼基线。

（3）通过立体镜使左眼看左片，右眼看右片。

（4）观察时，两眼同时各看一张像片上的同名像点，沿立体镜横轴左右移动像片以调整两像片间距，同时辅以旋转，直至眼睛不感到吃力而又可观察出清晰的立体图像为止。实际操作时，可用左、右食指分别放在左、右像片的明显同名像点处，然后沿摄影基线左右移动像对，直至两食指（两同名像点）的构像完全重合，就会观察到立体效应。

2. 互补色法

混合在一起成为白色光的两种色光称为互补色光。比较常用的互补色有品红色与蓝绿色（简称为红色与绿色）。互补色法就是利用自然界中颜色相补的原理，达到隔离视线的目的。将立体像对分别安置在两个投影器内，通过互补色滤光片投影到承影板上，借助互补色眼镜观察像对就能构成立体效应。互补色分像可采用互补色加法和互补色减法两种方法。互补色加法分像用于投影影像的立体观察，互补色减法分像用于互补色印刷品的立体观察。这些方法被广泛应用于多倍投影测图仪上。

3. 光闸法

光闸法是利用光闸使左右影像交替出现，观察者需要戴上同步的光闸眼镜，以达到一只眼睛只看到一幅影像的分像的目的。只要相邻两次影像出现的时间间隔远小于人眼惰性形成的视觉暂留时间（约为 0.15 s），观察者就能看到连续的立体效应。光闸法的优点是投影光线的亮度损失较少；缺点是振动与噪声较大。

4. 偏振光法

偏振光法是在两张影像的投影光路中放置两个偏振平面相互垂直的偏振器，这样就能在承影面上得到光波波动方向相互垂直的两组偏振光影像。观察者戴上相应的两偏振平面相互垂直的检偏镜，则一只眼睛只看到与检偏镜极性相同的一幅影像。偏振光法可用于黑白和彩色影像的立体观察，但不适用于观察印刷像片。

三、立体测图

利用空中摄影获取的立体像对，通过相对定向、绝对定向或空间后方交会、空间前方交会，可重建按比例尺缩小的地面立体模型。在这个模型上进行量测，可直接测绘出符合规定比例尺的地形图，获取地理基础信息，其产品既可以是图件（如地图），也可以是数字化的产品（如地面数字高程模型或数字地图）。这种测绘方式将野外测绘工作转移到室内进行，减少了天气、地形对测图的不利影响，提高了工作效率，并使测绘工作逐步向自动化、数字化方向发展。因此，航测立体成图方式已成为测绘地形图的主要方法。

航测立体测图的方法有以下三种。

（一）模拟测图法

模拟测图法是一种经典的摄影测量测图方法。其基本原理是利用光学、机械或光学机械投影的方法重建或恢复摄影时相似的几何关系，实现摄影过程的几何反转，在室内重建测区的立体模型。这种方法曾经是测图的重要方法，其所用的仪器（多倍投影测图仪、B&S 型立体测图仪等）类型很多。20 世纪 70 年代后，由于电子技术的发展，这类仪器逐渐被解析测图仪和数字摄影测量系统代替。

1. 综合法

综合法是将摄影测量和地形测量结合起来使用的一种测图方法，因此被称为综合法。地面点的平面位置在室内利用影像确定，其名称、注记等通过外业调绘确定。地面点的高程或地貌则在野外用地形测量方法实地测定。此方法较适用于平坦地区大比例尺测图。

2. 分工法

分工法又称微分法，是在外业控制测量和调绘的基础上进行控制点加密，然后在室内用立体量测仪测绘等高线，再通过分带投影转绘确定地面点的平面位置。因为确定平面位置和高程分别在两种仪器上分两道工序完成，因此被称为分工法。此方法较适用于丘陵地区。

3. 全能法

全能法是在野外控制测量、像片调绘和内业加密的基础上，利用摄影过程几何反转原理，在全能型的立体测图仪上建立测区的立体模型，并在模型上进行立体观察和量测，测绘地物和地貌，获取测区的地形图。此方法适用于丘陵地区、山区和高山地区。

（二）解析测图法

解析测图法是 1957 年以后，随着电子技术的发展而形成的一种测图方法。它所用的仪器称为解析测图仪。解析测图法是在模拟测图法的基础上，将精密立体坐标量测仪、计算机、数控绘图仪、相应的接口设备和伺服系统、软件系统等集成到一起，直接量测并自动解算测点坐标，生成数字地图或纸质地图。这种方法精度高且不受模拟法的某些限制，因此适用于各种摄影资料、各种比例尺的测图任务。

（三）数字测图法

20世纪90年代初出现的全数字摄影测量是解析摄影测量的进一步发展成果，它是基于数字影像（或数字化影像）与摄影测量的基本原理，应用计算机技术、数字影像处理、影像匹配、模式识别等多学科的理论与方法，提取所摄对象用数字形式表达的几何与物理信息的摄影测量学的分支学科。数字测图法的产品不仅包括数字地图、数字高程模型（DEM）、数字正射影像（DOM）、测量数据库、地理信息系统和土地信息系统等数字化产品，而且包括地形图、专题图、剖面图、透视图、正射影像图、电子地图及动画地图等可视化产品。21世纪初，3D激光扫描成像与数字化系统掀起了测绘技术的第三次革命。它综合了全站仪测距和摄影测量的原理与优点，是一种简便、快速与精确地获取目标三维数字信息的系统。3D激光扫描仪相当于一台电子扫描仪加免校镜测距仪，它通过对目标的逐点扫描并测距采集目标的三维数据。由于采用主动式激光发射，因此不受周围光线的影响，可以实现白天和黑夜作业，被广泛应用于军事侦察、变形监测、地质灾害防治等方面。因此，它在目标数据的采集及快速成图方面越发显示出其他测量方法不可替代的优势。

四、影像判读

在航测成图及利用航片进行野外工作时，需要认真仔细地判读航片影像。影像判读就是根据目标物在影像上的成像规律和特征识别目标位置、性质和范围的工作。为了快速、准确地获取目标物的影像信息，必须掌握物体的成像规律、判读特征和判读方法。

（一）物体的成像规律

由于影像与相应目标物之间是中心投影关系，因此同一物体所处空间位置不同，其影像的形状、大小、色调和阴影也各不相同。

1. 不突出地面的物体的成像规律

不突出地面的物体处于水平面内，其影像与实际物体基本相似，如运动场、广场、水平梯田等；当物体处于倾斜的平面内时，由于受地面倾斜和投影差的影响，影像会产生变形，相邻像片上同名影像形状也不一样，如斜坡上的旱地、密集灌木林等。

2. 突出地面的物体的成像规律

受中心投影的影响，如高山、烟囱、水塔、纪念碑及其他高大建筑物不仅能够在像片上构成自身的影像，还能够使因阳光的照射所产生的阴影在像片上构成影像。但是这两者的成像规律是不一样的。

如图 2-8 所示，地面上有三根大小、形状及高度均相同的烟囱，由于它们所处的位置不同，其影像的大小和形状也各不相同。烟囱 1 处于镜头中心的正下方，其影像为一个圆点，而烟囱 2、3 偏离镜头中心的正下方位置而产生投影误差，偏离越远其影像变形就越大。另外，由于投影误差随物体高度的增加而增大，所以物体越高，影像变形就越大。

不同位置的物体在同一张像片上的落影方向是一致的，但其本影的方向、大小却不一样，如图 2-9 所示。另外，同一个物体及其落影在相邻两张像片上的影像也不同。因此，影像判读要注意本影与落影的关系，可利用相邻像片进行对照，也可借助放大镜或人造立体效应来观察影像。

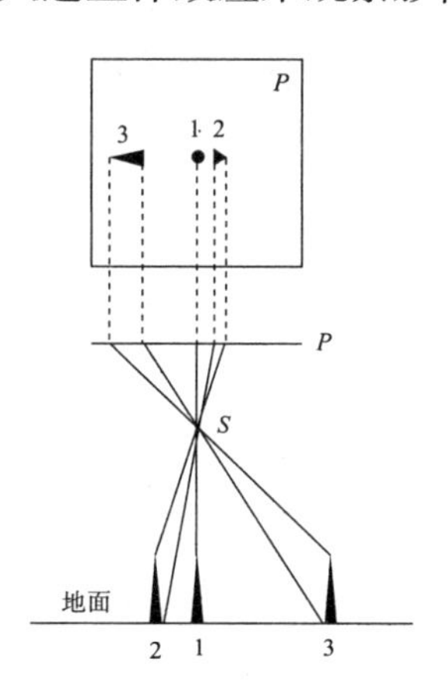

图 2-8　不同位置烟囱的影像

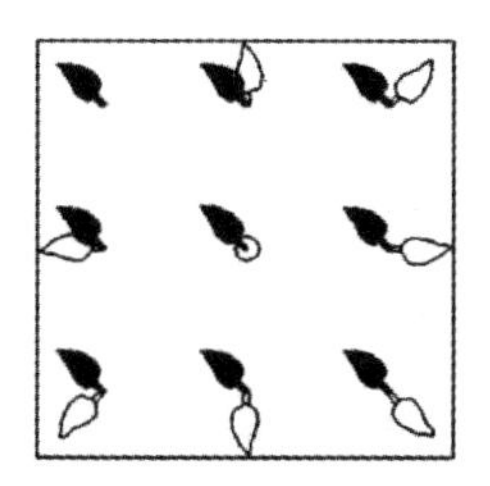

图 2-9　不同位置独立树的影像及阴影

（二）影像的判读特征

一般情况下，航摄像片的影像比实际地物小几千倍甚至几万倍，如果人们用平时的习惯去看像片，用像片影像去识别地物就会比较困难，因为地面上的很多物体都有各自的特征，因此他们在影像上反映出的形状、大小、色调的差别也很大。要想在航摄像片上根据影像识别地物，人们必须熟悉地面物体在像片上构像的不同的图形特征以及其他特征。通常，人们把影像上用于区别不同物体的影像特征称为判读特征。

（1）形状特征。任何物体都有自己特定的形状，这是判读的主要特征。一般情况下，物体的形状与像片上的影像保持一定的相似关系，如道路、河流的影像仍为带状。

由于像片倾斜和地形起伏的影响，影像的形状会发生不同程度的变形，因此不能只根据形状判定物体的性质。例如，认为长方形的影像就可能是房屋、稻田、水池或其他同形的物体；弯曲的线条就可能是小溪，或是小路等。由于像片比例较小，某些小地物的构像形状变得比较简单，甚至消失，如长方形的小水池，其构像变成一个小圆点，这时就不能从形状去识别地物了。因此，根据形状判定物体的性质时还应考虑其他特征才能作出正确的判断。

（2）大小特征。大小特征是指地物在像片上构像所表现出的轮廓尺寸。一般来说，在平坦地区的地物，由于像片倾角很小，基本上可以认为它们存在着大致统一的比例关系，即地面上大小不同的物体在同一张像片上的影像大小也不同，而且是按一定的摄影比例尺缩小的。因此，当两个物体形状相似而大小不同时，可以根据摄影比例尺概略估计物体的大小。

（3）色调。色调是指黑白像片上影像的黑白程度。影像的色调不仅与物体的颜色、反射能力、亮度和物体本身的含水量有关，还与感光材料特性、摄影季节和时间有关。白色、灰色、黄色等颜色较浅的物体影像色调较浅，如石灰岩、大理岩、石英岩由于原岩近于白色，则影像色调近于白色。全色片对绿色不敏感，所以植物等绿色物体在像片上的色调就深。反射能力强的物体色调较浅；反之，则较深。相同的物体，含水量小则色调较浅；反之，则较深。因此，判读人员使用同一地区同一时间获取的像片，色调的变化是可以比较的。色调变化反映了地物元素的不同特征，是重要的判读特征。色调的深浅用灰色表示。为了判读时有一个统一的描述尺度，航空像片的影响色调一般分为 10 个灰阶，即白、白灰、浅灰、深灰、灰、暗灰、深灰、淡黑、浅黑、黑。

（4）阴影特征。物体的阴影包括物体的本影和落影两部分。本影是指物体未被光线直接照射的阴暗部分。落影是指物体在光线照射下投射到地面上的影子。本影给人以立体感，有助于判读物体的形状和地形的起伏；而落影的形状则有利于判读物体的轮廓，落影的方向能确定像片的方位，落影的长短能判读物体的高低。但是，阴影也会破坏或完全遮盖其他物体的影像，甚至造成判读上的错觉，如山坡上的阴影，可能被误认为植被或陡崖，所以判读时应仔细，最好借助立体镜观察。

（5）纹理特征。纹理是指由许多相同或相似的图像单元有规律地重复出现组成的花纹图案。纹形图案是形状、大小、阴影、空间方向和分布的综合表现，反映了同类地物的总体特征。纹形图案的形式很多，有点、斑、纹、格等。每种类型的地物在像片上都有本身的纹形图案，因此可用影像的这一特征识别相应地物。例如，针叶树与阔叶树可根据影像纹形图案的差异区分；沙漠类型、海滩性质等也可以根据纹形图案识别。有些地物，如草地与灌木林依照影像的形状和色调不易区分，但草地影像呈现细致丝绒状的纹理，而灌木林为点状纹理，比草地粗糙。纹形图案特征在小比例尺像片判读中更有意义。

（6）相关位置特征。地面上的物体之间有一定的相互联系，其影像也必然存在相互关系，这种关系称为相关位置。例如，有村庄则必有道路，有机场则必有跑道；道路与河流的相交处一定有桥、渡口等；铁路或公路到山脚处突然终止，据此可判断洞口或隧道口的位置。

（7）动态特征。动态特征是指物体的活动变化所形成的征候在像片上的反映，它有助于判断物体的过去、现在及将来的情况。例如，根据机车冒出的白烟，可以判断机车的存在和前进方向；根据同一地区不同时期的影像，可以研究该区的动态变化及趋势。

对地物进行判读不可能只用一种特征，只有根据实际情况综合运用上述各种判读特征才能取得较满意的判读效果。应当指出，只有具备丰富的经验和丰富的知识才能有较高的判读水平。

（三）影像的判读方法

影像判读的准确与否直接关系到影像产品的质量好坏，因此判读前应充分了解航摄季节、时间和摄影比例尺，特别是所摄地区的地形特点，然后根据物体的成像规律和判读特征，结合以往的判读经验，采取室内、室外判读相结合，对比分析及逻辑推理的判读方法。下面列举几种常见的地物、地貌的判读方法。

（1）居民地。居民地的影像形状多为矩形和较为规则的几何组合图形；其色调与居民地顶部的建筑材料性质有关，一般呈白色或淡灰色。城市居民地的特点是街道网比较规则，房屋比较高大，有公园、车站、广场等公共建筑物，而且周围常有工厂和仓库等。乡村的房屋比较分散和矮小，在房屋周围常有果园、菜地、鱼塘及栅栏等。

（2）道路。在航片上的铁路为转弯平缓且多呈直线的淡色或灰色的线条，与其他道路成直角相交。在较大比例尺的航片上能看到铁路的铁轨，根据路基的宽度可以确定路轨的数目。单轨路基宽约为 5 m，双轨路基宽约为 10 m，三轨路基宽约为 15 m。公路的影像一般呈白色或灰色的带状，转弯多而急，在山区则呈迂回曲折的形状。公路边缘的线条显著，路边有较暗的线条是边沟，并常有深灰色的树阴影。乡村路和山间路的影像呈宽度不等的白色或灰色的细曲线且错综复杂。

（3）水系。河流、湖泊、池塘和小溪的影像不一致：河流显示为不同宽度的带状；湖泊、池塘的水涯线显示为封闭的曲线；小溪显示为弯曲的、不规则的细线。由于水面反光的多少不同，其影像的色调也不一样。一般来说，澄清的深水呈黑色，浊水多呈淡黑色，而浅滩则呈淡灰色。

（4）植被。植被的影像、色调会随摄影季节的变化而变化，不同物种的影像、色调也各不相同。森林和灌木的影像为轮廓显著的、大范围的深暗色图形，色调不均匀。果园的影像呈现为暗色颗粒或条状，并且排列整齐有规律。草地的影像显示为均匀的灰色，干草地色调较淡，湿草地色调较深。耕地的影像一般有明显的直线边界，其色调随作物和季节的变化而变化。刚耕种的土地呈暗色调，干燥时呈淡色调。

（5）地貌。地貌的形态可根据其形状、大小、阴影、色调来判读，为了判读的精准度，最好借助放大镜和立体镜观察影像。阴影的长短和形状取决于太阳的高低和地貌的起伏。根据阴影特征，比较容易判读深谷、凹地、陡坡、山脊等。例如，在山地，阴影狭窄而色调浓暗的，则山势陡峻；阴影幅面宽阔而色调浅淡的，则坡度平缓。另外，根据河流、道路和耕地的形态与分布情况，也可以大致了解地貌的形态。

第二节　航摄资料的要求

（1）航摄应依据城市规划、设计的需要和成图的实际能力，制定好航摄方案，并符合下列规定。

①航摄比例尺应根据成图比例尺、像幅大小、图幅大小、布点方案、测区地形、仪器装备和加密、成图技术水平等情况合理选择（表 2-2），同时应注意航高与焦距的合理选择。

表 2-2　航摄比例尺的选择

成图比例尺	航摄比例尺分母	
	平地	丘陵地
1 ： 500	2 000 ～ 3 000	3 000 ～ 3 500
1 ： 1 000	3 500 ～ 4 000	5 000 ～ 6 000
1 ： 2 000	6 000 ～ 8 000	7 000 ～ 12 000

各种地形类别的 1 ： 500 成图可采用焦距为 150 ～ 305 mm 的航摄仪。各种地形类别的 1 ： 1 000 成图可采用焦距为 150 ～ 210 mm 的航摄仪。平地、丘陵地 1 ： 2 000 成图可采用焦距为 150 ～ 210 mm 的航摄仪。山地、高山地 1 ： 2 000 成图可采用焦距为 150 mm 的航摄仪。平地综合法成图时，根据需要可采用焦距大于 210 mm 的航摄仪。

②为了减少植被覆盖与阴影等外部条件带来的不利影响，应当选择适当的拍摄时间与拍摄季节。当使用解析测图仪、机助立体坐标量测仪和模拟测图仪

测图时，摄影航线既可以沿图幅中心线飞行，也可以按照一定旁向重叠，当拍摄东西满幅时沿南北向飞行，当拍摄南北满幅时沿东西向飞行；当沿图幅中心飞行时，一幅图或四幅图宜用一张像片覆盖，即微分纠正编制正射影像图；当采用综合法成图时，则宜采用宽角或常角航摄仪，应沿图幅中心飞行，一张像片覆盖一幅图。

（2）对飞行质量的具体要求应符合下列规定。

①横向重叠最小应大于等于 15%，宜为 30%；纵向重叠最小应大于等于 33%，宜为 60% ～ 65% 。

当用一张像片覆盖一幅图时，纵向重叠宜为 85% ；航线偏离图幅中心线应小于等于像片上 2 cm（18 × 18 像幅）或 3cm（23 × 23 像幅）的距离。航线与航线之间不得有任何漏洞出现。

②像片倾角通常宜小于等于 2° ，特殊情况下应小于等于 4° ；旋偏角按照规定应符合表 2–3 的具体要求，在同一航线上不能有连续超过三片像片达到或接近最大旋偏角；航线弯曲度应小于等于 3%。

表 2–3　旋偏角的要求

航摄比例尺		> 1 ： 4 000	1 ： 4 000 ～ 1 ： 8 000	< 1 ： 8 000
相对航高		—	—	> 1 200
旋偏角	一般	≤ 10	≤ 8	≤ 6
	最大	≤ 12	≤ 10	≤ 8

③按照相关规定，一条航线的最小与最大航高之间的差距不应超过 30 m，分区预定航高与实际航高之间的差距应小于等于航高的 5%。

（3）对摄影质量的具体要求应符合下列规定。

①对航摄底片的具体要求：一是应当采用解析测图仪或者精密立体坐标量测仪进行底片压平误差的检查，检查对象与内容一般为不少于 9 个检查点的视差与坐标，以及测定标准配置点，并且解析计算应当按照六点法相对定向展开，当采用精密立体坐标量测仪对检查点的上下视差残差进行测定时，不得大于 0.02 m；二是航摄底片的不均匀变形不应大于 3/10 000 ；三是采用解析测

图仪测定时，不得大于 0.005 mm。其中，最高地形处的反差宜为 1.1 ～ 1.4，对灰雾密度的要求应小于 0.2，影像位移应小于等于 0.03 mm。

②当航摄底片的局部出现影响模型测图与连接的药膜损伤、静电痕迹、划痕、云影时，应当予以补摄，整体来说，要求框标齐全，影像清晰。

第三节　航空摄影像片的基本知识

通常来说，在进行工程规划设计与建筑施工放样时，为了解施工现场实际情况需要常规的地形图，同时应使用摄影像片。通过摄影机将地表各种物体拍摄成像片就是摄影像片。而通过摄影机将地表物体拍摄下来，并根据像片上的物体成像，对物体的形状、大小及空间位置进行测定的方法就是摄影测量。摄影所得像片可以详尽、客观、真实地将地面所有物体拍摄记录下来，以此获得设计与施工所需的资料。一般情况下，像片成像要求地貌形象、地物清晰真实，内容全面，以便后续工作的开展。正因为摄影像片的出现，使许多外业工作转为室内工作，大大降低了劳动强度，有效避免了因天气或季节对测量工作产生的影响，可以说，此类测量工作较适用于偏远山区以及交通不便的地区。

一、航空摄影像片的投影性质

航摄像片、航空像片均指的是航空摄影像片，根据它来判读与制图的前提是要对它的投影性质有一定的了解。从投影几何学角度分析，凡是空间中某一固定点 S（投影中心）与任意点 A（物点）之间的连线或者它们的延长线（即中心光线）被某一平面或是与平面相类似的图形截断，那么该直线与平面之间的交点 a（像点）就被称作 A 点的中心投影，如图 2–10 所示。一般来说，中心投影具有两大特点。

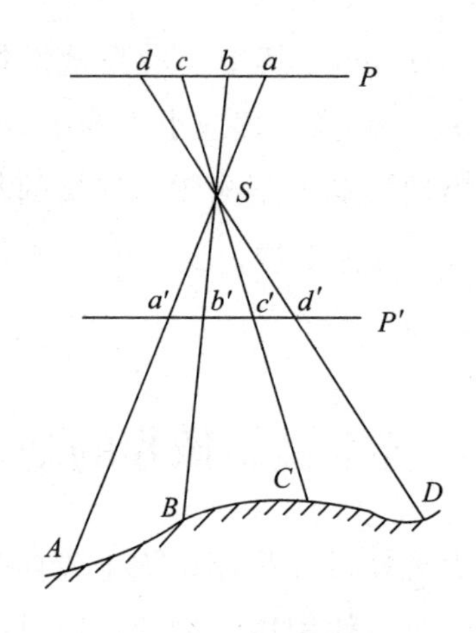

图 2-10　中心投影

（1）空间点在投影面上的中心投影仍为一个点。

（2）空间直线点在投影面上的中心投影一般为直线，通过投影中心的空间直线，其中心投影为一个点。

航空摄影像片是地面物体在摄影负片（或正片）上的构像，这种影像是地面物体上各点的反射光线经过摄影物镜在负片上的构像。根据透镜成像规律，所有光线必然通过物镜中心，在负片上构成与实地方位及明暗亮度相反的负像，经过晒印后获取正像。从投影性质来说，固定点 S 为摄影物镜的光学中心，空间点 A、B、C 等为任意点，a、b、c 等为其中心投影的构像。中心投影有正负之分，物体与像面位于投影中心的同一侧为正像，如图 2-10 中的 a'、b'、c' 等；物体与像面位于投影中心的两侧则为负像，如图 2-10 中的 a、b、c 等。

二、航空摄影像片的特殊点、线

航空摄影像片上地面物体构像的大小、形状和相关位置与摄影瞬间像片在空间所处的位置有关。倾斜像片上的某些点、线具有一定的特征，这些点和线称为特殊点和特殊线。它们对研究航空像片的几何特性和确定航空像片在空间的位置具有非常重要的意义。

（一）特殊点、线的定义

以图 2-11 为例，介绍航空射影像片的特殊点、线的定义。

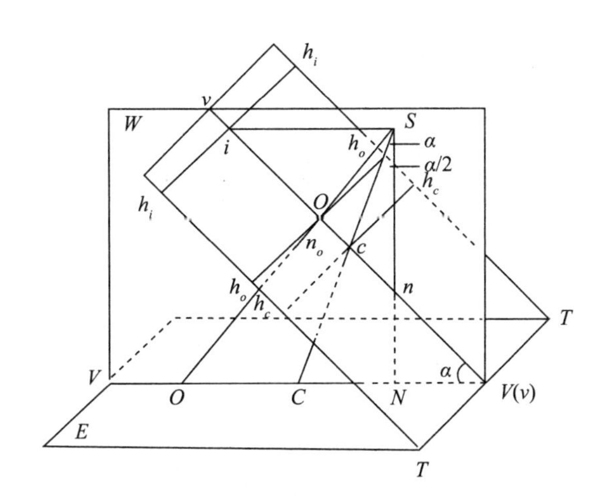

图 2-11　摄影像片的特殊点线

（1）像主点：主光轴 OSo 与像平面垂直的交点 o 称为像主点，地面上的相应点称为地主点 O。

（2）像底点：通过镜头中心 S 的铅垂线与主垂线 NSn 与像面的交点 n 称为像底点，地面上的相应点 N 称为地底点。地面上铅垂线的投影通过像底点。

（3）等角点：主光轴 OSo 与主垂线 NSn 的夹角 α（即像片倾角）的二等分线与像片面及地面的交点称为等角点。用 c（像片上的等角点）及 C（地面上的等角点）表示。像平面和地平面上以等角点为角顶点的角相等。

（4）主纵线：包括主垂线与主光轴的平面 W 为主垂面，主垂面与像平面的交线 vv 为主纵线；它在地面上的相应线为摄影方向线 VV。

（5）主横线：在像片上凡与主纵线垂直的线 hh 称为像水平线，通过像主点的像水平线 h_0h_0 为主横线。

（6）等比线：像平面上通过等角点 c 的像水平线 h_ch_c 称为等比线，在此线上的像片比例尺与同一航高的水平像片的比例尺相等。

（7）真水平线：通过镜头中心 S 所作的水平面与像片面的交线 h_ih_i 称为真水平线。

（8）主合点：主纵线与真水平线的交点 i 称为主合点。

（9）透视轴：延长像片面与地平面相交的直线 TT 为透视轴。

航空像片的特殊点、线是了解航摄像片成像规律和应用这些成像规律的基础知识。

（二）特殊点、线间的关系

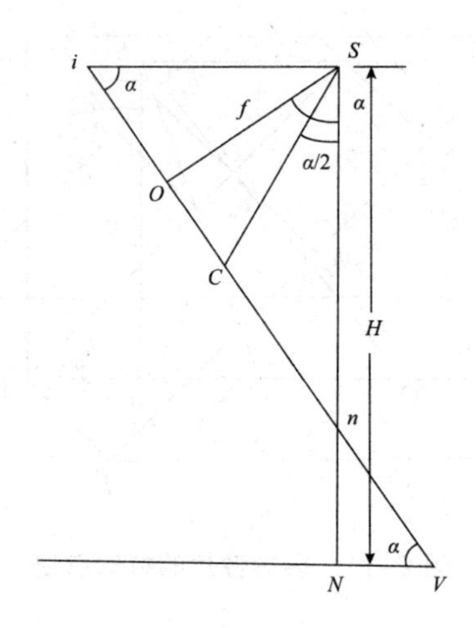

图 2-12　特殊点、线的关系

从图 2-12 可以得出以下特殊点、线间的关系：

$$on = f \cdot \tan\alpha \tag{2-2}$$

$$oc = f \cdot \tan\frac{\alpha}{2} \tag{2-3}$$

$$cn = f \cdot \tan\frac{\alpha}{2} \cdot \sec\alpha \tag{2-4}$$

$$oi = f / \tan\alpha \tag{2-5}$$

$$ci = Si = f / \sin\alpha \tag{2-6}$$

$$Vi = SN / \sin\alpha \tag{2-7}$$

上面各式的关系都在主垂面内，由上述各式可知，像主点 o 和主纵线 vv 的位置确定后，对于一定的 f 和 α 而言，可以获得所有各特殊点、线的位置。

第三章 像片控制测量与像片调绘

第一节 像片控制测量

人们将在实地测定像片控制点高程与平面位置的测量工作称为像片控制测量。像片控制测量有以一个立体像对为单位布设像片控制点的全野外布点、以几幅图或几条航线段为一个区域布设像片控制点的区域网布点、以一条航线段为点位布设像片控制点的航线网布点等。

通过摄影测量方法对地形图进行绘制的方法多种多样，然而不管采用何种成图方法都要求具有一定数量的像片控制点（简称为像控点），这些像片控制点可以有效地将地面坐标系与摄影测量成果联系在一起。

拟定像片控制点野外测量技术计划、选定像片控制点、像片控制点的野外判读刺点与装饰、外业观测像片控制点、像片控制点的外业观测与成果计算、检查整理手簿及成果等是像片控制测量的具体过程。

根据整个摄区的地形情况以及成图要求，基于现有资料对测图所需的像片控制点数量、分布以及施测方法进行的拟定，就是拟定像控点野外控制测量技术计划。为了保证像片控制点以及内业成图的量测精度，必须将像片控制点布设在影像位置能够清晰辨认的目标点上。计划拟定好后，仍然需要到现场进行核实对照，在查明已有的水准点、三角点的保存状况，实地了解像片控制点交会图形与通视状况后（像片控制点应能满足交会图形理想、地形测量通视良好等要求），最终明确像片控制点的位置以及实时测量的方法。像片控制点选定后，还必须在现场准确刺出像控点的位置，并在像片背后装饰标注好像片控制点的位置。根据施测方案，可以在野外测定像片控制点的地面坐标。

一、像控点的分类

航测内业测图以及加密控制点的依据是像片控制点，其大致可以分为三部分，即平高控制点（简称平高点）、高程控制点（简称高程点）、平面控制点（简称平面点）。其中，平面坐标与高程是平高点必须测定的内容，高程是高程点必须测定的内容，而平面坐标则是平面点必须测定的内容。

二、像控点的布设需要遵循的原则

（1）像片控制点的布设位置应当选在较为空旷的地带，周围没有任何明显遮挡物。

（2）像片控制点应当布设在纹理差异较大的位置，以便于识别。

（3）像片控制点的布设应当确保整个测区能够得到控制，并且在测区内相对均匀，当遇到难以布设的位置时，为了确保建模的精度，应当在周围区域加设像片控制点。

（4）像片控制点的布设应当尽量避开测区边缘，这主要是因为边缘部分的像片镜头变形较大，会导致测量精度难以得到保障。

（5）像片控制点布设的位置应当远离密集的建筑物区域、强电磁场区域以及大面积水面。

三、像控点的选择

（一）像控点像片位置要求

像片控制点应当选在显眼的地物点上，这样无论是在航摄像片上的影像位置还是在实地位置均可以清晰识别，便于立体测量与判刺。当目标条件与影像条件发生冲突时，应当首先考虑目标条件。像片控制点通常要求布设在航向与旁向5片或6片重叠范围内，尽可能地可以共用。根据中心投影构像透视规律，像片边缘点的像点位移量比中心部分像点的位移量大，且底片边缘伸缩变形也较大，因此为了提高外业判读刺点和内业点位量测精度，所选像控点的位置距像片边缘不得小于1 cm（18 cm × 18 cm像幅）或1.5 cm（23 cm × 23 cm像幅）。另外，为了提高内业立体观察的效果，像片上像控点距离各类标志线，如压平线、摄影框标标志、摄影编号、气泡影像等应大于1 mm。像控点应布设在旁向重叠中线附近，离开方位线的距离应大于 3cm（18 cm × 18 cm 像幅）或 4.5 cm（23 cm × 23 cm 像幅）。当旁向重叠过大时，离开方位线的距离不得小于 2 cm（18 cm × 18 cm 像幅）或 3 cm（23 cm × 23 cm 像幅）。若按图廓线划分测区范围，位于自由图边、待成图边以及其他方法成图的图边像控点，一律布设在图廓线外，确保满幅。

（二）布设的控制点应该满足的条件

（1）航线首末端上下两控制点尽量布设在位于离开通过像主点且垂直于方位线的直线上，布设困难时互相偏离一般不大于半条基线。在空中三角测量作业区域中间布设检查点，使检查点布设在高程精度和平面精度最弱处。

（2）像控点应选刺在航向及旁向 6 片（或 5 片）重叠范围内，使布设的控制点能尽量共用。

（3）像控点的选刺应先进行目标范围的大致圈定，外业实地优选目标位置标刺。在实地根据相关地物认真寻找影像同名地物点，确认无误后，在像片上相应位置刺出点位。刺点误差和刺孔直径均不得大于 0.1 mm。

（4）像控点应尽量布设在旁向重叠的中线附近。当旁向重叠过小，相邻航线像控点不能共用时，应分别布点；当旁向重叠过大，使相邻航线的点不能共用时，亦应分别布点。

（5）当像控点为平高点时，实地选点时要选择影像清晰的明显地物点，如接近线状地物的交点，地物拐角点等实地辨认误差小于图上 0.1 mm 的地物点；当像控点为高程点时，要优选局部高程变化不大的地物目标点；不可在弧形地物及高程变化较大的斜坡处选刺像控点。

（6）像控点整饰时，要在影像上对应的控制点点位标注点名或者点号，并在像片的背面或者专用笔记本上记录关于刺点位置的详细说明。说明要确切，点位图、说明、刺点位置三者必须一致。

（三）像控点的布点方案

全野外布点与稀疏布点是像片控制点布设的两种方案。由于外业工作较为辛苦，工作负担较重，因此只能在地形相对简单且范围不大的地区进行，这种全野外布点的方法，常被应用于模拟摄影测量阶段。随着摄影测量理论的不断完善，以及影像处理技术的迅猛发展，现代摄影测量中一般采用稀疏布点的像控点布设方案。这种方案在一定程度上能够减少外业工作量。稀疏布点一般按照航线网布点或者按照区域网布点。

1. 航线网布点

以一条航线为单位进行像控点布设的方案大致分为以下几种类型。

（1）六点法。正规布点法通常也可称为六点法，布设点位时按照航线进行分段，每一条航线段的中间与首尾两端需要各自布设一对平高控制点，总共需要布设三对，如图 3-1 所示。此类布设方法外业工作量较大，高程加密精度最高，通常被应用于地形相对复杂的地区，如高山、山地等地区的测图工作。

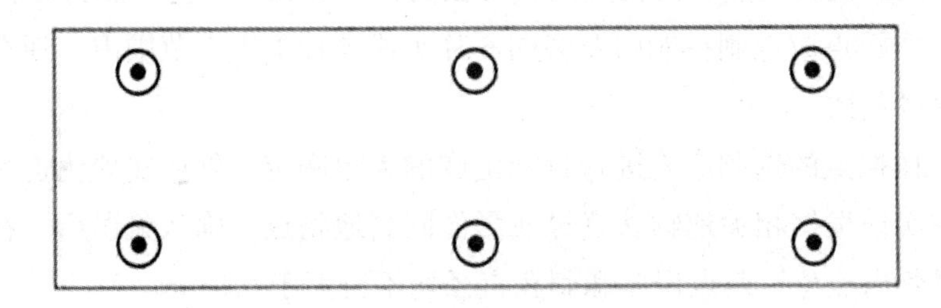

图 3-1　六点法布设示意图

（2）五点法。此种布设方法需要在航线首部与尾部分别布设一对平高点，而在航线中央仅布设一个平高点，在像片的上方或下方位置均可布设，如图 3-2 所示。此类方法通常被应用于丘陵地带的测图工作。

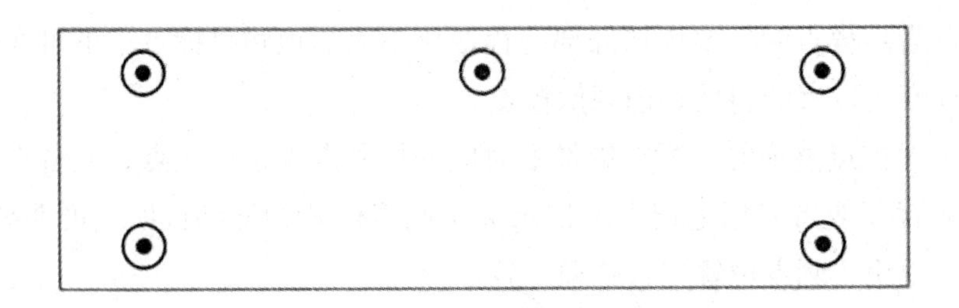

图 3-2　五点法布设示意图

（3）三点法。品字形布点法也称为三点法，即在每一条航线的首部与尾部两端以及中间部位，按照品字形分别布设三个平面控制点，如图 3-3 所示。此时，高程采用稀疏布点方案，仍按照六点法进行像控点的布设。

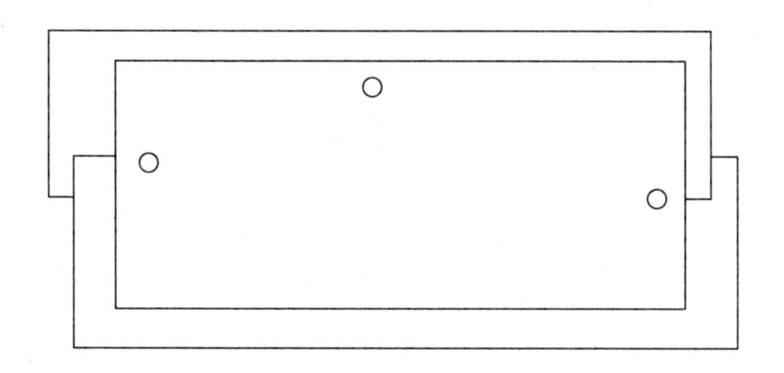

图 3-3 三点法布设示意图

在众多基本布点方案中，六点法是应用较为普遍的布点方案。通常在小比例尺航测成图中采用三点法。而五点法则仅作为一种辅助性的布点方案被采用。

2. 区域网布点

区域网布点是以几条航线或一个区域为单位布设像片控制点的方案。区域网通常由长方形或正方形组成。像控点应沿区域网四周按一定跨距布设平高控制点。考虑到高程点跨距要小于平面点，可以在区域内部再布设一排或几排高程点，以满足高程跨距的要求，如图 3-4 所示。

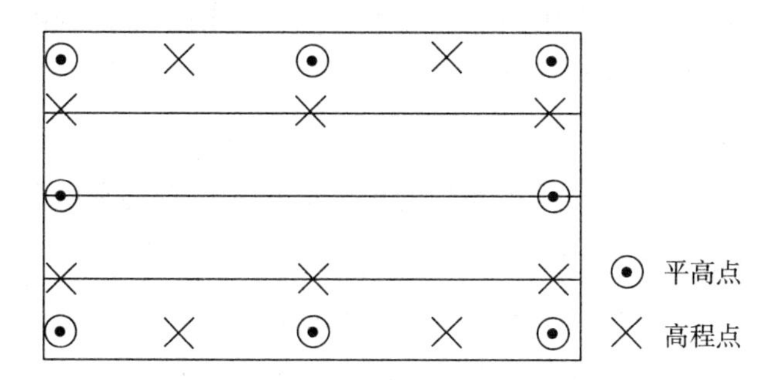

图 3-4 区域网布点示意图

总之，对于一个具体测图区域选用布点方案应根据成图比例尺、摄影比例尺、像幅大小、地形条件、内业仪器设备、技术力量、经济条件等多种因素综合考虑。

第二节　像片调绘

运用像片判读、调查与绘注的总称就是像片调绘。具体来说，根据像片影像加以判读，并基于判读结果，按照有关原则对不同地形元素进行综合取舍，同时展开调查、询问与量测，之后以相对应的图式符号着墨表示，这些基础信息资料是未来内业成图工作的重要保障。

在航测成图中，像片调绘是一项关键的工作，内业测图的主要依据便来源于此，因此最终成图的精度直接取决于像片调绘的质量。所以，像片调绘工作十分重要，从事该项工作的从业者必须一丝不苟、认真负责，一旦调绘内容出现问题，便会给后续的内业工作带来很大的困扰。

一、像片调绘基础知识

（一）地形图图式符号的应用

识别与使用地形图的重要依据是图式符号。如何做到对图式符号意义的精准理解，以及对图式符号应用的熟练掌握，这些是调绘中遇到的重要问题，下面简单介绍对图式符号的理解与应用。

1. 图式符号的作用

在地形图上，一些地物或者地貌的形状大小、位置类别以及功能与作用等特征，均可以通过图式符号表示。这样，其一方面可以使图面清晰便于读取，另一方面人们可以借助其对不同地物、地貌间的方向、面积、高差以及水平距离等进行量测，从而促使地图的表达功能不断完善，量测更加准确。

2. 图式符号的分类

根据地物、地貌的特征和性质，包括文字注记在内，可将地形图图式符号分为九大类。

（1）测量控制点。指三角点、小三角点、水准点等。

（2）水系。包括河流、湖泊、海岸、水库、沟渠、渡口、码头、水井、泉、沼泽等。

（3）居民地及设施。包括独立房屋、街区、窑洞、蒙古包、城墙、围墙、栅栏、工矿设施、发电站、加油站、气象台、电视发射塔、游乐场、革命烈士纪念碑、亭、庙宇、水塔、烟囱、窑等。

（4）道路及附属设施。包括铁路、公路及其附属建筑物和机耕路、乡村路、小路、桥梁等。

（5）管线。指电力线、通信线、各种管道等。

（6）境界。指国界、省界、地区界、县界、乡界和自然保护区界等。

（7）地貌。指等高线、陡崖、冲沟、土堆、坑穴、山洞、滑坡、梯田坎等。

（8）植被及土质。包括地类界、树林、疏林、幼林、灌木林、竹林、经济林稻田、旱地、草地、盐碱地、露岩地、沙地、石块地等。

（9）注记。指各种地理名称、各种说明的注记和数字注记。

3. 符号的定位

所谓符号定位，就是指确定地形图图式符号与实地相应物体之间位置关系的方法。也就是要明确规定符号的哪一点代表实地相应物体的中心点，哪一条线代表实地相应物体的中心线或外部轮廓线。这样，才能准确知道实地物体在地形图上的位置。以下是符号的定位要求。

（1）依比例尺表示的符号：符号的轮廓线表示实地相应物体轮廓的真实位置。

（2）圆形、正方形、长方形等独立的几何图形符号：其定位点在几何图形中心，如三角点埋石点、燃料库等。

（3）宽底图形符号：其定位点在底线中心，如蒙古包、纪念碑、烟囱、水塔、宝塔等。

（4）底部为直角的符号：其定位点在直角的顶点，如独立树、风车、路标、加油站等。

（5）几种图形组合成的符号：其定位点在下方图形的中心点或交叉点，如跳伞、无线电塔、敖包、教堂、气象站等。

（6）下方没有底线的符号：其定位点在下方两端点连线的中心点，如窑、彩门、山洞、亭子等。

（7）线状符号：其定位线在符号的中轴线，如道路、河流、堤、境界等；依比例尺表示时，在两侧线的中轴线。

（8）不依比例尺表示的其他符号：其定位点在其符号的中心点，如桥梁、水闸、拦水坝、岩溶漏斗等。

（9）符号图形中有一个点的，该点为地物的实地中心位置。

4. 符号的方向

地形图上符号的方向描绘有一定的规律。在调绘中既要把符号的位置描准，也要把符号的方向绘准。符号的方向一般分为按真实方向和按固定方向描绘两种。

（1）真方向符号。这类符号描绘的方向要求与实地地物的方向一致，如独立房屋、窑洞、山洞、打谷场、河流、道路等，但城楼、城门符号要求垂直于城墙方向，向城墙外描绘。

（2）固定方向符号。这类符号描绘的方向要求始终垂直于南北图廓线，符号上方指向北，如前面介绍的水塔、烟囱、独立树等。

清绘时一定要事先从图式中查明符号的方向有什么要求，否则会因为符号方向的错误使别人无法理解或得出错误的结论。

（二）像片调绘的综合取舍

1. 综合取舍

所谓综合，就是按一定的原则，在保持地物原有的性质、结构、密度和分布状况等主要特征的情况下，对某些地物分不同情况进行形状和数量上的概括；所谓取舍，就是根据地形图的需要，在调绘过程中选取重要的地物、地貌元素进行表示，舍去次要的地物、地貌元素不予表示。因此，综合取舍就是在调绘或测图过程中对地面物体进行的选择和概括，综合过程中有取舍，而取舍过程中又有综合，两者相互依存，不能孤立地看待它们。

2. 综合取舍的原则

在测图或调绘过程中难以掌握也是较为复杂的一项技术便是综合取舍。通常来说，在进行综合取舍时应遵循以下几项原则。

（1）根据地形元素在国民经济建设中的重要作用决定综合取舍。国民经济建设中离不开地形图，因此为了服从这一主题，应当在地形图的内容中有所体现，只要是在国民经济建设中发挥着重要作用的地形元素，就可以成为调绘时选择表示的主要对象。

（2）根据地形元素分布的密度和地区特征决定综合取舍。在决定综合取舍时，要有选择地采取有针对性的措施，对于地形元素分布密度过小的地区，应尽量不舍弃任何元素；对于地形元素密度过大的地区，则应尽量将次要的地物舍去。与此同时，还需要注意保持原有地貌、地物要素的固有特征以及相对密度，以避免出现失真的情况。若是某一地区水资源较为丰富，有比较多的小水塘，为了真实地反映该地区的地物与地貌，不能仅保留大水塘而将所有小水塘都舍去，而应最大限度地呈现该地区水塘多的特征。

（3）根据成图比例尺的大小进行综合取舍。为了将地物尽可能详尽地展现出来，就需要成图的比例尺足够大，此时采取的方法就是少舍多取；与之相反，当成图比例尺较小时，在同样大小范围内的图面上所能呈现的地物就会变多，此时采取的方式就是尽可能地多舍，多综合一些。

（4）根据用图部门对地形图的不同要求进行综合取舍。对地形图表示的详尽程度以及表示的内容，会因专业部门的不同而有所差异。例如，林业部门要求对森林植被作出详尽表示，因此对森林植被要素要尽可能多地进行选取，而对其他要素则可以作出较大的舍去或综合。

3. 调绘像片应达到的基本要求

借助综合取舍调绘像片时，应当符合以下几点要求。

（1）表示准确。主要内容涉及地物、地貌的名称与性质应当标记准确，着墨装饰时不跑线，调绘表示不发生位移等。

（2）合理协调。在调绘像片上，要合理地进行综合取舍，地物与地貌之间的相互关系需要科学恰当地进行处理，尽量将实际的地理特征体现出来。要使用统一的图式符号表示同一测区，图面内容要展现完整，调绘像片与调绘像片之间的接边应当正确统一。

（3）清晰易读。对图面的要求进行标记的字体要正规，图面整饰要清晰，在表示不同地物与地貌要素时，要求负载合理、清晰易读、主次分明。

（三）像片调绘的准备工作

1. 调绘像片的准备

在调绘像片前首先需要对调绘像片进行编号，其次是从带有编号的像片中选取画质较好、清晰度较高的像片作为调绘像片，最后再进一步从质量上对像片影像进行把关，将比例尺大于等于成图比例尺 1.5 倍的像片筛查出来，并对这些像片的地物相对复杂的地区再次采用该方法。

由于像片表面光滑，不易着墨、着铅，因此需要在调绘前对其做适当的处理。例如，将像片表面用砂橡皮进行擦拭，直至清楚着铅，在此过程中需要注意不可将影像擦坏。

2. 调绘面积的划分

每一张调绘像片进行调绘的有效工作范围就是调绘面积。调绘线指的是在每一张像片上将调绘面积的边缘轮廓线绘制出来，以便保证像片图以及图幅之间不会出现重复与漏洞，并且满足内业成图的需要。划分调绘面积线需要根据以下几点要求。

（1）调绘面积以调绘面积线标定。为了充分利用像片，减少接边工作量，正常情况下要求采用隔号像片作为调绘像片描绘调绘面积线，且不得产生漏洞或重叠。

（2）调绘面积线距像片边缘应大于 1 cm。

（3）当采用全野外布点时，调绘面积的四个角顶应在四角的像片控制点附近，且尽可能一致，偏离控制点连线不应大于 1 cm；当采用非全野外布点时，调绘面积线在调绘像片间重叠的中部。

（4）调绘面积线应避免分割居民地和重要地物，且不得与线状地物重合。

（5）图幅边缘的调绘面积线，如为同期作业图幅接边，可不考虑图轮廓线的位置，仍按上述方法绘出，以不产生漏洞为原则；如为自由图边，实际调绘时应调出图廓线外 1 cm，以保证图幅满幅和接边不发生问题。

（6）图幅之间的调绘面积线用红色，图幅内部用蓝色，并以相应颜色在调绘面积线外注明与邻幅或邻片接边的图号、片号，这样要求主要是为了便于区分和查找相邻调绘像片。

（7）调绘面积线在平坦地区一般绘成直线或折线；在起伏地区则要求像片

的东、南边绘成直线或折线，像片的西、北边则根据相邻调绘像片东、南边的调绘面积线，在立体观察下转绘成曲线。图 3-5 为调绘像片的整饰格式。

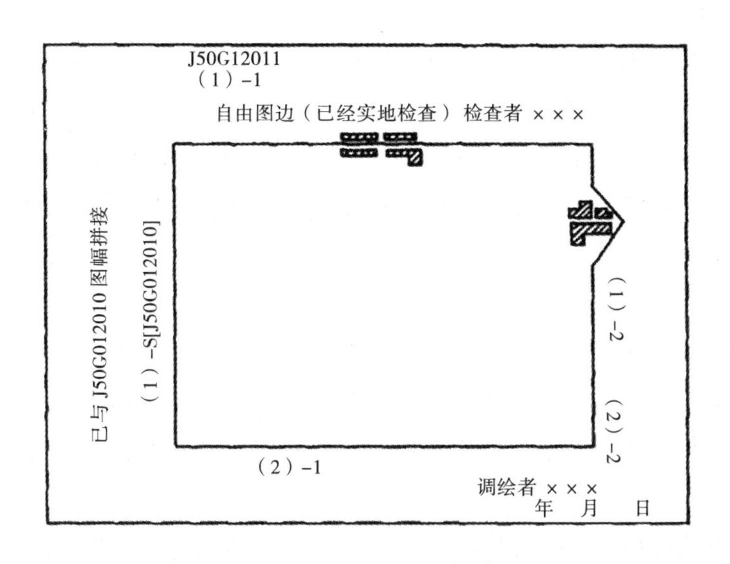

图 3-5　调绘像片的整饰格式

3. 调绘计划的拟订

调绘计划是指调绘工作开始前，对像片、老图与其他有关资料的初步分析所拟订的实际工作方案。调绘计划中主要考虑调绘范围、调绘重点、调绘路线以及调绘中应注意解决的其他问题。

如果第二天准备调绘像片，首先应对像片进行立体观察，并结合有关资料进行分析，掌握调绘地区的特征和地物分布的复杂难易程度，如居民地的分布及类型特征，水系、道路、植被、地貌、境界，以及地理名称的分布情况及表现情况等。其次，根据这些特征及情况，估计调绘的困难程度，从而安排调绘的重点和调绘的路线，为调绘中可能出现的问题找到解决的办法，这样会取得较好的调绘效果。

4. 调绘工具的准备

外出调绘时，除准备调绘像片外，还应带上配立体的像片、像片夹、老图、立体镜、铅笔、小刀、砂纸、橡皮、钢笔、草稿纸、皮尺、刺点针及其他必要的安全防护用品（如草帽、药品等）。另外，每张调绘像片都要贴一张透明纸，用以记录某些调绘内容。

二、各类地形元素的调绘

（一）居民地的调绘

居民地是人类生活、居住及从事各种社会活动和生产活动的主要场所。在国民经济建设中，居民地也是政府部门较关心的问题之一，在识图、用图时，居民地具有良好的方位目标作用。调绘时，根据居民地的建筑形式和分布状况，人们一般将其分为四类：街区式居民地、散列式居民地、窑洞式居民地及其他类型居民地。

1. 居民地的一般特征

（1）外形特征：指居民地外部轮廓图形特征。

（2）类型特征：指居民地内部的分布特点，如散列分布、街区式分布等。

（3）通行特征：指居民地内部街道、巷道的分布情况以及与外部道路的连接关系。

（4）方位特征：指居民地内外有方位意义的突出建筑物和其他地物。

（5）地貌特征：指居民地内外的地貌形态，如陡崖、冲沟、坑穴等。

2. 居民地的影像特征

房屋在像片上的构像由其顶部阴影和房屋的侧面影像组成。房顶影像是判读的主要部分，其色调主要与房屋的结构、材料、太阳照射方向及房屋在像片上的位置有关。房屋的侧面影像是由投影差引起的，它的大小与房屋高度和房屋在像片上的位置有关。像片上，房屋影像的形状多为长方形、正方形或其他几何图形。在立体观察下，房屋比较容易识别。由房屋组成的街道呈线状或带状分布，与房屋边线之间有明显的色调差别，街道之间互相连通，并与外部道路相接。

3. 独立房屋的调绘

独立房屋是指在建筑结构上形成一体的各种形式的单幢房屋。只要是长期固定，并有一定方位作用的独立房屋，以及居民地内外能反映居民地分布特征的独立房屋，不管房屋的形状、大小、用途、质量如何，也不区分住人和不住人，均以独立房屋表示。对于长小于图上 1.0 mm、宽小于图上 0.7 mm 的独立房屋，以不依比例尺符号表示；对于长大于图上 1.0 mm，宽小于图上 0.7 mm 的独立房屋，以半依比例尺独立房屋符号表示；若长、宽尺寸分别大于上述规定，则按依比例尺独立房屋符号表示。

调绘独立房屋应注意以下问题。

（1）保持真方向描绘。因为独立房屋方向有判定方位的作用，特别是位于路边、河边、村庄进出口处的独立房屋更为重要，因此一定要保持真方向描绘。不依比例尺表示的独立房屋，符号的长边代表实地房屋屋脊的方向；当为正方形或圆形时，符号的长边应与大门所在边一致。依比例尺和半依比例尺表示的独立房屋也要注意实际形状和位置的准确。

（2）判绘要准确。调绘时判读要仔细，不要将已拆除的房屋或者菜园、草垛、瓜棚等当作独立房屋描绘。

（3）当独立房屋分布密集不能逐个表示时，只能取舍不能综合。此时，外围房屋按真实位置绘出，内部可适当舍去。

（4）有特殊用途的独立房屋应加说明注记，如抽水机房、烤烟房，对其应分别加注“抽”“烤烟”等说明。新疆等地用于晾晒葡萄干的晾房应加注“晾”字。

（5）由围墙或篱笆形成庄院的独立房屋，当围墙、篱笆能依比例尺表示时，视实际情况用相应符号表示；否则只绘房屋。

（6）正在修建的房屋，已有房基的用相应房屋符号表示，否则不表示。

（7）受损坏无法正常使用的房屋或废墟，图上只表示有方位意义的破坏房屋。图上面积小于 1.6 mm^2 的破坏房屋一般不表示，但在地物稀少的地区可用符号表示。

4. 街区式居民地

房屋毗连成片且按一定街道（通道）分割形式排列，构成街道景观的居民地，称为街区式居民地。街区式居民地的调绘一般应先调外围，绘出外轮廓和其他地物，然后进入居民地内部，区分主次街道，并采用综合取舍进行调绘。

街区的外轮廓按像片影像描绘，其凹凸部分在图上小于 1.0 mm 时，可综合表示。当外轮廓是土堤、围墙等地物时，用相应符号绘出，不需再另绘轮廓线。位于街区附近，特别是街道进出口附近的独立房屋，不能综合为街区，以免失去其特征。对于街区内部的房屋可进行较大的综合。当房屋间距在图上大于 1.5 mm 时，应分开表示。街区内较大空地应表示，可根据南北方居民地特征，取舍指标一般为图上 4 ～ 9 mm²。

街区式居民地的通行特征主要是指街道（巷道）的分布以及主次街道的划分。街道按其路面宽度、通行情况等综合指标区分为主干道、次干道和支线。主干道边线用 0.15 mm 的线粗，按实地路宽依比例尺或用 0.8 mm 路宽表示；次干道边线用 0.12 mm 的线粗，按实地路宽依比例尺或用 0.8 mm 路宽表示；支线指城市中联系主、次干道或内部使用的街巷、胡同等，用 0.12 mm 的线粗，按 0.5 mm 路宽表示，如图 3-6 中的“g”所示。大中城市的主要街道应加注名称。

描绘街道要求做到主次分明、取舍恰当、街道进出口和街道交叉口位置准确。如果街道交叉口实际是错开的，并不是对直的十字形状，表示的时候应反映出其实际特征，不能人为地绘齐对直。

较小的居民地，当街区内的街道宽度均小于图上 0.5 mm 时，也要区分出主次干道或支线，并用 0.8 mm 宽度表示主要街道，用 0.5 mm 宽度表示次要街道。主次街道以其作用大小区分，而不管街道的宽度和大小。在某些地区，如河、渠贯穿居民地，街道宽度按上述尺寸表示会影响街区特征时，可适当缩小街道宽度。当街区中的街道线与房屋或垣栅轮廓线间距在图上小于 0.3 mm 时，街道线可省略。

居民地内的街道（巷道）一般要表示。但当居民地内巷道过密时，次要街巷可适当取舍：取连接街道或者道路的巷道，舍去死胡同；取较宽较直的巷道，舍去拐弯较多较窄的巷道。

居民地内具有方位特征的其他地物以及具有地貌特征的各种地貌元素，均应按规范、图式有关规定表示。对于乡镇政府所在的居民地，需调注行政区内总人口数，一般注在乡镇名称下方。

居民地中的突出房屋是指形态或颜色与周围房屋有明显区别并具有方位意义的房屋。符号如图 3-6 中的“a”所示，房屋的轮廓线加粗为 0.25 mm。藏族地区有方位意义的经房也用符号“a”表示，并加注“经”字。

多幢 10 ～ 18 层的房屋构成高层建筑区，符号如图 3-6 中的“b”表示。

超高层房屋指高度与周围房屋有明显区别、19 层以上并具有方位作用的房屋，以外围轮廓加晕线绘出，符号如图 3-6 中的“c”所示。

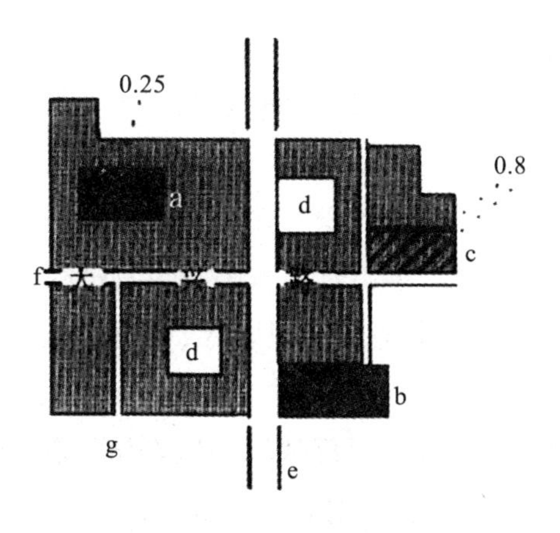

图 3-6 街道及突出房屋

（二）独立地物的调绘

通常来说，具有某种特殊用途并且在形体结构上自成一体的物体称为独立地物，此类独立地物一般与人类日常工作与生活有着密切联系，是一种分布于居民地附近的重要设施，同时是用以确定位置指示目标以及判定方位的重要标志。

根据独立地物自身形态以及重要性可以将其分为两大类。一类是一种二维平面图形而非三维立体图形的物体形态，此类独立地物的目标明显，位置相对固定，在平面上较易被识别出来，如水泥预制场、打谷场等。另一类独立地物是突出地面的三维立体形态，可以使人们在远处便能轻而易举地发现它，具有明显的标志性，起指引方向的作用，它在像片上的影像基本很难被察觉，通常为线状或点状图形；然而在对照实地调绘时，人们能够根据它周围地物的位置关系，将地物的顶部图形、投影图形以及阴影部分仔细地辨认出来，并判定出该独立地物的具体位置、性质以及性状，如纪念碑、电视发射塔、水塔、烟囱等。

1. 调绘独立地物的基本要求

（1）位置准确。由于判定方位、确定指示目标与位置的关键标志是独立地物，因此对独立地物的位置的精确性要求较高。不需要依靠比例尺表示的独立地物，通常需要将其中心点的位置用刺点针刺出来，并且在描绘时要求符号中心与刺点中心要相一致；需要依靠比例尺表示的独立地物，则需要将轮廓线位置精准地描绘出来；此外，因为无法在像片上准确地判断出独立地物，则需要通过实地测量确定位置。

（2）取舍恰当。应恰当地对独立地物进行取舍，将最突出的独立地物优先表示出来。例如，在地物稀少的地区，有些地物明明并不高大，但是与四周相比较为突出，因此便以此进行表示；在工业地区烟囱相对较多，并非均是独立地物，应当从它们中间选取最突出且高大的建筑物进行表示。

古遗址及文物碑石、艺术塑像、纪念像、飞机场、大型停车场、加油站、汽车站（乡镇以上的客运站）、体育馆、卫星地面接收站、游乐场、电视发射塔、科学观测站等，这些都是可以反映本地区经济文化特征的重要建筑，即使从外形上，看并不高大，但是也应对其进行准确的表示。

通常而言，居民地外不需要依靠比例尺表示且独立的学校与医院，应当采用符号加以表示，凡是需要依靠比例尺进行表示的独立地物，应当在其范围内加绘学校与医院的符号或者适当地配注名称。

2. 注意独立地物符号的配置位置

个别独立地物符号代表的位置在图式上有特殊规定，如应在储油的房屋或油箱位置将加油站符号绘制上去，在大殿位置上将面积较大的庙宇符号绘制出来，在风向标的位置上将气象台（站）符号绘制出来。

3. 注意独立地物与其他地物的避让关系

当独立地物符号无法被完整、准确地表示出来，并与其他地物符号相冲突时，应当以独立地物符号为主，将其准确、完整地绘制出来，其他地物断开或移位；当两个独立地物的符号无法按照真实位置同时绘制出来时，应当按照地物的重要性进行取舍，选取主要的进行绘制，另一个相对次要的地物则进行移位处理，两个符号之间的间隔应为 0.2 mm。

4. 注意独立地物符号的运用

地形图图式虽然给出了许多符号来表示地物，但毕竟有限，与地面上实际存在的地物种类相比仍然相差较多，尤其是随着社会的进步，新的地物将不断出现，在实际调绘中常会遇到某些地物找不到恰当的符号进行表示，尤其是调绘现代化的工厂、矿山，情况就会更为复杂。因此，在调绘过程中，要求调绘人员充分理解图式精神，尽量利用图式给出的符号去表示各种各样的地物。一般情况下，人们可以根据独立地物的外形特征、独立地物的作用和意义以及其他的具体情况选用符号，如塔形建筑物这个符号含义很广，图式上规定散热塔、跳伞塔、蒸馏塔、瞭望塔等均用塔形建筑物符号表示。

（三）交通线路的调绘

交通线路在国民经济建设中占有十分重要的地位，是人们从事生产劳动，进行社会交往，出外旅游等必不可少的，因此调绘时要认真、仔细地表示。

道路的共同特点是呈网状分布，在像片上的构像为白色或灰色带状影像。

1. 调绘道路的基本要求

（1）要正确区分道路的类别和等级，以显示不同道路的不同作用和不同的通行能力。

（2）道路的位置要准确。道路符号的中心线应与实地道路中心线一致，不能移位；各种附属建筑物和附属设施均应准确表示。

（3）道路的取舍要合理、恰当。

（4）道路两侧的地物、地貌应注意表示，并交代清楚它们之间的关系。如道路通过河流、沟谷，道路进入居民地、道路之间相交等，均应按规定进行表示。

（5）各种数字和文字注记要正确。

2. 铁路的调绘

铁路在各类道路中是最重要的一类道路，铁路运输也是我国最重要的运输方式，因此必须准确、细致地进行调绘。铁路在像片上的构像是中间为灰黑色、两侧为白色的带状影像，无明显的转折点，转弯处曲率半径大，形成圆滑的曲线；立体观察时不易察觉其坡度变化，有造型正规的附属建筑物和立交桥。

（1）铁路的分类。

①单线铁路：指在路基上铺设一条标准轨（轨距为 1. 435 m）线路的铁路。

②复线铁路：指在一条路基上铺设两条标准轨线路的铁路。如果复线铁路在一条路基上能以真实位置表示，则应以单线铁路符号分别表示，但两条线路间距不应小于 0.3 mm；如果不能按真实位置分别表示两条线路，则以两条标准轨的几何中心为准用相应符号表示。

③电气化铁路：指以电力作为机车动力的单线铁路或复线铁路。电气化铁路可从铁路上方是否有供火车机车使用的电力线进行判定，然后在相应的铁路

符号上加注“电”字。

④窄轨铁路：指轨距小于标准轨距的铁路。临时性的不表示。

⑤简易轨道：指在工矿区内使用的小型铁路。临时性的不表示。

⑥架空索道：指山区利用装置在高架上的钢缆运输矿产和木材等物质的线路，两端的支架按实地位置用圆点表示，中间配置表示。临时性的不表示。

在调绘复线铁路时要注意，当复线铁路在某处因地形或其他原因分开不在一条路基上时，若能以真实位置绘出单线铁路，则应用单线铁路符号分别表示；若不能分别用单线铁路符号绘出，则应以两条标准轨的几何中心为准，用复线铁路符号表示。

如果不是双线铁路，当两条单线铁路相遇，彼此平行而不能各自绘出符号时，应各自稍向外移位，仍以单线铁路表示，不能绘成双线铁路符号。因为双线铁路是指火车在两地之间可以同时对开的铁路，上述情况绘成双线铁路显然是错误的。

（2）火车站的表示方法。火车站是铁路线上的重要调绘目标，是货物装卸、旅客上下车、列车交会的场所，地物较复杂，必须细心判绘，并标注车站名称。火车站内各种元素的调绘如图 3-7 所示。

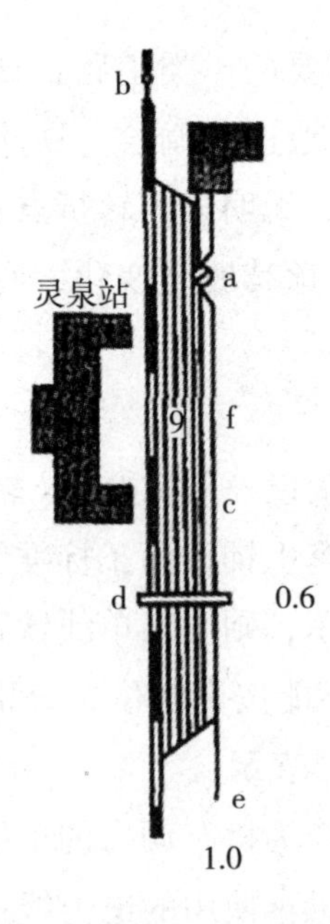

图 3-7　火车站及其附属设施

车站内的房屋，如售票房、候车室、检车室、巡道房、机车房、仓库等，不区分用途和建筑材料一律用相应房屋符号表示。车站内的站台、货台以及车站广场不单独表示，但站台和货台上的房屋（包括棚房），广场上的塑像、喷水池等独立地物应按相应符号表示。

图 3–7 中各符号含义如下。

① a 为机车转盘，是提供给机车转换方向的设备。它的主体部分是一个铺设有多条轨道且可以转动的大圆盘，当需要转换方向的机车驶入圆盘时，圆盘转动到所需要的方向，机车即可驶入新的轨道。机车转盘是火车站的重要附属设施，必须表示。

② b 为信号灯、柱，是铁路上设置的指示火车能否通行的信号设备，是良好的夜间方位目标。图上只表示站线外有方位作用的信号灯、柱。

③ c 为水鹤，是指供机车注水的设备，在 1 ∶ 100 00 图上不表示。

④ d 为天桥，是指车站内高架于站线之上，用于输送旅客进入站台的桥形建筑物。在站内目标明显并且具有十分重要的作用，必须按规定符号表示。

⑤ e 为车挡，是指铁路支线终点设置的挡车设备。它不仅有挡车作用，也可以在设计新线路时考虑接头用。调绘时不区分拦截物形状、大小以及材料性质，均用同一符号表示。

⑥ f 为站线，是指在车站内提供列车过站、会让、停留使用的全部轨道线。车站越大，来往列车越多，站线也就越多。较大的编组站，站线多达几十条，其分布范围很大，在航摄像片上的影像特征非常明显，易于判绘。调绘时如果能按图式符号全部表示，则逐条表示；若不能全部表示，则外侧站线应准确表示，中间站线均匀配置，但站线间距不应小于 0.5 mm，符号中的“9”代表轨道数。

（3）地铁。城市中铺设在地下隧道中高速、大运量的用电力机车牵引的铁道，个别地段由地下连接到地面的线路也视为地铁。

（4）磁浮铁轨、轻轨线路。磁浮铁轨、轻轨线路均为封闭运行的快速轨道交通线路，用同一符号表示。磁浮铁轨是指专供采用磁浮原理的高速列车运行的铁路；轻轨是指城市中修建的高速、中运量的轨道交通客运系统。磁浮铁轨加“磁浮”简注。轻轨（或磁浮）列车停靠及乘客上下车的场所（轻轨站）用相应地物符号表示，并加注专有名称注记。

3. 公路的调绘

公路是指路基坚固，用水泥、沥青、砾石和碎石等材料铺装路面，常年可以通行汽车的道路。公路在像片上的影像特征比较明显，其影像色调与铺面材料有关。如果是沥青路面，则为灰色至深灰色；如果是水泥、砾石路面，则为白色。调绘公路时应注意表示路堤、路堑桥梁、涵洞行树、隧道等附属设施。公路两侧的其他地物应着重表示。公路进出居民地以及和其他地物之间的关系也应交代清楚。

（1）高速公路。高速公路是指具有中央分割带、多车道、立体交叉、出入口受控制的专供汽车高速行驶的公路。其路基质量高，路面宽，坡度小，转弯少且转弯半径大，附属建筑物和附属设施完整（如桥梁、涵洞、隧道、立交桥、分道隔离墩、服务区、路标等），管理质量高，全封闭或半封闭，可供汽车分道昼夜高速行驶的公路，能适应汽车 120 km/h 或更高的速度行驶。

（2）等级公路。等级公路是指路基坚固，路面质量较好，附属建筑物和附属设施较完善，晴雨天均能通行汽车的道路，其铺面材料一般有水泥、沥青、碎石、砾石等。公路的宽度是指公路路基的宽度。

公路按其行政等级，区分为国道、省道、县道、乡道、村道及专用公路；公路行政等级代码及技术等级代码如表 3–1、表 3–2 所示。

表 3–1　公路行政等级代码

公路行政等级	代码
国道	G
省道	S
县道	X
乡道	Y
村道	C
专用公路	Z

表 3-2　公路技术等级代码

公路技术等级	代码
高速公路	10
一级公路	11
二级公路	12
三级公路	13
四级公路	14

注：等外公路可根据需要采用代码“30”。

国道是指具有全国性的政治经济、国防意义，并确定为国家级干线的公路；省道是指具有全省政治、经济意义，连接省内中心城市和主要经济区的公路以及不属于国道的省际的重要公路；县道是指具有县、县级市的政治、经济意义的主线干道，连接县城和县内主要乡（镇）等主要地方；乡道即为乡镇道路，一般宽度大约为 5 m，是乡镇通往各地点的保障；村道，是指直接为农村生产、生活服务，不属于乡道及以上公路的建制村与建制村之间以及建制村与外部联络的主要公路；专用公路是指专供特定用途服务的公路。等外公路是指路基不太坚固，路面只经过简单的修筑，质量较差的公路，其大多是沟通县、乡、村，直接为农业、林业或工厂、矿山运输的支线公路，汽车流动量不大，且行驶困难。农村修筑的规划路，若路基质量较好，能通汽车的可用等外公路符号表示，并加注“土”字。

建筑中的公路是指已经定型且正在施工的公路，分别以相应级别的符号用虚线表示。

调绘各级公路时，各级公路宽度在图上大于符号尺寸的，依比例尺表示；小于符号尺寸的，放宽到符号尺寸表示。各级公路的宽度是指公路路基上缘的宽度。图上每隔 15 ～ 20 cm 注出公路技术等级代码、行政等级代码及编号。

4. 城市快速路和高架路

快速路是指城市道路中有中央分隔带、具有四条以上车道、全部或部分采用立体交叉与控制出入、供车辆以较高速度行驶的道路。

高架路是指城市中架空的供汽车行驶的道路。图上宽度小于 1.2 mm 的按 1.2 mm 表示，大于 1.2 mm 的依比例尺表示。其符号为相应道路加点表示。连接高架路与地面道路引道两侧有斜坡的按路堤表示，支柱不表示。

（四）管线的调绘

管线是各种运输管道、电力线路和通信线路在测绘中的通称。管线在国民经济建设和人民生活中均有重要作用，同时是判定方位的目标，管线是线状地物，因此在图上表示都是长度依比例而宽度不依比例的半依比例尺符号。

1. 管道的调绘

管道是指架设在地面上或地面下用以输送石油、煤气、天然气以及工农业用水等的各种输送管。调绘时要准确判定管道的起点、终点、转折点的位置，然后用相应符号表示，并加注输送物名称。对于居民地内的管道和图上长度小于 1 cm 的管道不表示，当管道架空跨越河流、冲沟、道路时，符号不中断。对于能判别走向的地下管道应在图上表示，并绘出入口。

2. 电力线、通信线的调绘

调绘电力线和通信线，要重点判刺转折点和岔点处的电杆位置，并在像片背面作出识别标记，以备清绘时查用。对于难以判定的电杆，则应以距离交会的方法实地测定，另外调绘时还应注意以下问题。

（1）电力线一般只表示 6.6 kV 以上且固定的高压电线；当电压在 35 kV 以上时，应加注电压数（以 kV 为单位）。通信线在一般地区不表示，但在地物稀少地区且较固定的或有方位作用的通信线应表示。

（2）电力线、通信线除遇街区式居民地必须间断外，通过其他地物，如河流、道路等均不中断符号。

（3）在电力线密集的地区，调绘时可适当取舍，沿铁路、公路和主要堤两侧的电力线，在图上距道路或堤的中心线 5 mm 以内时可不表示，但在分岔处或出图廓线时，应绘出一段符号以示走向。

（4）凡是进入地下的电力线、通信线应准确判绘进出口位置并以虚线符号表示走向。

（五）境界的调绘

境界是在地图上表示行政区划的界线，最高一级境界——国界是关系到维护国家主权和领土完整、影响国际关系的大事。国内各级境界也是国家实施行政管理，划分土地归属，影响当地人民生产、生活及安定团结的重要界线。因此，对境界的调绘必须慎重、仔细、准确，以防止发生错误，带来不良后果。

境界是一种在实地并不存在的线状地物。它是根据实际情况约定或规定的人为界线。这种界线有的以界桩、界碑等形式标定；而一般则是以地物、地貌的特殊部位为准，以图件或文件的形式划定，这些图件则成为划定境界的法律依据。因此，实地调绘境界主要是根据有关文件和图件，通过调查访问或在相关人员的指导下，把确认的境界位置准确地表示在调绘像片上。

1. 国界

国界是表示国家领土归属的界线。调绘国界应根据国家正式签订的边界条约或边界议定书及附图，会同边防人员一起经实地踏勘后，按实地位置精确绘出。在调绘国界时，应注意以下问题。

（1）国界应以实地位置不间断地精确绘出。界桩、界碑应按坐标值定位并注出编号。

（2）如果一个编号只有一个界桩，则称为一号单立界桩；一个编号有两个或三个界桩，则分别称为一号双立或一号三立界桩。例如：当以河流中心线为分界线时，一般为一号两岸双立；在河流中心分界与陆地分界转换处，一般为一号三立。当一号双立或三立的界桩、界碑在图上不能同时准确表示时，可以用空心小圆圈按实地的关系位置分别绘出，并注出各自的编号。

（3）国界线上的各种注记不得压盖国界符号，并均应注在本国界内。

（4）国界经过地带的所有地物、地貌应详细表示。

（5）国界在以河流中心线为界、主航道为界的情况下，当河流内能绘出国界符号时，国界符号应不间断绘出，并分清岛屿、沙洲、水中滩等的归属；当河流内容纳不下国界符号时，国界符号应在河流两侧不间断交错绘出，岛屿等用附注标明其归属；以共有河流或线状地物为界的，国界符号应在其两侧每隔 3 ～ 5 cm 交错表示 3 ～ 4 节符号，岛屿用附注标明其归属；以河流或线状地物一侧为界的，国界符号在相应的一侧不间断表示。

2. 国内境界

国内各级境界包括省、自治区、直辖市界；自治州、地区、盟、地级市界；县、自治县（旗）、县级市界；乡、镇、国有农场、林场、牧场界以及自然保护区界和特殊地区界。

国内各级境界调绘应注意以下问题。

（1）各级境界与线状地物重合时（电力线、通信线、地类界等除外），可沿地物两侧每隔 3 ～ 5 cm 交错绘出 3 ～ 4 节符号。以线状地物一侧为界时，可沿一侧每隔 3 ～ 5 cm 绘出 3 ～ 4 节符号。

（2）境界的转折点、交接点必须绘出符号，且应实线通过、实线相交。位于调绘面积线边缘和图廓线处的境界符号不能省略，必须绘出以示走向。在调绘面积线外，境界符号的两侧应分别注明不同行政区域的隶属关系。

（3）不与明显地物重合的境界，其界桩、界标、界线应以相应符号准确绘出。

（4）各级境界通过河流、湖泊、海洋时，所绘符号应明确表示出其中的岛屿、沙洲、沙滩等的隶属关系。境界通向湖泊、海峡时应在岸边水部绘出一段符号。当湖泊、海峡为三个省、市、县所共有时，应在交会处各绘一段符号 。

（5）地类界、电力线、通信线等不能代替境界符号，当两种符号不能同时准确绘出时，地类界可稍移位，电力线和通信线可中断而境界照绘。

（6）两级以上境界重合时，只绘高一级境界符号，但在图上须同时注出两级名称，如 ×× 省、×× 县。

（7）当一个管辖区内部有另一个管辖区的一部分地区时，则称此部分地区为“飞地”。“飞地”的界线用其所属行政区相同等级的境界符号表示，并在其范围内加注隶属注记。

（8）自然、文化保护区界是指政府部门已认定的保护自然生态平衡，珍稀动物、珍稀植物和自然历史遗迹的界线。特别行政区界是指我国的经济特区界、“一国两制”地区界等，以上两种界线应在其范围内注记相应的名称。国内各地区的高新技术开发区、经济开发区、农业开发区、保税区等，用开发区、保税区界线符号表示，并在其范围内注记名称。

（9）对于因界线不明确而发生边界争议的地段，应在相应部分加注“待界定”，或按政府部门公布的权宜画法表示。

三、地理名称的调查与注记

地理名称简称地名，它是人们赋予某一地理实体的语言文字代号。地理名称是人类社会发展的产物，随着人类社会的发展和建筑物的不断增加，地理名称的数量也日趋增多。地理名称也是用图时首先接触和大量使用的地图元素。因此，地理名称注记的正确与否，直接影响地形图的科学性和使用价值。

我国幅员辽阔，民族众多，历史悠久，地名比较复杂。当前在全国范围内，还没有实现地名标准化，还存在一地多名、一名多写、重名及用字生僻、少数民族语地名汉字译写不够规范等问题。因此，在调绘过程中，对地理名称的调查和注记应十分重视，避免出现失实和差错。

（一）地理名称的类别与确定原则

1. 地理名称的类别

（1）居民地名称。包括城市、集镇、村庄及远离居民地的机关、学校、企业、事业、工矿和大城市中主要街道等名称。

（2）山体名称。包括山脉、山岭、山峰、山隘、山口、山谷、山坡、独立山、山洞、高地等名称。

（3）水系名称。包括江河、滩、沙洲岸滩、运河、渠道、湖泊、水库、池塘、海洋、海角、海峡、泉、井等名称。

（4）其他名称。包括森林、沙漠、草原、戈壁、沼泽、半岛、岛屿、礁石、堤围、道路、桥梁码头、渡口、名胜古迹、行政区划、著名独立地物及其他专有名称等。

2. 地理名称的确定原则

（1）居民地名称的确定原则。

①居民地的名称以地名办公室确定的为准。

②乡、镇所在地的名称与自然名称相同时，只注乡、镇名称。如不相同，则以乡、镇名称为主名，自然名称作为副名注记。

③居民地有两个以上通用名称时，镇以上的以地名办公室确定的名称为主名，群众通用名称作为副名注出。村庄一般只注主名。

④居民地是两个以上政府驻地时，只注高一级的名称。居民地的总名、分名一般均须注记，但居民地内部相关位置的名称（如前街、后街等）不能作为分名注出。总名称的位置在图上应比分名醒目些，字体更大些。

⑤名称注记中的简化字应以国务院颁布的为准。对地方沿用的方言和罕见字，应在调绘片外加注读音和拼音。

（2）山体名称的确定原则。重要突出的山脉、山谷、山岭及其他地貌特征部分的地理名称均应调注。已有三角点、小三角点的点名与实地名称不一致时，仍应注记实地名称。

（3）水系名称的确定原则。

①河流等水系中凡有固定名称的一般应调注。如果当地的习惯称呼与水利航运部门使用的名称不一致时，习惯名称作副名注出或舍去。

②同一条河流不同河段的不同名称按实际情况注出；当不能一一注出时，应优先取下游名称，其次按上游、中游顺序选注。

③湖泊、水库有名称的一般应注记；缺水地区和山区的湖泊均应注记名称；一个湖泊不同地段有不同名称时，若不能全部注出，应选取主要部分和著名的名称注记。

④著名的泉和井的名称一般应注记。

（4）其他地理名称的确定原则。凡有重要作用的其他地理名称，如工程建筑物、水利设施、名胜古迹、森林、沙漠、草地、冰川等均应调注。

（5）少数民族地区地理名称的确定原则。少数民族地区地理名称的调查和翻译应按照《少数民族语地名调查和翻译通则（草案）》以及按不同民族语言分别制定的各种地名译音规则执行，如《维吾尔语地名译音规则》《藏语（德格话）地名汉字译音规则》等。

进入少数民族地区进行调绘时，开始需经过短期培训，学习少数民族语地名调查和翻译的有关规定，学习汉语拼音和少数民族的日常用语，了解少数民族的风俗习惯等；还要雇请有一定文化水平的翻译人民，这样才能较好地完成地名的调查和翻译工作。每到一地，要注意询问向导和当地居民，搞清所需调查地名的读音和含义，然后按规定翻译成汉字，再将所翻译的汉字地名读给向导和当地居民听，如果他们认为发音准确，则以译音汉字注记在像片上，否则应改动不准确的汉字进行注记。一个驻地工作结束后，应找当地水平较高的翻译人员共同审查一次地名的翻译情况。最后按要求填写“少数民族语地名调查表”，并送当地政府机关审核，加盖乡以上行政单位公章。

（二）地理名称的取舍原则

在人烟稠密、地物众多地区，地理名称过密时，一般按下列原则适当取舍。

（1）取总名，适当舍去分名、副名。

（2）取靠近主要交通线的名称，舍去离得较远的名称。

（3）取房屋较多而连成一片的地名，舍去房屋较少且分散的地名。

（4）取远近著名而固定的名称，舍去一般的和临时性的名称。

（三）地理名称调查的一般方法

1. 收集资料、分析资料

当一个测区确定之后，首先进行地名资料的收集工作。收集的内容包括各种比例尺的地形图、行政区划图、规划图、水系图、交通图、旅游图以及地名普查中的有关资料。

对所收集的资料进行整理分析，情况清楚、位置准确的可事先标注到调绘像片的相应位置上，以便到实地核对，情况不清、位置不定的部分地名可留待调查时参考，实地问清以后再填写到相应位置上；在字形和字义上有疑惑的，应有目的地实地查清。例如，“我丁”这个地名不符合汉语地名的规律，就应到实地查清，很可能是“窝窝顶”（山名）；“对九湾”很可能就是“碓臼湾”。

在分析资料时，应仔细查看可能产生重要地名的地方，如高大的山头，较大的河谷、居民地，大面积的草地、森林，较长的峡谷沟渠，较大的水库、池塘、堤坝、山寨、渡口以及远离居民地的明显突出的建筑物，以便到实地询问、补充，也可避免盲目调查，漏掉重要地名。在分析资料时，还应分清总名和分名、自然名称和行政名称、主名和副名、旧名称和新名称，以便进行正确的选择和注记。

2. 实地调查

地名的实地调查工作是地名调查的关键，是处理疑难问题必不可少的步骤。要做好地名调查工作，必须在现场做到问清、听准、写对。

问清，就是调查者要把问题说清楚，使调查对象能清楚地理解提问的内容，这样调查对象才可能作出正确的回答。要做到问清应注意以下问题。

（1）选择合适的调查对象。能否问清问题与选择调查对象有直接关系。一般来说，调查对象以年长的教师、会计和文化水平较高的长者较好，调查对象应是在当地居住时间较长、对当地有较多了解、思维敏捷、乐于助人的群众，他们可以提供更加可靠的信息。

（2）询问大地名时，不仅要在现场问，还要到远一些的地方去问。因为近处的人多用小地名，不说大地名；而远处的人一般只知道大地名，不知道那里的小地名，这样在远处问大地名就容易问清楚。

（3）提问最好讲普通话，或者讲当地的地方话，切忌用另一地方话对当地地方话，这样会造成很多误解。

（4）要注意提问的方法，发问时不要用容易造成误会的字，如“这里叫什么村？”对方可能顺口回答“寻峪村”，而实际名称是“寻峪”，多余的这个“村”字则是由于发问不当造成的。正确的发问方式应当是“那里有地名吗？”“叫什么地名？”“这个地名指的是什么？”“它代表的范围有多大？”“那个地方还有没有其他地名？”“哪个地方是主要的？”这样询问不容易产生误解。

（5）同一地名应多在几个地方多找几个人询问、核对，以保证地名调查的正确性。听准，就是要准确地接收和理解被调查者回答的内容，这也是保证地名调查获得正确结果的重要方面。因为各地语音差别很大，在音、字义上就会产生很多误解，如有的地方将“黑虎庙”念成“血虎庙”，“张公庙”念成“张光庙”，“老鸦砦”念成“老鸹砦”，“客来店”念成“怯来店”，“无梁庙”念成“五两庙”等。因此，调绘员只有熟悉和掌握地方语言的特点，了解当地地名的规律，才能听准被调查者的回答。如果大部分都听不懂，则必须雇请翻译帮助。

写对，即用正确的文字表示地名，因为用字不当同样会造成地名错误。

（四）地理名称的注记要求

在像片调绘中，除通过调查得到准确地名外，还要保证高质量地将这些地名注记在调绘像片上，使内业成图获得清楚准确的地名调查资料，保证地名在地形图上最终获得正确无误的应用。为此，对地理名称的注记有以下要求。

（1）各种注记的字体应正规清晰，字隔分明，同一名称的字体、大小和字隔要一致。

（2）地名注记不能相互矛盾。地名注记相互矛盾或不一致，常使内业不知道谁是谁非而无法处理。例如，同一条河流上游与下游的名称音同字异，同一居民地在相邻调绘像片上出现不同的名称等，都将给内业取注名称带来困难。

（3）地名注记应选择恰当的位置和序列。一切名称注记的位置必须指示明确，便于阅读，同时要反映地物的形态特征。地名注记在不压盖重要地物和线状地物符号的交叉点拐弯点以及居民地的进出口的情况下，应尽量按有利于指向的位置配置，并与图形的间隔适当。一般居民地和其他独立地物的名称注记的最好位置是在地物的右方和上方，其次是在下方或左方，如图 3–8 所示。

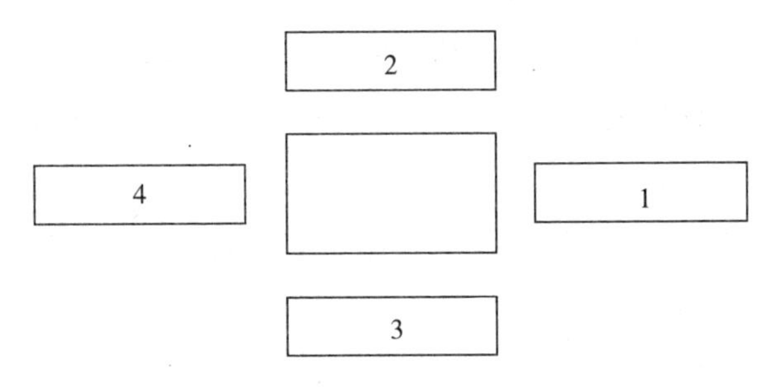

图 3–8　地名注记位置要求

名称注记的排列一般以水平字列和垂直字列为主，使用雁行字列时，应注意字隔均匀，倾斜角度一致。除线状地物和山脉名称外，不可使用屈曲字列。

（4）地名注记应注意颜色的区分。外业调绘像片一般可按以下颜色分类注记：地貌名称用棕色，水系名称用绿色，调绘像片外的特殊说明和简化符号的说明注记用红色，其他名称注记均用黑色。

四、特殊设施和单位调绘中应注意的问题

（一）对军事设施和国家保密单位调绘时须遵循的基本原则

（1）军事设施和国家保密单位的调绘工作，应事先与有关单位联系，经同意后方可进入内部进行实地调绘；若不同意进入内部进行实地调绘，可采用航

摄像片内判技术在室内直接判调的方法解决。

（2）作业人员在工作过程中看到的军事禁区和国家保密单位的情况，不得转告无关人员，严防口头泄密。

（3）图上不表示的军事设施，须用与周围地形、地物相适应的符号进行伪装（如稻田、旱地房屋、森林、沙漠等），不能看出破绽。

（4）凡属保密单位，图上不注记真实名称。

（5）利用自然地形作掩体的洞库（如武器库、弹药库、飞机库等）以及地下的设施，图上均不表示。

（二）调绘中应注意的问题

1. 各种试验基地的调绘

试验基地包括导弹发射基地、原子弹试验基地、火箭发射基地、卫星发射基地、炮兵基地、坦克基地等，调绘时按以下要求表示。

（1）调绘时对具体的发射、试验位置均不表示，用周围的相应植被进行伪装。

（2）通往基地的专用道路，单线道路可如实表示，双线道路绘至最近的较大的村庄，从村庄至基地的双线均降为机耕路表示。铁路绘至最近的城镇。

（3）若双线路和铁路并非专用道路，而是经过各试验基地又通往其他城镇，则道路应如实表示。

（4）试验基地内的地面观测站办公室、生活区等用普通房屋符号表示。

（5）试验基地内的油库、仓库（包括洞内的油库、仓库进出口）、气象站、雷达天线、指示灯塔等，有房屋的用普通房屋符号表示，否则一律不表示。

（6）图上名称可用公开名称注记。

2. 飞机场的调绘

飞机场通常情况下也需要表示。它的表示方法是在总的范围内画一个飞机的符号。另外，通向机场的路段与机场内的铁丝网、围墙等都需要表示。机场内的一些反映机场性质的设施，如机库、油库、气象站、管线、指示灯等都不需要表示，没有房屋的也不需要表示，有房屋的使用普通房屋符号表示；其他生活区的房屋按照一般居民地符号进行描绘即可。民用机场的名称应当以真实名称注记，军用和军民合用的机场不应当实名标注，可以使用附近相对较大的城镇名字代替标注。

3. 港口的调绘

所有军港内的码头、船坞、油库、气象站、雷达天线及其他反映港口性质的设施，有房屋的用普通房屋符号表示，没有房屋的一律不表示。对于港口的名称，商业港口用真实名称注记，军港用自然名称注记。

4. 军队营房、兵工厂、对外保密的国家机关的调绘

对位于城镇居民地内部或周围的军队营房、兵工厂，对外保密的国家机关，均用一般居民地符号表示；远离城镇单独构成一个建筑群时，只调绘其范围，内部可进行较大的综合，外围的铁丝网、围墙等均用相应符号表示。位于城镇内的不注记名称，远离城镇的以公开名称注记。监狱、劳改机构的调绘也按该要求表示。

5. 军用仓库的调绘

地面上的一些武器库、弹药库、油库等分情况进行表示，如没有房屋的不需要表示，有房屋的用普通房屋的符号进行表示。像洞库、地下库还有出入口等都不进行表示，通往仓库的道路如实表示即可，但是在图上不标注任何的名称。

6. 靶场的调绘

对于靶场内的靶道、炮位、掩体均不表示，靶场只用公开名称注记，其他地物均如实表示。

7. 军用通信设备的调绘

军事专用的通信线、通信电缆、无线电发射天线均不表示，微波通信站只表示普通房屋。

8. 稀有金属矿的调绘

地壳中贮藏量少、矿体分散或提炼较难的金属，如铌、钒、钛、锂、镓等，为稀有金属矿。调绘时对矿井的出入口、金属矿名称均不表示，露天采掘的矿场用乱掘地符号表示，其他地物如实表示。

第四章 像片纠正与数字正射影像图编制

第一节 航摄像片纠正

一、像片纠正方法的分类

像片纠正的方法通常分为光学机械法、光学图解法、图解纠正法三种。

（一）光学机械法

通常情况下，人们用专门的光学机械仪器（纠正仪）把航摄像片进行投影变换，然后把投影在承影面上的纠正影像印在摄影材料上，如相纸、涤纶胶片，从而得到所需要的比例尺的纠正像片，这种方法叫作光学机械法。在三种纠正法中，光学机械法是应用最为广泛的一种像片纠正方法。

（二）光学图解法

光学图解法是应用光学投影的仪器（如单投影仪）将航摄像片进行投影变换，并将投影在承影面上的影像用铅笔转绘到图底上。

（三）图解纠正法

图解纠正法是根据透视理论，分别在航摄像片和图底上按照一定方法建立透视格网，然后将像片的地物要素按相应的格网转绘到图底上去。

二、光学机械法纠正

光学机械纠正是将航摄负片安置在纠正仪上，实施航摄过程的反转，以获得所需比例尺的、合乎成图质量要求的水平像片。纠正仪的装置必须满足下列两个条件：纠正的几何条件、纠正的光学条件。

（一）纠正的几何条件

无论什么样的纠正，必须做到承影面上的影像和实地图形保持相似，并保持一定的比例尺。即使底片面和地图面建立互相透视的关系，此时像片和仪器承影面上的主要点、线、面之间必须满足一定的几何关系（图形几何相似），这被称为纠正的几何条件。恢复摄影光束（即恢复内方位元素 f、x_0、y_0 数值）的纠正，被称为第一类纠正，它的几何条件有以下几个。

（1）纠正仪镜头 S 至承影面 E 的距离应等于 H/M。

（2）底片面 P 和承影面 E 之间的夹角应等于航摄倾角 α。

（3）像片框标坐标系的 y 轴与主纵线的夹角 k 角应一直保持同一角度。

如图 4-1 所示，第一类纠正的主要特点是 $f_{摄}=f_{纠}$，纠正仪必须严格与航摄时的航空摄影机的型号相匹配。因此，目前生产上广泛使用改进的第二类纠正的纠正仪，又称变换光束的纠正。

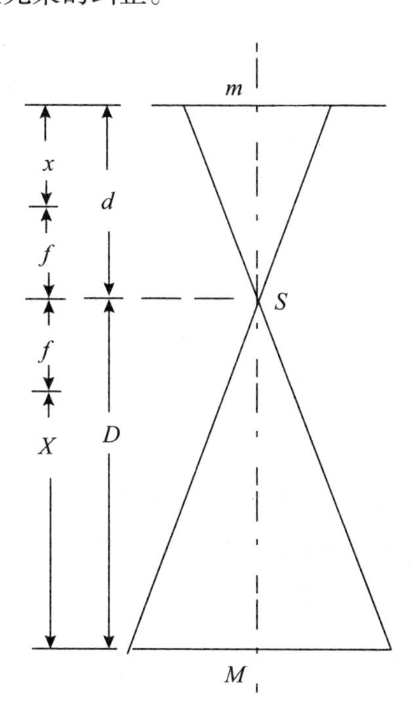

图 4-1　光距条件

假设航摄负片已满足了第一类纠正的几何条件，在承影面 E 上获得了纠正的影像 A_1A'，如图 4-2 所示，当纠正仪的物镜 S 的位置发生变化时，即包含了 iS_1 的 C_1 面绕 hihi 轴旋转了一个角度到包含了 iS_2 的 G_2 面，若将承影面 E 也旋转一个与上述相同的角度到 E_2 面。在转动中，V、I、S、i 构成的平行四边形始终保持其边长的平行性不变，即 $V_1I_1S_1i_1$ 转动到 $V_2I_2S_2i_2$ 以后，承影面上的图形保持不变，$A_2A'=A_1A'$，这称为透视平面旋转定律。透视平面旋转定律，是第二类纠正的理论基础。

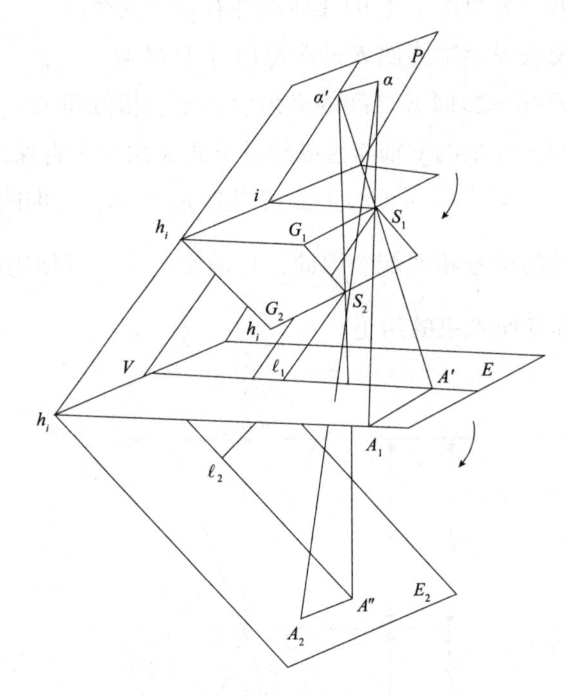

图 4-2　第二类纠正

在第二类纠正中，纠正仪镜头到像片的主距 f 随时在改变，即 $f_{纠} \neq f_{射}$，它无须使投影光束和摄影时的光线束保持相似，不必恢复内、外方位元素同样可以恢复摄影时中心投影的坐标关系也能实现正确的像片纠正。

第二类纠正的几何条件有以下几个。

（1）像片主纵线位于仪器的主垂面内，即保持像片旋角 k。

（2）$Si = S_1i = S_2i = \dfrac{f}{\sin\alpha}$。

（3）纠正仪承影面 $E_2//iS_2$。

（4）$iV=\dfrac{H}{M\cdot\sin\alpha}$。

（二）纠正的光学条件

在纠正仪上作业时，除满足纠正几何条件外，在承影面上还要保持影像清晰，必须满足光学条件，光学条件包括光距条件和交线条件，它们是纠正的又一个条件。

1. 光距条件

光距条件是使纠正仪物镜主光轴上的一对点（物、像点）满足光学共轭条件，即满足物、像间的光学透镜成像公式：

$$\frac{1}{D}+\frac{1}{d}=\frac{1}{f} \tag{4-1}$$

式中：D 为物距；d 为像距；f 为物镜焦距。

纠正仪的像片面和物镜面、承影面三者互相平行的情况下，如果只要有一对点满足上述公式，则可以在承影面上获得全面清晰的影像。

2. 交线条件

在满足了第二类纠正的几何条件后，一般像片面、纠正仪物镜面、承影面三个平面不会互相平行。这样，根据上述的光距条件，即使有一对点能保持光学共轭，其余影像因互相不平行也不具备光距条件，即在承影面上不能获得全面清晰的影像。奥地利学者向甫鲁根据德国科学家阿贝的光学理论提出：当底片面和承影面在倾斜时，满足底片面、物镜主平面、承影面三面相交于一条直线（向甫鲁条件）后，底片面和承影面上只要有一对点光学共轭，则承影面上就能获得全面清晰的影像。理论和实践都证明了向甫鲁条件，如图 4-3 所示。纠正仪就是根据这一条件设计的，纠正仪物镜永远水平，它和像片面、承影面相交于一条直线。

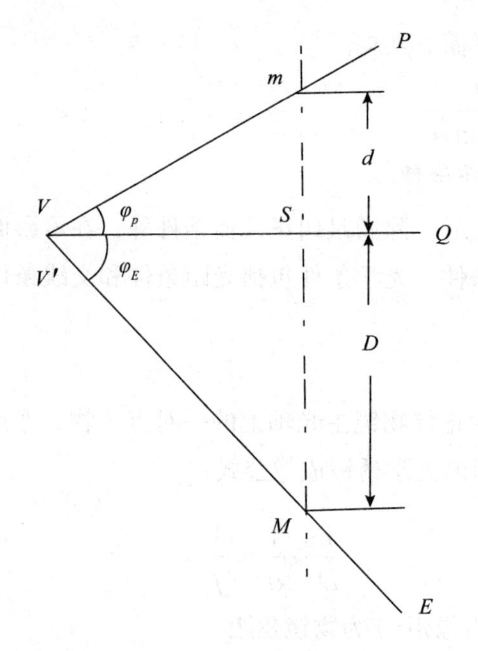

图 4–3　交线条件

（三）第二类纠正的几何条件和光学条件的结合

光学条件的满足，仅使承影面上的影像清晰，而几何条件的满足，能使纠正影像的几何图形正确。光学条件和几何条件同时能满足的情况称为几何条件与光学条件的结合。第二类纠正的几何条件和光学条件的结合，先满足几何条件（按前述的第二类几何条件），再满足交线条件，即底片面、物镜主平面、承影面三面相交于一条直线 VV；最后满足光距条件。在满足几何条件时，根据透视旋转定律，承影面 E_2 可以跟着 G_2 面旋转无穷个角度，都可以保持几何条件，但是人们必须选择一个，即适合固定焦距 f 的镜头位置，如图 44 所示，底片上的合点 i 到镜头主平面的垂直距离为 f（i 点在焦面上），这时，合点 i 和承影面上的无穷远点光学共轭，满足了光距条件。这是几何条件和光学条件结合的关键。正因为如此，在前面已满足了交线条件的前提下，承影面上就可以获得全面清晰的影像了。

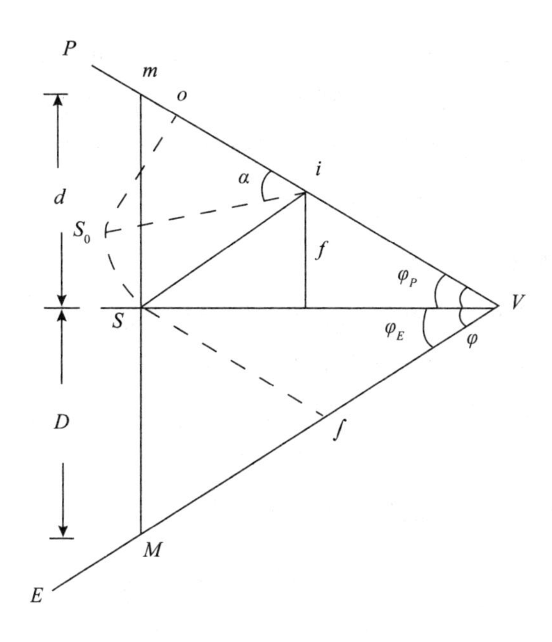

图 4–4　第二类纠正

三、纠正仪上纠正像片的方法

（一）两种纠正方法

1. 元素安置纠正法

此方法首先需要求出航摄像片的外方位元素，并根据已知的内方位元素，利用有关公式算出纠正仪五个自由度的安置值。自由度是指仪器上的操作动作，纠正仪上有五个自由度，即底片盘左右、前后移动的两个自由度，承影板左右、前后倾斜的两个自由度，以及脚盘缩放的一个自由度。如果将安置值安置在仪器上，满足了纠正几何条件与光学条件，以此进行纠正就可以得到纠正像片。

2. 对点纠正法

此方法首先需要在像片上有效面积内选择若干个供纠正用的点（一般选择像片中四个角隅明显地物点，其他条件在这里从略），刺孔，并求得它们的平面位置（平面坐标），然后把底片安置在底片盘内，通过纠正仪上各自由度手轮动作（HJ 3 纠正仪为电动开关控制），使底片上投影下来的刺孔点（纠正点）

影像点与承影面上的纠正底图上的相应点一一对应（底图的相应点是实测并根据坐标展绘得到的）。实质上就是利用反求法，从而满足纠正的几何条件与光学条件。由于目前还不能足够精确地安置航摄像片的外方元素，因此我国生产部门普遍使用对点纠正法纠正像片。

（二）纠正点的数量

纠正仪上的底片与承影面间的关系如同像片与地面的关系一样，是中心投影。由解析法可以证明，两个互为中心投影的平面，只要恢复四对相应点间的中心投影，两平面上的其他相应点间关系也就恢复了。也就是说，采用对点纠正法，每张像片上至少需要四个已知平面坐标控制点（纠正点）。根据推导与整理透视平面上两相应点间的坐标关系公式为

$$X=\frac{H'\left(x\cos k-y\sin k+x_0\right)\cos k'-H'\left(y\cos k+x\sin k+y_0\right)\sin k'}{f-\left(y\cos k+x\sin k+y_0\right)}+X_0$$

$$Y=\frac{H'\left(y\cos k-x\sin k+y_0\right)\cos k'+H'\left(x\cos k+y\sin k+x_0\right)\sin s'}{f-\left(y\cos k+x\sin k+y_0\right)}+Y_0 \quad (4\text{-}2)$$

式（4-2）中包含 H' 、fk、k'、x_0、y_0 、X_0 、Y_0 8 个未知数，要确定这 8 个未知数必须建立 8 个方程式联立求解，也就是说必须有 4 对相应点的 X、Y 的坐标才行。同时两平面上任意三点不得在一条直线上，否则仍求解不出 8 个未知数。以上讨论简要地说明了进行正确的纠正为什么最少需要 4 个纠正点的原理。在纠正仪上进行对点纠正的过程，相当于求解 8 个未知数，图底在纠正仪承影面上可以做 X_0、Y_0 的平移和 k' 的旋转三个动作，其余的五个动作用纠正仪的五个自由度完成。

选刺 4 个纠正点是纠正的必要条件，为了检查和提高精度，往往增加 12 个纠正点作为检查点，对点时也要做纠正点处理。

（三）自由度动作对投影图形影响的规律

纠正点的工作要以光学投影中的几何关系作为依据，对自由度影响投影图形变化规律加以掌握。如果承影板上的图底以及底片面均呈水平状态，那么进

行缩放或底片的前后左右移动、旋转，此时投影的图形和原图仍旧保持相似。图 4-5 表示在承影面倾斜情况下变动各自由度后出现的情况，图中实线表示原来图形，虚线表示自由度变换后得到的形状，长的横虚线代表水平轴，*M* 点是中心点。下面分别加以说明。

1. 缩放

缩放即投影点朝向或离开中心点移动，使图形放大或缩小，如图 4-5（a）所示，此种操作可用来改变比例尺。

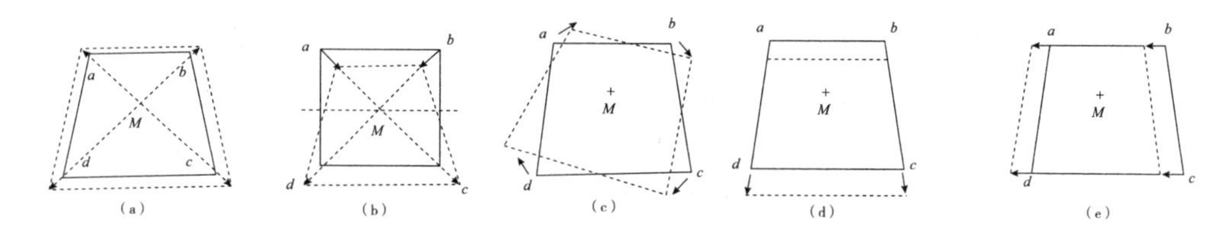

图 4-5　自由度对图形的影响

2. 倾斜

承影面的倾斜使原来的正方形投影变为梯形，如图 4-5（b）所示，高出承影面一侧影像变小，投影图形边长缩短，相反低于承影面一侧影像变大，投影的图形边长伸长。

3. 旋转

承影面倾斜情况下，底片旋转，使投影影像的各边长度发生变化，如图 4-5（c）所示，转向承影面高处的边 *ad* 变短，转向低处的边 *bc* 变长。

4. 底片的纵向（前后）移动

底片盘在仪器上做前后移动时，图形的各边都有变化，向倾斜承影板低处移动时，图形的各边变长，如图 4-5（d）所示，相反高处图形各边变短。

5. 底片的横向（左右）移动

底片盘在仪器上做左右移动时，与承影面旋转轴平行的边 *ab*、*dc* 长度不变。但移动的速度不同，承影面高出的部分移动得慢，低处移动得快。

第二节　正射投影技术与影像地图

一、正射投影技术简介

航摄像片是中心投影，地形图是正射投影，将中心投影改变为正射投影的技术方法叫正射投影技术。用普通纠正仪只能解决因像片倾斜所产生的像点位移误差，而因地形起伏所引起的像点位移投影差是通过分带纠正来解决的。在普通纠正仪上一般只用来作平坦地区的像片平面图，即使作分带纠正也是有限的，否则误差较大，而正射投影技术则能同时纠正因像片倾斜和地面起伏两种因素引起的像点位移。因此，正射投影技术是将含有倾斜误差和投影差的中心投影的航片变换成正射投影像片的技术。

对于地势比较平坦的地区而言，航摄像片的投影差并不大，同时在测图对误差允许的范围里，如果能在纠正的作用下将误差消除，像片平面图内的所有像片影像在理论上仍是中心投影，但有时也会被叫作正射影像图。对于丘陵地区的航摄像片，要想消除倾斜误差以及限制投影差，就要使用分带纠正方法或者分带投影转绘方法，但是这样的操作工作量较大，作业烦琐，而且取得的成果精度也比较低。对于分带多、高差大的情况来说，最终的效果也会更差，甚至在接边处可能还会发生丢失影像信息的情况，因而这样取得的“正射影像”成果可以说是比较粗略的。

目前对于正射投影图像生产的相关技术与方法已经趋于成熟。生产原理是通过航空射影完成地面立体模型（该部分内容将在本书的第七章讲述）的建立。对于三维立体模型来说，影像的高度不一样，所使用的纠正系数也不一样。实际上，最为严格的方式是逐点进行纠正以及晒像，但是要想实现这一点较为困难。因此，人们在实际的处理中大多会采用光学投影方式，需要正射投影仪配合立体测图仪，以完成正射影像图的测制；因为该技术往往是利用缝隙晒像的方式得到正射影像图，所以就叫作缝隙纠正，还叫作微分纠正。因投影的方法不一样，正射投影装置可以分成两个系列，一是直接投影方式，二是间接投影方式。在这两种方式中，不管是在作业的精度方面，还是在作业的效率方面，间接投影方式都更具优势。

二、影像地图

作为地图中的新品种，在影像地图中，地物的平面位置是用正射影像图的影像进行标注的，可通过常规的实测方法对地貌等高线进行测量，然后再根据图廓点，在正射影像图中加以描绘。还可在正射投影仪器上安置电子等高仪，进而对等高线进行自动绘制。然后基于制图要求进行挂网复照、制版、印刷等操作，得到最终的影像地图。

获取影像地图的前提是制作正射影像原图，即无论是纠正仪晒印的正射像片或由正射投影装置晒印的正射像片，都与线划地貌分版整饰，套合重叠制作正射影像原图。如果是小比例尺成图，每幅图由数张至数十张像片拼接而成。如果是大比例尺成图，能够实现一张像片覆盖一幅影像地图的效果最佳。影像地图综合了航片及地形图的优点，其不仅信息量大、内容丰富、直观真实，保持了地形图的几何精度，而且成图速度较快。

经过航空摄影后，制作成影像地图，能够迅速地编制各种专业用图，如地质图、交通图、植被图、城市规划图等，当然也能够用来编制当前土地的利用现状图，效果较好。

第三节　数字正射影像图绘制

一、正射影像基本知识

（一）正射影像的绘制原理

传统的数字正射影像生产过程包括航空摄影、外业控制点的测量、内业的空中三角测量加密、DEM 的生成和数字正射影像的生成及镶嵌。下面讨论正射影像制作的原理。

正射影像制作的根本理论基础是构像方程：

$$\begin{cases} x=-f\dfrac{a_1\left(X_g-X_0\right)+b_1\left(Y_g-Y_0\right)+c_1\left(Z_g-Z_0\right)}{a_3\left(X_g-X_0\right)+b_3\left(Y_g-Y_0\right)+c_3\left(Z_g-Z_0\right)} \\ y=-f\dfrac{a_2\left(X_g-X_0\right)+b_2\left(Y_g-Y_0\right)+c_2\left(Z_g-Z_0\right)}{a_3\left(X_g-X_0\right)+b_3\left(Y_g-Y_0\right)+c_3\left(Z_g-Z_0\right)} \end{cases} \tag{4-3}$$

构像方程建立了物方点（地面点）和像方点（影像点）的数学关系，根据这个关系式，任意物方点都可以在影像上找到像点。正射影像的采集过程基本上就是获取物方点的像点过程。

（二）正射影像的制作技术

数字微分纠正与光学微分纠正一样，其基本任务是实现两个二维图像之间的几何变换。因此，数字微分纠正与光学微分纠正的基本原理一样，在数字微分纠正过程中，首先需要确定原始图像与纠正后图像之间的几何关系。设任意像元在原始图像和纠正后图像中的坐标分别为（x，y）和（X，Y）。它们之间存在着映射关系：

$$x=f_x(X,\ Y);\quad y=f_y(X,\ Y) \tag{4-4}$$

$$X=F_x(x,\ y);\quad Y=F_y(x,\ y) \tag{4-5}$$

公式（4–4）是由纠正后的像点坐标（X，Y）出发反求其在原始图像上的像点坐标（x，y），这种方法称为反解法（或称为间接解法）。公式（4–5）则是由原始图像上的像点坐标（x，y）求解纠正后图像上相应点坐标（X，Y），这种方法称为正解法（或称直接解法）。

在数控正射投影仪中，一般是利用反解公式（4–4）求解缝隙两端点（X, Y）和（X_2，Y_2）所对应的像点坐标（x，y）和（x_2，y_2），然后由计算机求解纠正参数，通过控制系统驱动正射投影仪的机械、光学系统，实现线元素的纠正。

在数字纠正过程中，经过像元位置的求解之后需要进行赋值运算以及灰度的内插，进行灰度内插的原因在于，像元所落的位置通常不会恰好是在某一个像素上，很有可能落在像素的中间位置。下面，本书将结合纠正航空影像为正射影像的过程，对正、反解法的数字微分纠正和数字图像插值采样进行详细的介绍。

1. 正解法采集正射影像

正解法数字微分纠正原理是以原始图像为出发点（图 4–6），将原始图像上逐个像元素用正解公式（4–5）求得纠正后的像点坐标。该方案的不足之处在于，对图像进行纠正以后图像上像点的排列是没有规律可循的，有些像元素内有可能不会出现像点，也就是出现“空白”的情况，有些像元素则可能出现很多像点，也就是出现像点重复的情况，因此要想达成灰度内插，同时得到排列规律的数字影像的难度非常大。

在航空摄影测量情况下，其正解公式为

$$
\begin{aligned}
X &= Z \cdot \frac{a_1 x + a_2 y - a_3 f}{c_1 x + c_2 y - c_3 f} \\
Y &= Z \cdot \frac{b_1 x + b_2 y - b_3 f}{c_1 x + c_2 y - c_3 f}
\end{aligned}
\tag{4–6}
$$

利用上述正解公式，必须先知道 Z，但 Z 又是待定量 X 和 Y 的函数，因此要由（x，y）求得（X，Y）必须先假定一近似值 Z_0，求得（X_1，Y_1）后，再由 DEM 内插得该点（X，Y）处的高程 Z；然后由正算公式求得（X_2，Y_2），如此反复迭代，如图 4–6 所示。因此，由正解公式（4–6）计算（X，Y）实际是由一个二维图像（x，y）变换到三维空间（X，Y，Z）的过程，它必须是迭代求解的过程（图 4–7）。

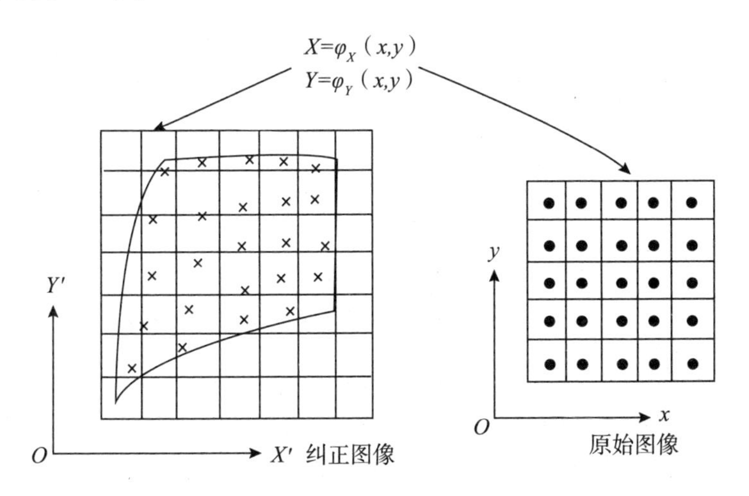

图 4–6　正解法数字纠正

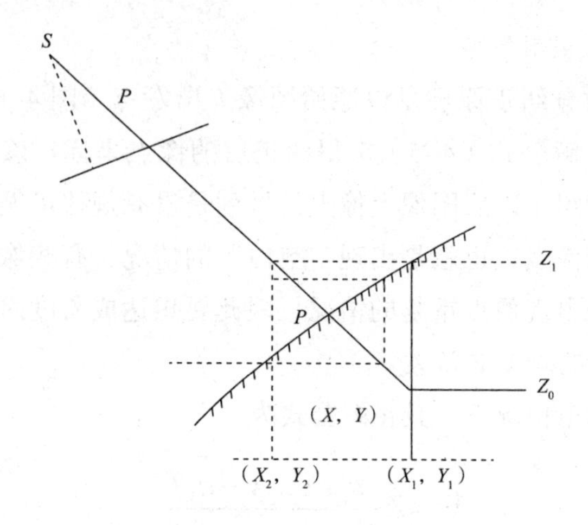

图 4-7　迭代求解

2. 反解法采集正射影像

第一，计算地面点坐标。

设正射影像上任意一点（像素中心）P 的坐标为（X'，Y'），由正射影像左下角图廓点地面坐标（X_0，Y_0）与正射影像比例尺分母 M 计算 P 点所对应的地面坐标（X，Y）如公式（4-7）所示：

$$
\begin{aligned}
X &= X_0 + M \cdot X' \\
Y &= Y_0 + M \cdot Y'
\end{aligned}
\tag{4-7}
$$

第二，计算像点坐标。

应用反解公式（4-4）计算原始图像上相应像点坐标 p（x，y），在航空摄影情况下，反解公式为共线方程：

$$
\begin{cases}
x - x_0 = -f\dfrac{a_1(X - X_s) + b_1(Y - Y_s) + c_1(Z - Z_s)}{a_3(X - X_s) + b_3(Y - Y_s) + c_3(Z - Z_s)} \\
y - y_0 = -f\dfrac{a_2(X - X_s) + b_2(Y - Y_s) + c_2(Z - Z_s)}{a_3(X - X_s) + b_3(Y - Y_s) + c_3(Z - Z_s)}
\end{cases}
\tag{4-8}
$$

式中，Z 是 P 点的高程，由 DEM 内插求得。

需要注意的是，原始数字化影像是以行数和列数进行计量的。因此，应利用影像坐标与扫描坐标之间的关系，求得相应的像元素坐标，但也可以由 X、Y、Z 直接求解扫描坐标行、列号 I、J。由

$$\lambda_0\begin{bmatrix}x-x_0\\y-y_0\\-f\end{bmatrix}=\begin{bmatrix}a_1&b_1&c_1\\a_2&b_2&c_2\\a_3&b_3&c_3\end{bmatrix}\begin{bmatrix}X-X_s\\Y-Y_s\\Z-Z_s\end{bmatrix}=\lambda\begin{bmatrix}m_1&m_2&0\\n_1&n_2&0\\0&0&1\end{bmatrix}\begin{bmatrix}I-I_0\\J-J_0\\-f\end{bmatrix}$$

$$\lambda\begin{bmatrix}I-I_0\\J-J_0\\-f\end{bmatrix}=\begin{bmatrix}m_1'&m_2'&0\\n_1'&n_2'&0\\0&0&1\end{bmatrix}\begin{bmatrix}a_1&b_1&c_1\\a_2&b_2&c_2\\a_3&b_3&c_3\end{bmatrix}\begin{bmatrix}X-X_s\\Y-Y_s\\Z-Z_s\end{bmatrix}$$

简化后可得：

$$\begin{aligned}I&=\frac{L_1X+L_2Y+L_3Z+L_4}{L_9X+L_{10}Y+L_{11}+1}\\J&=\frac{L_5X+L_6Y+L_7Z+L_8}{L_9X+L_{10}Y+L_{11}+1}\end{aligned}\tag{4-9}$$

根据公式（4-9）即可由 X、Y、Z 直接获得数字化影像的像元素坐标。

3. 数字图像插值采样

如果想知道不位于采样点的原始函数 $g(x, y)$ 的数值，就要通过内插的方式，在这里叫作重采样，意思是基于原采样再进行一次采样。在几何处理数字影像的时候经常会遇到这样的问题，最有代表性的就是核线排列、影像的旋转以及数字纠正等。在处理栅格 DEM 的时候也会遇到这样的问题。在数字影像处理的摄影测量应用中，经常会遇到一种或多种几何变换的问题，由此可见，对于摄影测量学来说，重采样技术具有重要的作用。

根据采样理论可知，当采样间隔 Δx 等于或小于 $\frac{1}{2}f_l$，而影像中大于 f_l 的频谱成分为零时，则原始影像 $g(x)$ 可以由下式计算恢复：

$$\begin{aligned}g(x)&=\sum_{k=-\infty}^{+\infty}g(k\Delta x)\cdot\delta(x-k\Delta x)\cdot\frac{\sin 2\pi f_l x}{2\pi f_l x}\\&=\sum_{k=-\infty}^{+\infty}g(k\Delta x)\frac{\sin 2\pi f_l(x-k\Delta x)}{2\pi f_l(x-k\Delta x)}\end{aligned}\tag{4-10}$$

式（4–10）可以理解为原始影像与 sin$c$ 函数的卷积，取用了 sin$c$ 函数作为卷积核。但是这种运算比较复杂，所以常用一些简单的函数代替 sin$c$ 函数。下面介绍三种常用的重采样方法。

第一，双线性插值法。双线性插值法的卷积核是一个三角形函数，表达式为

$$W(x)=1-x,\quad 0\leqslant|x|\leqslant 1 \tag{4-11}$$

可以证明，利用式（4–11）作卷积对任一点进行重采样与用 sin$c$ 函数有一定的近似性。此时需要该点 P 邻近的 4 个原始像元素参加计算，如图 4–8 所示。图 4–8 中，“b”表示式（4–11）的卷积核图形在沿 x 方向进行重采样时所应放的位置。

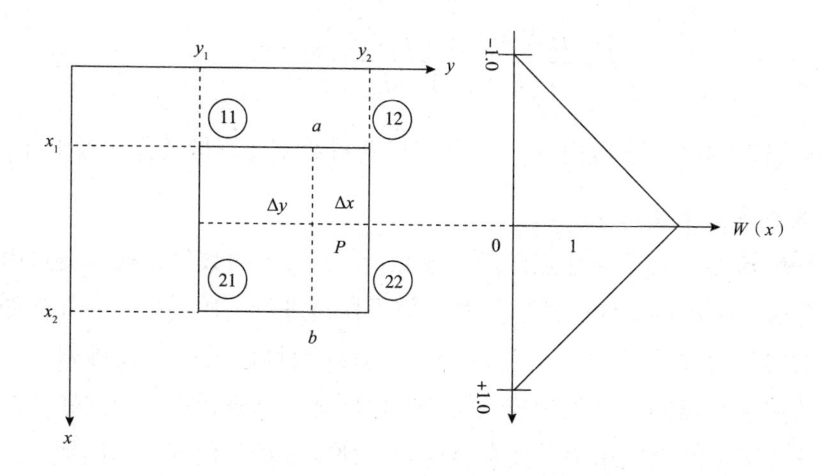

图 4–8　P 点与其邻近的 4 个原始像元素

在计算时，可以分别沿着 y 和 x 的方向进行计算。也就是说，可以先沿着 y 方向对点 a 与点 b 的灰度值进行重采样。然后再基于这两点的灰度值，沿着 x 方向对 P 点的灰度值进行重采样。不管是按照什么方向进行重采样的计算，都要使 P 点和卷积核的零点对齐，这样才能准确地将各原始像元素处的相应数值读取出来。其实，这两种按照不同方向进行计算的方法是可以合二为一的，也就是根据上面所说的运算过程，通过归纳和总结，将 4 个原始点对点 P 所作贡献的“权”值直接计算出来，这样就能得到一个 2×2 的二维卷积核 $\boldsymbol{W}$，也就是一个权矩阵。将这个矩阵和由 4 个原始像元灰度值构成的 2×2 点阵 $\boldsymbol{I}$ 作

哈达玛积运算可得出一个新的矩阵。再把得到的新矩阵元素累加在一起，就能获得重采样点的灰度值 $I(P)$，即

$$I(P)=\sum_{i=1}^{2}\sum_{j=1}^{2}\boldsymbol{I}(i,\ j)\cdot\boldsymbol{W}(i,\ j) \tag{4-12}$$

其中，

$$\boldsymbol{I}=\begin{bmatrix} I_{11} & I_{12} \\ I_{21} & I_{22} \end{bmatrix} \quad \boldsymbol{W}=\begin{bmatrix} W_{11} & W_{12} \\ W_{21} & W_{22} \end{bmatrix}$$

$$W_{11}=W(x_1)W(y_1);\quad W_{12}=W(x_1)W(y_2)$$

$$W_{21}=W(x_2)W(y_1);\quad W_{22}=W(x_2)W(y_2)$$

此时按式（4–11）及图 4–8，有

$$W(x_1)=1-\Delta x;\quad W(x_2)=\Delta x;\quad W(y_1)=1-\Delta y;\quad W(y_2)=\Delta y$$

$$\Delta x=x-\mathrm{INT}(x)$$

$$\Delta y=y-\mathrm{INT}(y)$$

INT 表示取整。

点 P 的灰度重采样值为

$$\begin{aligned} I(P)&=W_{11}I_{11}+W_{12}I_{12}+W_{21}I_{21}+W_{22}I_{22} \\ &=(1-\Delta x)(1-\Delta y)I_{11}+(1-\Delta x)\Delta yI_{12}+\Delta x(1-\Delta y)I_{21}+\Delta x\Delta yI_{22} \end{aligned} \tag{4-13}$$

第二，双三次卷积法。卷积核的求解也可以利用三次样条函数。

赖负曼提出的三次样条函数相较他人提出的更接近于 sinc 函数。其函数值为

$$\begin{aligned} &W_1(x)=1-2x^2+|x|^3,\quad 0\leqslant|x|\leqslant1 \\ &W_2(x)=4-8|x|+5x^2-|x|^3,\quad 1\leqslant|x|\leqslant2 \\ &W_3(x)=0,\quad 2\leqslant|x| \end{aligned} \tag{4-14}$$

利用式（4–14）做卷积核对任一点进行重采样时，需要该点四周16个原始像元参加计算，如图4–9所示。计算可沿 x 或 y 两个方向分别运算，也可以一次求得16个邻近点对重采样点 P 的贡献的“权”值。此时

$$I(P)=\sum_{i=1}^{4}\sum_{j=1}^{4}\boldsymbol{I}(i,\ j)\cdot\boldsymbol{W}(i,\ j) \tag{4–15}$$

$$\boldsymbol{I}=\begin{bmatrix} I_{11} & I_{12} & I_{13} & I_{14} \\ I_{21} & I_{22} & I_{23} & I_{24} \\ I_{31} & I_{32} & I_{33} & I_{34} \\ I_{41} & I_{42} & I_{43} & I_{44} \end{bmatrix} \quad \boldsymbol{W}=\begin{bmatrix} W_{11} & W_{12} & W_{13} & W_{14} \\ W_{21} & W_{22} & W_{23} & W_{24} \\ W_{31} & W_{32} & W_{33} & W_{34} \\ W_{41} & W_{42} & W_{43} & W_{44} \end{bmatrix} \tag{4–16}$$

$$W_{11}=W(x_1)W(y_1)$$

$$W_{44}=W(x_4)W(y_4)$$

$$W_{ij}=W(x_i)W(y_j)$$

其中，

$$x方向\begin{cases} W(x_1)=W(1+\Delta x)=-\Delta x+2\Delta x^2-\Delta x^3 \\ W(x_2)=W(\Delta x)=1-2\Delta x^2+\Delta x^3 \\ W(x_3)=W(1-\Delta x)=\Delta x+\Delta x^2-\Delta x^3 \\ W(x_4)=W(2-\Delta x)=-\Delta x^2+\Delta x^3 \end{cases}$$

$$y方向\begin{cases} W(y_1)=W(1+\Delta y)=-\Delta y+2\Delta y^2-\Delta y^3 \\ W(y_2)=W(\Delta y)=1-2\Delta y^2+\Delta y^3 \\ W(y_3)=W(1-\Delta y)=\Delta y+\Delta y^2-\Delta y^3 \\ W(y_4)=W(2-\Delta y)=-\Delta y^2+\Delta y^3 \end{cases}$$

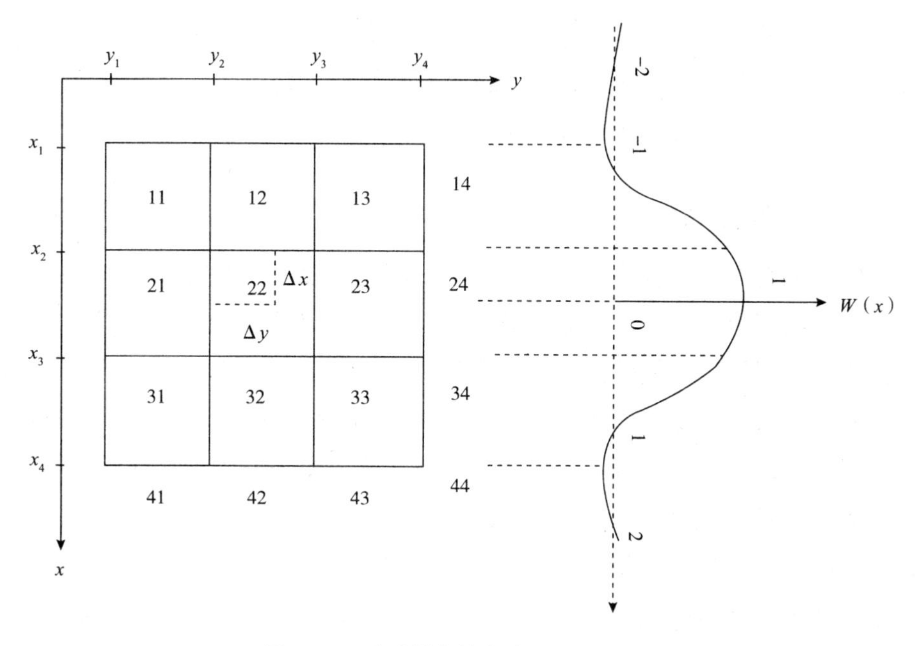

图 4-9　重采样点的灰度值之间的关系

而按式（4-16）及图 4-9 的关系，则有

$$\begin{cases} \Delta x = x - \mathrm{INT}(x) \\ \Delta y = y - \mathrm{INT}(y) \end{cases}$$

利用上述三次样条函数重采样的中误差约为双线性内插法的 1/3，但计算工作量增大。

第三，最邻近像元法。直接取与 P（x，y）点位置最近像元 N 的灰度值为核点的灰度作为采样值，即

$$I(P) = I(N)$$

N 为最邻近点，其影像坐标值为

$$\begin{cases} x_N = \mathrm{INT}(x + 0.5) \\ y_N = \mathrm{INT}(y + 0.5) \end{cases} \tag{4-17}$$

在上面所说的三种重采样方法中，最简单的方法是最邻近像元法，这种重采样方法除了计算速度快以外，还不会使原始影像的灰度信息遭到破坏。不过

它依然有一定的缺点，即几何精度不高，最大甚至达到了 0.5 像元。而其他两种方法在几何精度上较高，但是因为计算花费的时间较长，尤其是双三次卷积法，所以通常会选用双线性插值法进行采样计算。

二、正射影像制作

正射影像制作过程实际上就是进行微分纠正的过程。在传统方法的摄影测量中，微分纠正是通过光学方法对图像进行纠正。例如，在模拟摄影测量中，人们会通过使用纠正仪使航摄像片变成像片平面图；在解析摄影测量中，利用正射投影仪制作正射影像地图。随着近代遥感技术的发展，很多新型的传感器被研制出来，因此也出现了很多和以往框幅式航摄像片大不相同的影像，也正因为如此，传统的光学纠正仪器无法完成纠正这些新影像的任务，除此之外，这些影像大部分都是数字化的，所以应用光学纠正仪器很不方便。而数字影像处理技术具有很多优势，一是方便强化影像，二是方便反差的调整，三是能够灵活地在影像的几何变换中加以应用，从而诞生了数字微分纠正技术。基于相关参数以及数字地面模型，通过相应的构像方程式，或按一定的数学模型用控制点解算，从原始非正射投影的数字影像获取正射影像，在此过程中，会把影像化成很多小区域然后一一完成，而且所采用的处理方式是数字化的处理方式。

（一）按模型生成正射影像

按模型生成当前模型正射影像只生成当前模型的正射影像。具体操作：在 VirtuoZo 主菜单中，选择“DOM 生产”→“生成正射影像”选项，系统自动进行单模型正射影像的生成，其生产参数在系统的“设置”功能中的“正射影像参数”对话框中指定。具体操作：选择“设置”→“正射影像参数”选项，系统弹出“设置正射影像”对话框。

下面是相关参数设置的含义。

1. 正射影像参数

输出文件：定义所生成的正射影像文件名。

左下角 X、Y：指定所生成的正射影像左下角坐标。

右上角 X、Y：指定所生成的正射影像右上角坐标。

正射影像 GSD：指定所生成的正射影像的地面分辨率。单位为米 / 像素。

成图比例：正射影像比例尺分母。该值同正射影像 GSD 相互关联，输入其中一个，另一个将随之自动调整。

分辨率（毫米）、分辨率（DPI）：成图分辨率。单位分别为毫米（mm）和点 / 英寸（DPI），输入其中一个，另一个将随之自动调整。

影像选择方式：影像的采集顺序，共有按输入顺序、与输入相反的顺序和按最近顶点三个选项。

背景色：指定所生成的正射影像的背景色，有黑色和白色两个选项。

重采样方式：指定生成正射影像所采用的重采样方法，共有邻近点法、双线性法和双三次法三个选项。

沿着原始影像的边缘处形成正射影像：先将这一选项选中，等到正射影像在系统中生成以后，不会根据 DEM 的范围生成正射影像，而是会根据原始影像之前的边界范围生成。如果 DEM 的边界范围和原始影像覆盖范围相比要大，那么使用这一功能就会使正射影像的数据量变小。假如选用三角网生成方式，这一选项就会变成灰色。

框标缩进：为了防止在进行原始影像纠正的时候出现在框标处采样的情况，可设定框标缩进值。通常量测相机影像会设置 9 毫米的缩进值。剩余类型的影像则没有缩进值。

生成方式：一般分为两种生成方式，一是三角网，二是矩形格网。第一种所表达的地面信息会更加全面且详细，系统能够对三角网信息进行强制性的构造，尤其是对于断裂、山脊等地貌的影像来说，有着很好的纠正效果。应用矩形格网的优势在于生成速度快，但是矩形格网的纠正效果没有三角网的纠正效果好。

保存临时文件：选中此项，系统在同级目录下保存纠正单张原始影像时得到的正射影像。

引自地图图号：引入地图图幅编号，从而确定生成正射影像的坐标范围。

像素起点：在像素起点下拉列表中选择像素起点的位置，包括中心、左上角、左下角等。

2. 相关的 DEM

DEM 文件：指定生成正射影像所使用的 DEM。

左下角 X、Y：显示 DEM 的左下角坐标。

右上角 X、Y：显示 DEM 的右上角坐标。

格网间距：显示 DEM 的格网间距。

DEM 旋转角：显示 DEM 的旋转角度。

3. 影像列表

生成正射影像所使用的原始影像，可以为单张或多张影像选择添加或清除按钮增加和减少影像。

4. 按钮说明

打开：打开其他正射影像参数文件，进行修改。

另存为：把当前参数另存为其他文件。

保存：参数存盘退出，影像参数将存放在“〈当前立体模型目录名〉/〈当前立体模型名〉. otp”文件中。

取消：取消本次操作并退出。

正射影像结果文件：缺省情况下，由单模型生成的正射影像文件“立体模型名）.orl”或“〈立体模型名〉.orr”存放于“〈测区目录名〉/〈立体模型名〉/product”目录中。

（二）多影像生成正射影像

一次生成多模型正射影像可以生成一个 DEM 对应的所有原始影像的正射影像，同时可以进行拼接，最终只输出一个整体的正射影像。具体操作：先生成多模型的 DEM，或拼接整体 DEM，然后在 VirtuoZo 主菜单中，选择“DOM 生产”→“正射影像”选项，弹出“根据原始影像和 DEM 采集正射影像”对话框。用户可以在此设置正射影像的参数。

下面是相关参数设置的含义。

DEM 文件：选择 DEM 文件右边的浏览按钮，打开“*. DEM”文件。

添加原始影像：选择引入与打开的 DEM 对应的原始影像。

默认相机参数：选择引入原始影像对应的相机参数。

结果：定义生成正射影像的文件名。

起点 X：生成正射影像左下角起始点 X 坐标。

起点 Y：生成正射影像左下角起始点 Y 坐标。

列数：生成正射影像的列数。

行数：生成正射影像的行数。

旋转角度（以弧度为单位）：正射影像旋转。

地面分辨率：正射影像的地面分辨率，单位为米 / 像素。

产生每个原始影像的正射影像：选择此复选框，系统则自动生成 DEM 对应的每个原始影像的正射影像。

选择 DEM 的有效范围：选择该按钮，系统弹出设置 DEM 范围的界面，用户可以在此设置生成正射影像的范围以及旋转角度。

上面所说的两种方式的相同之处是它们都要在生成了多模型的 DEM 以后再生成多影像的正射影像，不同之处是第二种制作方式的正射影像的生成以及裁剪可以同时进行。

（三）正射影像编辑

对于一些比较高大的建筑物、河流上高悬的大桥以及高差大的地物来说，在自动生成的正射影像中，很容易出现严重变形情况。如果同时利用左右片或者多片，得到的正射影像在接边处也可能会有重影等情况。种种变形问题都会对实际生产造成不好的影响，这时就可以采用正射影像修补手段进行校正。

1. 进入 OrthoEdit 界面

在 VirtuoZo 界面上选择“DOM 生产”→“正射影像编辑”选项，系统弹出 OrthoEdit 窗口。

2. 打开正射影像

在 OrthoEdit 窗口中选择“文件”→“打开”选项，在系统弹出的打开对话框中选择需要进行编辑的正射影像，单击“打开”，系统即显示影像视图。

在“正射影像编辑”操作界面中，打开待编辑的正射影像后，还需要通过文件菜单中的“载人 DEM”和“载入 VZ 测区”将正射影像对应的 DEM 和原始测区数据读入系统。载入 DEM 操作需要选择正射影像对应的 DEM 文件，而载入 VZ 测区则需要选择整个生产正射影像的测区。

3. 选择区域

选择“编辑”→“选择区域”选项，或者右击鼠标，在弹出的编辑菜单中选择“选择区域”，即可用鼠标左键在影像上选择多边形区域进行编辑。

4. 编辑

在选择了需要编辑的区域后，即可进行编辑处理。OrthoEdit 支持多种方式编辑正射影像，包括修改 DEM 重纠、调用 Photoshop 处理、参考影像替换、挖取原始影像填补、指定颜色填充、匀色匀光和调整亮度对比度等。

编辑 DEM 后重新生产局部正射影像：编辑 DEM 修改必须在数据加载完成的基础上才能加以编辑，编辑操作也是交互操作，其原理就是找出正射影像对应区域的 DEM，然后对其加以修改，修改完毕后再生成新的正射影像。编辑修改 DEM 值可以使用多种工具，如“拟合”“取平均”“X、Y 方向内插”等，这些编辑方法的原理和 DEM 编辑模块是完全一致的。在选定区域后鼠标右击，即可看到所有的 DEM 编辑的可用功能。

对 DEM 修改之后，相对的等高线同样会随之改变，因此可以基于等高线的情况对编辑操作的对错进行判断。DEM 修改完毕后，再右击选定“用 DEM 重新纠正影像”，此时在选定区域里就会出现新的影像，同时会在界面实时更新。

最简单的编辑 DEM 区域更新操作：选择一个区域，先选择“DEM 拟合”，再选择“用 DEM 重纠影像”进行编辑。

调用 PS 处理：选择菜单栏中的“编辑”→“调用 PS 处理”选项，或者选择工具栏中的调用 Photoshop 处理按钮。第一次调用 Photoshop，会提示用户设置 Photoshop. exe 的路径。设置正确即可进入 Photoshop 界面，在 Photoshop 中处理完毕后，保存退出，OrthoEdit 中影像被编辑的部分便更新了编辑结果。

修改 DEM 重纠影像：选择菜单栏中的“编辑”→“修改 DEM 重纠影像”选项，或者选择工具栏中的“修改 DEM 重纠影像”，即可弹出“修改 DEM 重新采集正射影像”对话框。设置 DEM 文件的路径，选择原始影像文件（原始影像所在文件夹下需要有对应的 IOP 文件、相机文件和 SPT 文件）。此时可以单击 DEM 按钮进行 DEM 编辑，也可不做 DEM 编辑，直接单击正射纠正按钮，重新采集正射影像，纠正完后在对话框左边窗口中会显示纠正后的结果，最后选择“确认”按钮，退出即可更新所选区域。

用参考影像替换：选择菜单栏中的“编辑”→“用参考影像替换”选项，或者选择工具栏中的“用参考影像替换”，进入复制参考影像对话框。单击“添加参考影像”“移走参考影像”，可将用作参考的正射影像文件添加或移出左侧的影像列表。添加了影像后，单击“确认”即可用参考影像对应部分替换所选区域。

从原始影像挖取：选择菜单栏中的“编辑”→“从原始影像挖取”选项，或者选择工具栏中的“从原始影像挖取”，在弹出的文件对话框中选取一张原始影像，即可进入“从原始影像挖取”对话框。

用指定颜色填充：选择菜单栏中的“编辑”→“从指定颜色填充”选项，或者选择工具栏中的“用指定颜色填充”，在弹出的颜色对话框中选取一种颜色，选择“确定”即可用该颜色填充所选区域。

调整亮度对比度：选择菜单栏中的“编辑”→“调整亮度对比度”选项，或者选择工具栏中的“调整亮度对比度”，即可进入“亮度对比度调节”对话框。使用鼠标调整亮度和对比度滚动条的位置，选择“保存”即可改变所选区域的亮度和对比度。

匀色匀光：选择菜单栏中的“编辑”→“匀色匀光”菜单项，或者选择工具栏中的“匀色匀光”，即可进入匀色匀光对话框。调整色彩相关系数和亮度相关系数，勾选“匀色”“匀光”，即可进行相应的处理。单击“结果预览”按钮可以预览处理结果。选择“保存”即可保存对所选区域处理的结果。

5. 保存退出

选择“文件”→“保存”选项，可保存当前编辑结果，全部编辑完成并保存后，选择“文件”→“退出”即可退出程序。

（四）正射影像图制作

正射影像图制作过程较复杂，要基于像片内部以及外部方位的元素以及地面数字高程模型，以遥感影像、数字化的航空影像为对象进行数字微分纠正，以及逐像元辐射改正，从而得到其正射影像，然后再对这个影像进行镶嵌，裁切其图廓，整饰图幅以及复合数据。如今，计算机技术愈发成熟，影像处理技术也取得了很大的进步，很多影像图件以数字形式而存在，这样的存在方式在生产技术上发挥了很大的优势，并且越来越成熟，已经成为当前最主要的技术，同时其还能和城市GIS技术相互配合，被应用到了各个领域。尤其是对于数字影像图来说，在其色彩处理上展现出了很大的优势，使其应用价值更加凸显。对于地形图的生产，往往是通过正射影像图对地物图形进行描绘，这样得出来的地形图就是以前被广泛使用的像片图测图，就算是现在，这样的生产技术依然具有较大意义。除此之外，由于城市在地形上基本不会发生太大变化，像控点数据也不会有什么大的改变，因此所形成的DEM和像控点库是能够长期使用的，同时有助于在短时间内利用较少的资金完成正射影像图的生产。

1. 启动DiPlot界面

在VirtuoZo界面上选择“OM生产”→“影像地图制作”选项，系统弹出“DiPlot”对话框。在“DiPlot”界面选择“文件”→“打开”选项，在系统弹出的打开对话框中选择需要进行图廓整饰的正射影像，选择“打开”，系统即显示影像。

2. 引入数据

在“DiPlot”界面，选择“处理”菜单中的“引入设计数据、引入调绘数据、引入测图数据、引入CAD数据”可分别引入对应格式的矢量数据；选择“处理”菜单中的“删除矢量数据”，可删除引入的矢量；选择“处理”菜单中的“添加路线、添加直线、添加文本”，可直接在地图上绘制路线、直线和文本注记。

3. 设置参数

在“DiPlot”界面，选择“设置”菜单中的各个选项，可以设置影像图的各个参数。

设置图廓参数：在“DiPlot”窗口，选择“设置”→“设置图廓参数”选项，即可进入图框设置对话框，如图4-10所示。

左上X：左上角图廓 X 地面坐标。右上X：右上角图廓 X 地面坐标。

左上Y：左上角图廓 Y 地面坐标。右上Y：右上角图廓 Y 地面坐标。

左下X：左下角图廓 X 地面坐标。右下X：右下角图廓 X 地面坐标。

左下Y：左下角图廓 Y 地面坐标。右下Y：右下角图廓 Y 地面坐标。

以上是内图框八个坐标代表的意义，以下是其他按钮的意义。

经纬度：输入值是否为经纬度坐标。

度分秒：经纬度坐标是否为“DD. MMSS”格式。

裁剪：是否进行裁剪处理。

坐标系统：设置影像的坐标投影系统。

输入图号：输入影像所在的标准图幅号。

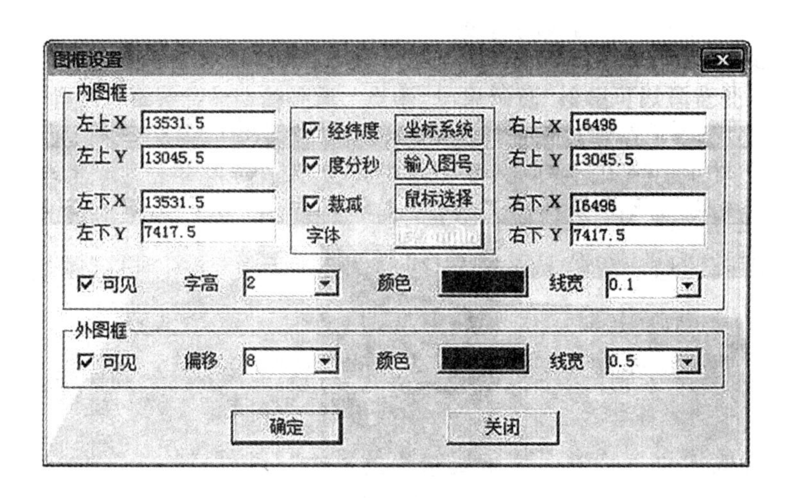

图 4-10　图廓参数设置

鼠标选择：使用鼠标选择，在图像上自左上至右下拖框。

字体：坐标值在图上显示的字体。

可见（内图框）：内图框是否可见。

字高：坐标值文字的高度大小。

颜色（内图框）：设置内图框的颜色。

线宽（内图框）：设置内图框的线宽。

可见（外图框）：外图框是否可见。

偏移：外图框相对内图框的偏移。

颜色（外图框）：设置外图框的颜色。

线宽（外图框）：设置外图框的线宽。

确定：保存设定并返回 DiPlot 界面。

取消：取消设定并返回 DiPlot 界面。

设置格网参数：在“DiPlot”界面，选择“设置”→“设置格网参数”选项，进入方里格网参数设置对话框。

方里网类型：设置方里格网的显示类型，共分为不显示、格网显示和十字显示三种。

格网地面间隔：设置方里格网在 x 方向和 y 方向上的间隔，单位为米。

方里网颜色：设置方里格网的显示颜色。

线宽：设置方里格网线的宽度。

注记字体：设置注记文字的字体。

大字字高：坐标注记字百公里以下的部分的字高，单位为毫米。

小字字高：坐标注记字百公里以上的部分的字高，单位为毫米。

OK：保存设置并返回 DiPlot 界面。

设置图幅信息：在“DiPlot”界面，选择“设置”→“设置图幅信息”选项，系统弹出“图幅信息设置”对话框。

设置线路显示参数：在“DiPlot”界面，选择“设置”→“设置线路显示参数”菜单项，系统弹出“线路显示参数设置”对话框。

线路列表中每一行显示一条线路的信息，要想对某条线路参数进行设置，使用鼠标双击线路列表中的该线路，即可弹出线路设置对话框。

路线名称：设置线路的名称。

是否可见：是否在图上显示该线路。

显示线宽：设置线路显示的宽度。

中线颜色：设置线路中线颜色。

边线颜色：设置线路边线颜色。

文字字体：设置文字字体。

起始累距：设置起始累距。

边线距离：设置边线与中线的偏移。

显示累距：是否显示累距。

显示夹角：是否显示夹角。

显示线路名称：是否显示线路名称。

显示边线：是否显示边线。

显示拐点名称：是否显示拐点的名称。

OK：保存设置并返回线路显示参数设置界面。

按层设置显示参数：在“DiPlot”界面，选择“设置”→“按层设置显示参数”选项，系统弹出“按层设置显示参数”对话框。该对话框的作用是分层设置矢量的显示参数。

层列表中每一行显示一个图层的信息，要想对某层参数进行设置，使用鼠标双击层列表中的该层，即可弹出矢量显示对话框。在矢量显示对话框中，对于矢量是否可见可加以设置，还可以设置显示颜色、字体等属性。

4. 输出成果

完成设置和编辑后，选择“编辑”→“输出成果图”，即可弹出输出设置。设置成果文件路径和名称，以及保留边界，单击“确定”即可。

第五章　解析摄影测量

第一节　解析摄影测量概述

一、双像解析摄影测量的基本概念

共线条件方程式通过像片的外方位元素建立了像点平面坐标和地面点空间坐标之间的数学关系。用共线方程可以由像点和对应地面点坐标求解像片的外方位元素，但是只有单张像片无法用共线方程求解地面点的三维坐标。因此，要完成地面点空间定位的工作，必须利用具有足够重叠度的两张像片，采用一定的数学模型来实现。双像解析摄影测量的目的是研究立体像对内两张像片之间以及立体像对与被摄物体之间的数学关系，并以数学计算的方式确定地面点的三维坐标。

（一）立体像对特殊的点、线、面

在航空摄影时，同一条航线相邻摄站拍摄的两张像片具有 60% 左右的重叠度，这两张像片称为立体像对，它是立体摄影测量的基本单元，只有重叠范围内的影像才能用于测定地面点的三维坐标。

与单张航摄像片类似，立体像对也有特殊的点、线、面。如图 5-1 所示，S_1、S_2 为同一航线的两个相邻摄影中心，P_1、P_2 即为立体像对。地面上某物点 A 在两张像片上的构像 a_1、a_2 称为同名像点，同名像点的构像光线 AS_1a_1 和 AS_2a_2 称为同名光线，两摄站 S_1、S_2 的连线 B 称为摄影基线。在摄影瞬间某物点的两条同名光线和摄影基线位于同一平面内，这一平面称为核面。核面有无数个，其中过像主点的核面称为主核面，过像底点的核面称为垂核面。一个立

体像对有左、右两个主核面，而垂核面只有一个。核面与像平面的交线称为核线，同一核面与左、右两张像片相交的两条核线称为同名核线。同名像点必然在同名核线上。摄影基线的延长线与像片面的交点称为核点，核点有两个。一般情况下，核线是不平行的，像面上所有的核线都相交于核点，只有当像片平行于摄影基线时，像片与摄影基线相交在无穷远处，即所有核线相互平行。核线及同名核线的概念在传统的模拟和解析摄影测量中并无实际意义，但在数字摄影测量中却十分重要。

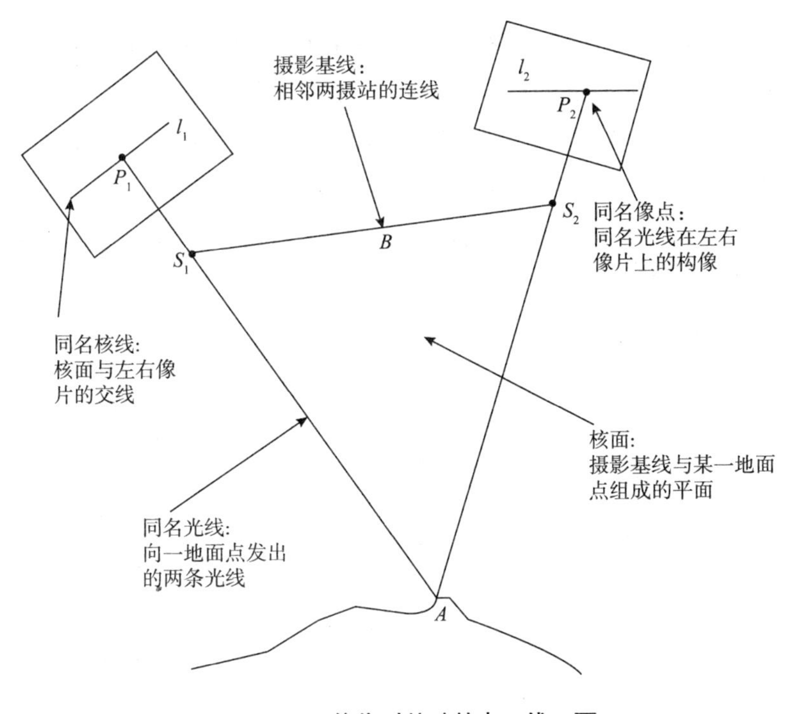

图 5-1 立体像对特殊的点、线、面

（二）与立体模型解析有关的一些基本概念

（1）一个立体像对具有两个摄影中心，从一个摄影中心发出的无数个投影光线为光束。其中，主光线即像面主点的投影光线。

（2）同名像点：任意地物点（如 A 点）在立体像对上的两张像片的构像（如在像面上的 a_1 与 a_2 影像点）。

（3）同名光线：产生同名像点的投影光线。

（4）摄影基线：两个摄影中心的直线距离，如 $S_1S_1=B$。

（5）核面与主核面：通过摄影基线与地面任意点所做的平面。通过像主点的核面为主核面（左、右两个主核面），通过像底点的核面为垂核面（只有一个）。

（6）核线与主核线：核面与左、右像平面的交线，通过像主点的核线为主核线。

（三）双像解析摄影测量的基本方法

在测量学中常用前方交会方法，它是根据两个已知测站的平面坐标和两条已知方向线的水平角，求解待定点的平面坐标，如图 5-2（a）所示。双像解析摄影测量可以理解为测量学前方交会的推广，它是根据两个摄影中心的三维空间坐标和两条待定物点的构像光线，确定该物点的三维坐标，即空间前方交会，如图 5-2（b）所示。这里，构像光线的方向由像片的角方位元素和像点坐标确定。

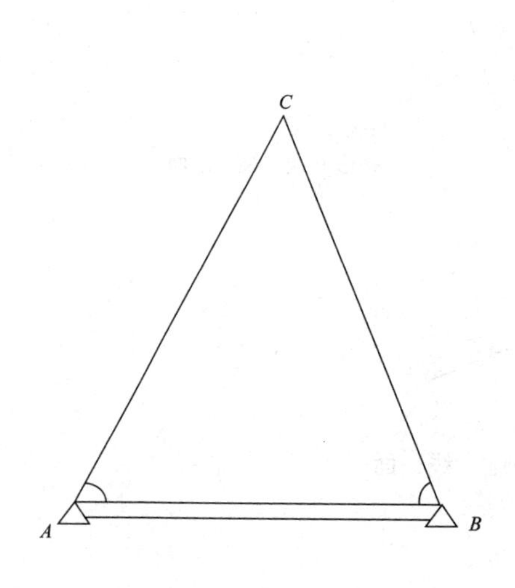

（a）测量学中的前方交会

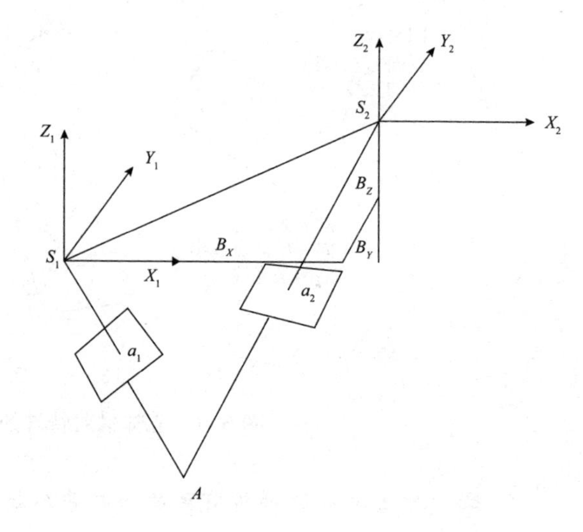

（b）摄影测量学的空间前方交会

图 5-2　前方交会与空间前方交会

根据像片方位元素确定方式的不同，双像解析摄影测量可分为空间后方交会 - 前方交会法、相对定向 - 绝对定向法和光束法三种。

（1）空间后方交会 - 前方交会法求解地面点的空间坐标。这种方法先以单张像片为单位进行空间后方交会，分别求出两张像片的外方位元素，再根据待定点的一对像点坐标，用空间前方交会法求解待定点的地面坐标。

（2）相对定向 - 绝对定向法求解地面点的空间坐标。该方法并不是直接将两张像片对于地面摄影测量坐标系的外方位元素直接求出来，而是在完成了相对定向的基础上，确定两张像片相对于以左摄站为原点的像空间辅助坐标系的方位元素——相对定向元素，然后通过前方交会方法将模型点坐标算出来，建立与地面近似的立体模型，再完成绝对定向，通过对立体模型进行平移、旋转、缩放等操作，使模型点坐标向地面摄影测量坐标转换。

（3）光束法求解地面点的空间坐标。光束法又被称为一步定向法，即以共线条件方程式为依据，将 12 个外方位元素和待定点的地面坐标同时计算出来。

下面，本书对空间后方交会—前方交会算法进行介绍。

二、空间后方交会 - 前方交会算法

（一）立体像对的空间前方交会公式

立体像对的空间前方交会是利用立体像对中两张像片的内、外方位元素和像点坐标计算对应地面点的三维坐标的方法。如图 5-2 所示，在相邻摄站 S_1、S_2 通过航摄机分别拍摄一张像片，两张像片组合为立体像对。地面其中一点，如 A 在左、右像片上的构像中分别是 a_1、a_2。为明确像点和地面点的数学关系，建立地面摄影测量坐标系 $D-X_{tP}Y_{tP}Z_{tP}$，Z_{tp} 轴与航向基本一致。过左摄站 S_1 建立与地面摄影测量坐标系平行的像空间辅助坐标系 $S_1-X_{tP}Y_{tP}Z_{tP}$，再过右摄站 S_2 建立与 $D-X_{tP}Y_{tP}Z_{tP}$ 平行的像空间辅助坐标系 $S_2-X_2Y_2Z_2$。

设地面点 A 在地面摄影测量坐标系 $D-X_{tP}Y_{tP}Z_{tP}$ 中的坐标为 $\left(X_A,\ Y_A,\ Z_A\right)$，对应像点 a_1、a_2 在各自的像空间坐标系中的坐标为 $\left(x_1,\ y_1,-f\right)$ 和 $\left(x_2,\ y_2,-f\right)$，在像空间辅助坐标系中的坐标分别为 $\left(X_1,\ Y_1,\ Z_1\right)$ 和 $\left(X_2,\ Y_2,\ Z_2\right)$。若已知两张像片的外方位元素，就可以由像点的像空间坐标计算出该点的像空间辅助坐标，即

$$\begin{bmatrix} X_1 \\ Y_1 \\ Z_1 \end{bmatrix} = \boldsymbol{R}_1 \begin{bmatrix} x_1 \\ y_1 \\ -f \end{bmatrix}, \begin{bmatrix} X_2 \\ Y_2 \\ Z_2 \end{bmatrix} = \boldsymbol{R}_2 \begin{bmatrix} x_2 \\ y_2 \\ -f \end{bmatrix} \quad (5-1)$$

式中：$\boldsymbol{R}_1$、$\boldsymbol{R}_2$ 为由已知的外方位角元素算得的左、右像片的旋转矩阵。右摄站 S_2 在 $S\text{-}XYZ$ 中的坐标，即摄影基线 B 的三个分量 B_x、B_y、B_z 可由外方位直线元素算得，即

$$\begin{cases} B_x = X_{s_2} - X_{s_1} \\ B_y = Y_{s_2} - Y_{s_1} \\ B_z = Z_{s_2} - Z_{s_1} \end{cases} \quad (5-2)$$

因左、右像空间辅助坐标系与地面摄影测量坐标系相互平行，且摄站点、像点、地面点三点共线，由图 5-3 可得

$$\begin{cases} \dfrac{S_1A}{S_1a_1} = \dfrac{X_A - X_{S_1}}{X_1} = \dfrac{Y_A - Y_{S_1}}{Y_1} = \dfrac{Z_A - Z_{S_1}}{Z_1} = N_1 \\ \dfrac{S_2A}{S_2a_2} = \dfrac{X_A - X_{S_2}}{X_2} = \dfrac{Y_A - Y_{S_2}}{Y_2} = \dfrac{Z_A - Z_{S_2}}{Z_2} = N_2 \end{cases} \quad (5-3)$$

式中：N_1、N_2 为左、右像点的投影系数。一般情况下，不同的点有不同的投影系数。根据式（5-3）可以得到前方交会法计算地面点坐标的公式，即

$$\begin{bmatrix} X_A \\ Y_A \\ Z_A \end{bmatrix} = \begin{bmatrix} X_{S_1} \\ Y_{S_1} \\ Z_{S_1} \end{bmatrix} + \begin{bmatrix} N_1X_1 \\ N_1Y_1 \\ N_1Z_1 \end{bmatrix} = \begin{bmatrix} X_{S_2} \\ Y_{S_2} \\ Z_{S_2} \end{bmatrix} + \begin{bmatrix} N_2X_2 \\ N_2Y_2 \\ N_2Z_2 \end{bmatrix} \quad (5-4)$$

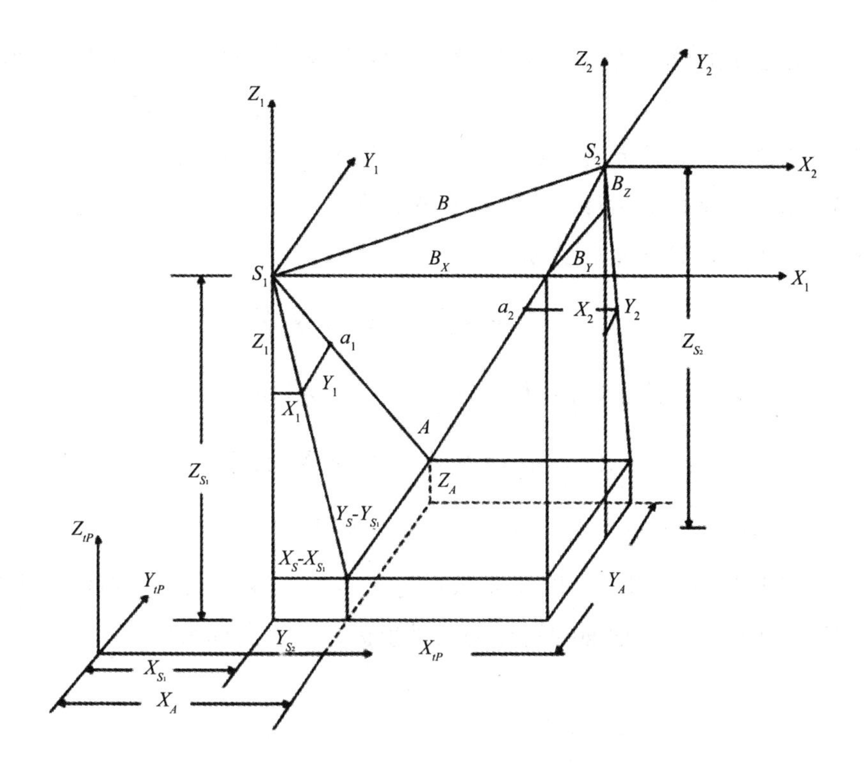

图 5-3　空间前方交会

式（5-4）中，N_1、N_2 仍然未知量，因此结合式（5-2）有

$$\begin{cases} B_x = N_1X_1 - N_2X_2 & ① \\ B_y = N_1Y_1 - N_2Y_2 & ② \\ B_z = N_1Z_1 - N_2Z_2 & ③ \end{cases} \tag{5-5}$$

由式（5-5）中的①、③两式联立求解得

$$\begin{cases} N_1 = \dfrac{B_xZ_2 - B_zX_2}{X_1Z_2 - X_2Z_1} \\ N_2 = \dfrac{B_xZ_1 - B_zX_1}{X_1Z_2 - X_2Z_1} \end{cases} \tag{5-6}$$

式（5-4）和式（5-6）就是利用立体像对，在已知像片外方位元素的前提下，由像点坐标计算对应地面点空间坐标的前方交会公式。

综上所述，空间前方交会的步骤如下。

（1）由已知的外方位角元素与像点的像空间坐标计算像点的像空间辅助坐标。

（2）由外方位直线元素计算摄影基线分量 B_x、B_y、B_z。

（3）由摄影基线分量计算投影系数 N_1、N_2。

（4）由下式计算地面点坐标。

$$X_A = X_{s_1} + N_1 X_1 = X_{s_2} + N_2 X_2$$

$$Y_A = Y_{s_1} + N_1 Y_1 = Y_{s_2} + N_2 Y_2$$

$$Z_A = Z_{S_1} + N_1 Z_1 = Z_{S_2} + N_2 Z_2$$

（二）空间后方交会－前方交会法的计算步骤

（1）像片控制点测量。以立体像对为基本的计算单元求解地面点坐标必须已知四个（或以上）地面控制点的三维坐标，这些点称为像片控制点，如图 5-4 所示。

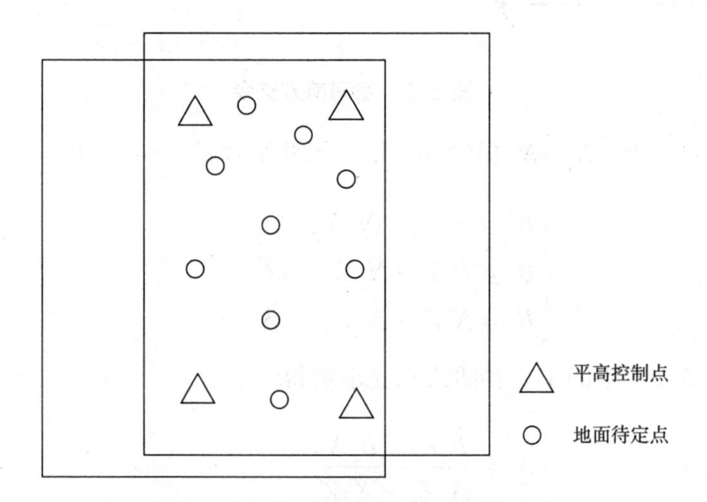

图 5-4　控制点的待定点

像片的控制点通常会在像对重叠范围的四个角均匀分布，同时这些控制点在辨认上也比较容易，也就是明显地物点。如果通过野外作业发现了这些地物点，首先要进行地面标志的建立，其次用针在像片上扎出像点的位置，还可以根据需要做一些标记，最后采用最普通的测量方式对像片控制点坐标加以测定。

（2）像点坐标量测。用像点坐标量测仪器测出各个控制点和待定点在左、右像片上的像点坐标(X_1, Y_1)和(X_2, Y_2)。

（3）空间后方交会计算像片的外方位元素。根据上述方法得到的野外控制点坐标和在室内量测的对应像点坐标，用空间后方交会法，分别计算出左、右两张像片的外方位元素$(X_{s_1}, Y_{s_1}, Z_{s_1}, \varphi_1, \omega_1, \kappa_1)$和$(X_{S_2}, Y_{S_2}, Z_{S_2}, \varphi_2, \omega_2, \kappa_2)$。

（4）空间前方交会计算待定点的地面坐标。首先，用算得的两张像片的外方位角元素，分别计算左、右像片的方向余弦值，组成左、右像片各自的旋转矩阵$\boldsymbol{R}_1$和$\boldsymbol{R}_2$；其次，用左、右像片的外方位直线元素，按式（5-2）计算摄影基线分量B_x、B_y、B_z；再次，按式（5-1）逐点计算各像点的像空间辅助坐标(X_1, Y_1, Z_1)和(X_2, Y_2, Z_2)；最后，按式（5-4）和式（5-6）逐点计算地面点坐标和点投影系数。

三、立体像对的方位元素

空间后方交会－前方交会法需要确定两张像片的12个外方位元素，也就是恢复摄影瞬间两张像片在地面摄影测量坐标系中的绝对位置和姿态，重建被摄地面的绝对立体模型，从而求解任一待定点的地面坐标。

重新建立被摄地面绝对立体模型还有另外一种渠道。即先不管像片的姿态以及像片的绝对位置，而是基于立体像内在几何关系，将两张像片间的姿态、相对位置进行恢复，从而建立起和地面的实际情况非常相近的几何立体模型，这个模型不管是方位还是比例尺都不是固定的；再以此为基础，把立体模型看成整体，通过地面控制点进行缩放、平移等操作，达到绝对位置，完成对绝对立体模型的重建，这样的方法就叫作相对定向－绝对定向法。

把确定立体像对内两张像片之间以及立体像对与地面之间关系的参数称为立体像对的方位元素，它分为相对定向元素和绝对定向元素。

（一）立体像对的相对定向元素

1. 连续像对的相对定向元素

连续像对的相对定向系统是以左片为基准，求出右片相对于左片的相对方位元素。以左摄站为原点，建立与左片像空间坐标系一致的像空间辅助坐标系 $S_1-X_1Y_1Z_1$，右片的像空间辅助坐标系 $S_2-X_2Y_2Z_2$ 与 $S_1-X_1Y_1Z_1$ 平行，如图 5-5 所示。

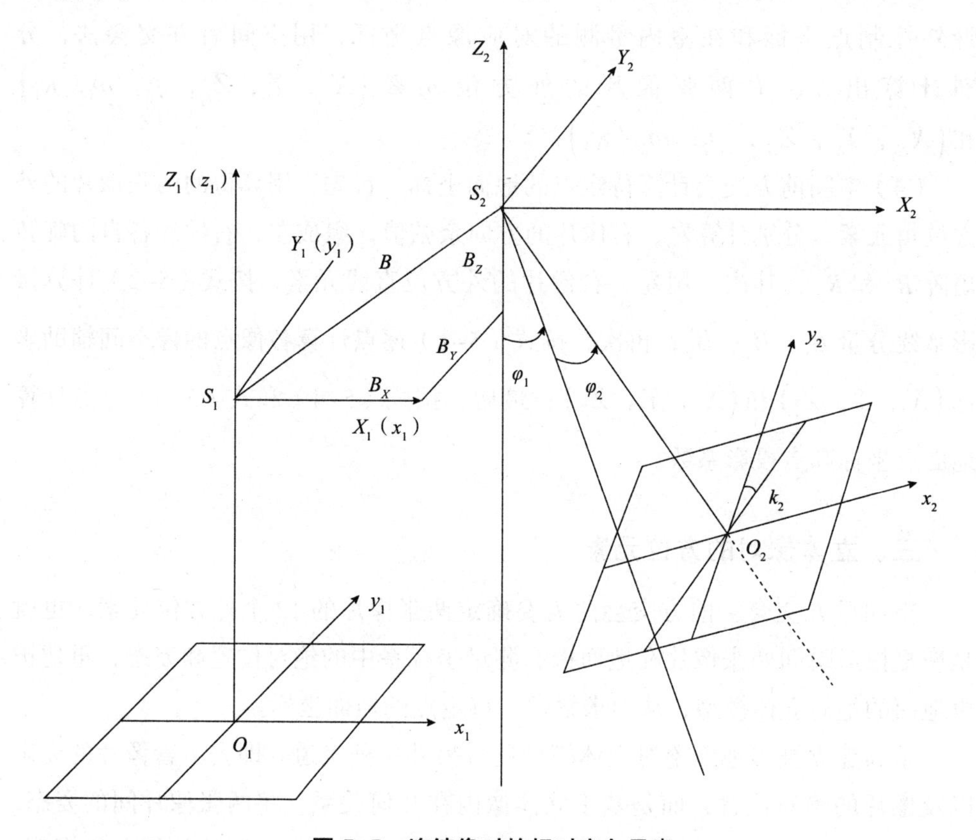

图 5-5　连续像对的相对定向元素

在 $S_1-X_1Y_1Z_1$ 坐标系中，两张像片的 12 个方位元素为

左像片：

$$X_{S_1}=Y_{S_1}=Z_{S_1}=0$$

$$\varphi_1=\omega_1=\kappa_1=0$$

右像片：

$$X_{S_2}=B_X,\ Y_{S_2}=B_Y,\ Z_{S_2}=B_Z$$

$$\varphi_2,\ \omega_2,\ \kappa_2$$

其中，φ_2、ω_2、κ_2 为右片相对于左片（或像空间辅助坐标系）的角方位元素；B_X 为摄影基线的 X 方向分量，由于 X 轴接近于摄影基线，B_X 远大于 B_Y 和 B_Z，因而可以认为 B_X 只决定模型的比例尺，而与两张像片的相对关系无关。这样，除 B_X 之外的五个非零元素 B_Y、B_Z、φ_2、ω_2、κ_2 可确定两张像片的相对位置，作为连续像对的相对定向元素。

连续像对的相对定向系统通过参照左片、解算右片对于左片的五个方位元素以确定二者间的关系，从而形成立体模型。如果根据任意一条航线的第一张和第二张像片形成了立体模型后，在不改变这个模型的基础上，还能通过一样的方法利用第二张和第三张像片建立模型。另外，因为不同模型的像空间辅助坐标是平行关系，所以对后一个模型进行调整比较容易，这样两个模型就会组合成一个整体，因此一条航带的全部模型就能组合成一个整体，进而整条航带的立体模型就能建立起来，这种方法就叫作连续像对法。

2. 单独像对的相对定向元素

单独像对的相对定向系统以左摄站 S_1 为原点，摄影基线 B 为 X 轴，在左主核面内过 S_1 且垂直于 X 轴的直线为 Z 轴，建立像空间辅助坐标系，如图 5-6 所示。

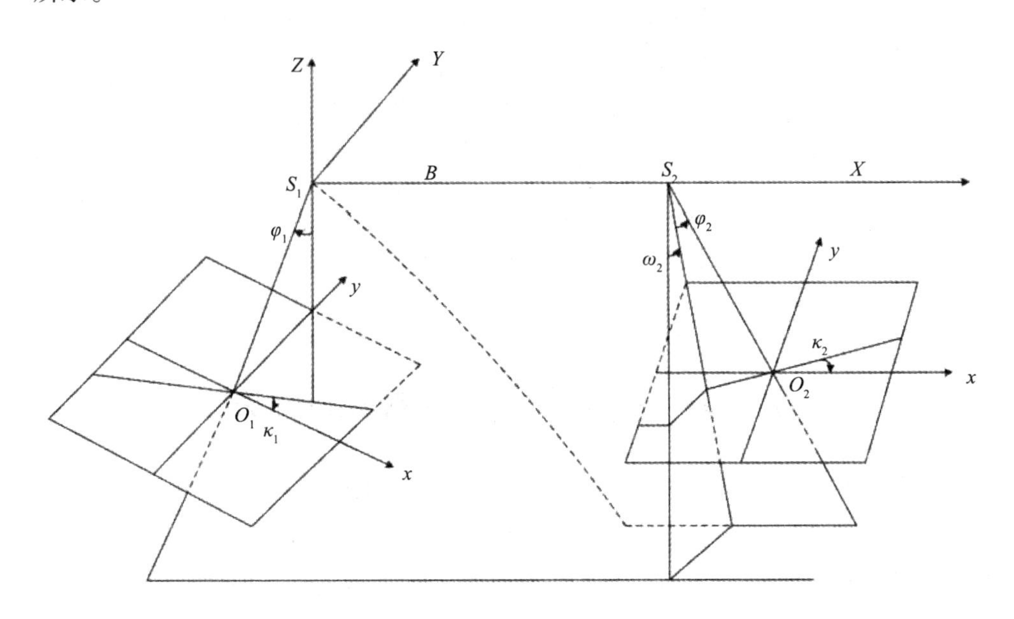

图 5-6 单独像对的相对定向元素

这时两像片的 12 个方位元素可表示为

左像片：

$$X_{S_1} = Y_{S_1} = Z_{S_1} = 0$$

$$\varphi_1 = \kappa_1 = \omega_1 = 0$$

右像片：

$$X_{S_2} = B_X，Y_{S_2} = Z_{S_2} = 0$$

$$\varphi_2，\kappa_2，\omega_2$$

同样，取除 B_X 之外的五个非零元素 φ_1、κ_1、φ_2、ω_2、κ_2 即为单独像对的相对定向元素。

（二）立体像对的绝对定向元素

无论相对定向元素是单独像对还是连续像对，其相对定向元素的数量都是 5，仅可以对两张像片间的关系加以确定，但是两张像片外方位元素的数量是 12，所以像对绝对位置的恢复还要将其余的 7 个方位元素求出来。

在描述连续像对的相对定向元素时，所定义的 5 个相对定向元素是右片相对于左片像空间辅助坐标系的方位元素，而左片像空间辅助坐标系与地面摄影测量坐标系之间仍存在三维的旋转和平移关系，即左片相对于地面摄影测量坐标系仍有 6 个非零的外方位元素 X_{s_1}、Y_{S_1}、Z_{s_1}、φ_1、ω_1、κ_1，加上确定模型比例尺的基线 B，共有 7 个方位元素，这 7 个元素用来确定立体模型在地面摄影测量坐标系中的位置、姿态和比例尺，称为绝对定向元素。

第二节　解析空中三角测量的方法

在双像解析摄影测量中，要想得到所有模型点的坐标，全部像对都应有 4 个地面控制点。如果都通过野外测定来获得控制点的坐标，需要花费大量的时间，效率会大大降低。因此，人们设想通过在一条或者几条航线组成的区域对几个控制点进行测量，然后通过解析摄影测量的方法对要求的控制点进行加密，再用到测图上，解析空中三角测量方法由此产生。目前，这种方法已经被生产部门当成了主要的方法，因为该方法会用到电子计算机，所以人们在生产过程中便会将加密控制点叫作电算加密。

在一般情况下，以像片上的像点坐标及野外测定控制点为依据，通过使用数学公式，根据最小二乘原理，使用电子计算机求解加密点的三维坐标以及定向参数的方法叫作空中三角测量。

解析空中三角测量的优点主要有四个。首先，能在短时间内完成对大范围内点位三维坐标的测定，大大节省了时间成本，使野外工作量得到了控制。其次，只要是能通过影像发现的目标，都能够对其位置以及形状加以测定，不会被地面通视条件限制，也不需要接触被测物。再次，可以针对大气折光差、摄影物镜的畸变差、地球曲率以及底片变形等系统带来的误差影响进行应对，并进行改正。最后，平差计算可以确保区域内加密点的精度，同时保证多种用途的需求。

自解析空中三角测量方法产生以后，人们通过不断研究，使该方法得到了不错的发展，并在之前的基础上得到了完善，因而被多个领域看好并应用，除了被应用到测绘部门以外，在道路交通、水利、电力工程，甚至是军事领域都得到了广泛应用，成为测定点位坐标的主要方法，其具体应用体现在以下几个方面。

（1）为立体测绘地形图、制作影像平面图和正射影像图提供定向控制点和内、外方位元素。

（2）取代大地测量方法，进行三、四等或等外三角测量的点位测定（厘米级精度）。

（3）用于地籍测量以测定大范围内界址点的国家统一坐标，称为地籍摄影测量，以建立坐标地籍（要求精度为厘米级）。

（4）单元模型中解析计算大量点的地面坐标，用于数字高程模型采样或桩点法测图。

（5）解析法地面摄影测量，如各类建筑物变形测量、工业测量以及用影像重建物方坐标等，此时所要求的精度往往较高。

基于平差范围的大小，解析空中三角测量方法可分为两种。一种是单航带法。该方法是将一条航带当作一个单元，并对其进行构网、平差计算。在平差计算中，邻近的航带间的公共点条件往往顾及不到。另一种是区域网法。每一条航带都有几个像对和模型，在由这样的几条航带或者是由若干张图组成的区域里进行平差的方法就是区域网法。在平差计算中，对于几何约束条件可以充分利用，同时应尽可能地降低对地面控制点数量的要求。

以平差中所使用的数学模型为依据，具体可分为三种测量方法。一是航带法。该方法是通过相对定向和模型连接先建立自由航带，以点在该航带中的摄影测量坐标为观测值，通过非线性多项式中变换参数的确定，使自由网纳入所要求的地面坐标系，并使公共点上不符值的平方和为最小。二是独立模型法。该方法是先通过相对定向建立单元模型，以模型点坐标为观测值，通过单元模型在空间的相似变换，使之纳入规定的地面坐标系，并使模型连接点上残差的平方和为最小。三是光束法。该方法是直接由每幅影像的光线束出发，以像点坐标为观测值，通过每个光束在三维空间的平移和旋转，使同名光线在物方最佳地交会在一起，并使之纳入规定的坐标系，从而加密出待求点的物方坐标和影像的方位元素。

一、航带法空中三角测量

航带模型是航带法空中三角测量研究的对象，具体步骤如下。

第一，对航带中每个像对进行连续法相对定向，建立立体模型。这个时候，所有的像对相对定向都是以左片为准，求右片相对于左片的相对定向元素，以航带中第一张像片的像空间坐标系作为像空间辅助坐标系，对第一个像对进行相对定向。然后，左片保持不动，也就是将第一像对右片的相对角元素作为第二像对左片的相对角元素为已知值，对第二个像对进行连续法相对定向，再求出第三张像片相对第二张像片的相对定向元素，如此，直到完成所有像对的相对定向。此时，整条航带的像空间辅助坐标系均化为统一的像空间辅助坐标系。但因为各像对的基线是任意给定的，所以各模型的比例尺是不一样的，对此，利用相邻模型公共点的像空间辅助坐标应相等为条件，进行模型连接，可以构成航带模型。用同样的方法可以建立其他航带模型。

第二，利用航带内相邻航带的公共点或已知的控制点完成航带模型绝对定向，通过将航带模型连接起来，组合成区域网，从而获取模型点在测量坐标系的坐标。

第三，进行区域网或航带的非线性改正。因为航带模型的建立难免会出现误差，还可能会因为误差的累积而造成更严重的影响，甚至可能使航带或区域网发生非线性变形的情况，所以为了避免这一情况的发生，就要根据变形规律进行地面控制点的改正。一般情况下，在进行非线性改正时往往会通过二次或三次多项式。改正步骤为每条航带都有各自多项式系数值，在相邻航线控制点坐标相等、控制点的计算和实测坐标相等的条件下，基于误差平方和最小的前提条件求得多项式系数，然后对坐标进行修改，从而得出地面坐标。

二、独立模型法空中三角测量

独立模型法空中三角测量是基于单独法相对定向建立单个立体模型，将单模型当成平差单元，由连接在一起的单个模型组合成航带网或区域网。由于在此过程中会对单个模型范围内的误差加以限定，所以不会出现误差传递积累，这对于加密精度来说具有提高精度的作用。除此之外，因为各个模型里比例尺以及像空间辅助坐标系均不相同，所以在连接模型的时候，要通过模型内模型公共点以及已知控制点完成空间相似变换。即先把单个模型看作刚体，然后通过模型的公共点围成一个区域。在连接时，只能对模型进行旋转、平移及缩放的操作，这样的要求通过单个模型的空间相似变换来完成。在变换时，要保证模型间公共点坐标一致，控制点的计算坐标也要与实测坐标一致，而且要保持最小的误差平方和，在以上条件均满足的基础上，基于最小二乘原理，将各模型的 7 个绝对定向参数求出来，进而得到全部加密点的地面坐标。

和航带法相比，独立模型法在理论上更加严谨，但是其计算量较大，因此要求计算机的容量也较大，除此之外，该方法仅适用于对偶然误差的平差，对于存在系统误差的，还要另外使用消除系统误差的手段。

独立模型法区域网空中三角测量的主要内容有四点。第一，求出各单元模型中模型点的坐标。第二，通过对相邻模型的公共点以及模型控制点的利用，完成模型在空间里的相似变换，然后将误差方程式、法方程式列出来。第三，针对整个区域，成立改化法方程式，同时利用循环分块法求出解，再得出这 7

个参数。第四，根据得到的 7 个参数，确定待定点平差后的坐标，假如是相邻模型的公共点，就求出平均值作为最终结果。

（一）独立单元模型的建立

单元模型的建立目的主要是获得模型点的坐标，这里的模型点包括摄影测量加密点、地面控制点、摄影站点等。单元模型的构成既可以是一个像对，还可以是几个相邻的像对。通常会使用单独像对法进行单元模型的建立，根据单独像对相对定向方程式建立法方程式，求解像对的相对定向独立参数。单独像对相对定向完成后，也就求得了左右像片的旋转矩阵的独立参数，可把像点的像空间坐标化算成像空间辅助坐标系中的坐标，同时对它的模型点坐标进行计算。

（二）区域网的建立

在完成了相对定向之后，因为每个单元模型的像空间辅助坐标在轴系方向上是不同的，因而使相邻单元模型中相同的地面模型点的坐标值也不一样。所以需要建立区域网，也就是把每个单元模型都归于一个坐标系中。

在将单元模型归于统一坐标系时，利用相邻模型间公共点坐标值一致的条件，通过对后模型单元进行和前模型相似的旋转、平移等空间变换，使后一单元模型被规制到前模型坐标系里，依次类推，经空间相似变换的单元模型，始终保持模型之前的形状以及独立性。

（三）全区域单元模型的整体平差

区域网整体平差始终把单元模型看作刚体，同时将其作为平差单元，由于整个区域里相邻模型公共点在单元模型的坐标是一致的，同时地面控制点的计算坐标、实测坐标也是一致的，所以就能够根据最小二乘原理，通过缩放、旋转以及平移，对各单元模型的最大值或最小值加以确定。实际上，利用该数学模型，区域网的建立以及整体平差也能一次解算完成。

1. 单元模型坐标的重心化

为了便于计算，应在区域网整体平差中对各个单元模型进行坐标重心化。可以选择参加整体平差的地面控制点以及模型连接点的坐标，从而得到重心坐标。这个时候，摄影站不参与对重心坐标的测量。

单元模型重心的坐标为

$$U_{\mathrm{G}}=\frac{\sum U}{n},\ V_{\mathrm{G}}=\frac{\sum V}{n},\ W_{\mathrm{G}}=\frac{\sum W}{n} \tag{5-7}$$

式（5-7）中，n 为所取控制点和连接点个数之和。

单元模型上模型点重心化坐标为

$$\bar{U}=U-U_{\mathrm{G}},\ \bar{V}=V-V_{\mathrm{G}},\ \bar{W}=W-W_{\mathrm{G}} \tag{5-8}$$

单元模型内相应地面点重心的地面参考坐标为

$$X_{\mathrm{G}}=\frac{\sum X}{n},\ Y_{\mathrm{G}}=\frac{\sum Y}{n},\ Z_{\mathrm{G}}=\frac{\sum Z}{n} \tag{5-9}$$

式（5-8）中，（X，Y，Z）对控制点而言是其地面参考坐标值，对模型公共连接点而言取该点在各相邻模型上诸坐标的平均值即可。

单元模型内相应地面点重心化地面参考坐标为

$$\bar{X}=X-X_{\mathrm{G}},\ \bar{Y}=Y-Y_{\mathrm{G}},\ \bar{Z}=Z-Z_{\mathrm{G}} \tag{5-10}$$

2. 整体平差误差方程式的建立

对于每个单元模型在整体平差中的空间变换矩阵为

$$\begin{bmatrix} X \\ Y \\ Z \end{bmatrix}=\lambda \boldsymbol{R}\begin{bmatrix} \bar{U} \\ \bar{V} \\ \bar{W} \end{bmatrix}+\begin{bmatrix} X_{\mathrm{G}} \\ Y_{\mathrm{G}} \\ Z_{\mathrm{G}} \end{bmatrix} \tag{5-11}$$

对式（5-10）线性化，可得误差方程式为

$$-\begin{bmatrix} v_U \\ v_U \\ v_U \end{bmatrix}=\begin{bmatrix} 1 & 0 & 0 & \bar{U} & -\bar{W} & 0 & -\bar{V} \\ 0 & 1 & 0 & \bar{V} & 0 & -\bar{W} & \bar{U} \\ 0 & 0 & 1 & \bar{W} & \bar{U} & \bar{V} & 0 \end{bmatrix}_{i,\ j}\begin{bmatrix} \mathrm{d}X_{\mathrm{G}} \\ \mathrm{d}Y_{\mathrm{G}} \\ \mathrm{d}Z_{\mathrm{G}} \\ \mathrm{d}\lambda \\ \mathrm{d}\varphi \\ \mathrm{d}\omega \\ \mathrm{d}\kappa \end{bmatrix}-\begin{bmatrix} \Delta X \\ \Delta Y \\ \Delta Z \end{bmatrix}_{i,\ j}-\begin{bmatrix} l_U \\ l_V \\ l_W \end{bmatrix}_{i,\ j} \tag{5-12}$$

其中，

$$\begin{bmatrix} l_U \\ l_V \\ l_W \end{bmatrix}_{i,j} = \begin{bmatrix} X_0 \\ Y_0 \\ Z_0 \end{bmatrix}_{i,j} - \lambda_0 \boldsymbol{R}_0 \begin{bmatrix} \bar{U} \\ \bar{V} \\ \bar{W} \end{bmatrix}_{i,j} - \begin{bmatrix} X_{G_0} \\ Y_{G_0} \\ Z_{G_0} \end{bmatrix}_{i,j} \tag{5-13}$$

式中：i、j 分别为模型点、单元模型的编号；(X, Y, Z) 为单元模型点 i 的地面参考坐标平差值；λ 为单元模型的比例因子；R 为单元模型的旋转因子；$(\bar{U}, \bar{V}, \bar{W})$ 为单元模型中模型点 i 的重心化坐标；(X_G, Y_G, Z_G) 为单元模型重心在地面参考坐标系中的坐标；dX_G、dY_G、dZ_G、$d\lambda$、$d\varphi$、$d\omega$、$d\kappa$ 为模型 7 个变换参数的改正数；ΔX、ΔY、ΔZ 为待定点坐标改正数；X_0、Y_0、Z_0 为模型公共点的坐标均值；X_{G_0}、Y_{G_0} 、Z_{G_0} 为 X_G、Y_G、Z_G 的初始值。

误差方程式的矩阵表示形式为

$$\boldsymbol{V} = \boldsymbol{AX} - \boldsymbol{L} \tag{5-14}$$

3. 法方程的组成和解算

根据误差方程式按最小二乘原理组成法方程式的矩阵形式为

$$\boldsymbol{A}^{\mathrm{T}}\boldsymbol{AX} - \boldsymbol{A}^{\mathrm{T}}\boldsymbol{L} = \boldsymbol{0} \tag{5-15}$$

解法方程式后得 7 个相似变换参数的改正数值为

$$\boldsymbol{X} = \left(\boldsymbol{A}^{\mathrm{T}}\boldsymbol{A}\right)^{-1} \boldsymbol{A}^{\mathrm{T}}\boldsymbol{L} \tag{5-16}$$

4. 模型点坐标值的计算

根据求得的每个单元模型 7 个变换参数和式（5-11）可以求得各个模型点的地面参考坐标(X, Y, Z)，对于各模型间的连接点，可取其在各模型中的平均值作为该点的地面参考坐标最大值或最小值。然后利用坐标变换公式将模型点地面参考坐标(X, Y, Z)转换为地面坐标系(X, Y, Z)。

三、光束法空中三角测量

光束法空中三角测量是以每张像片的一束光线为平差单元，以共线方程为依据，建立全区域的统一误差方程式和法方程式，整体求解区域内每张像片的

6个外方位元素以及所有待定点的地面坐标和高程，其原理与光束法双像解析摄影测量相同。

以下是光束法空中三角测量的基本内容。

（1）各影像外方位元素和地面点坐标近似值的确定。可以利用航线法区域网空中三角测量方法提供影像外方位元素和地面点坐标近似值，在竖直摄影情况下，也可以设 $\alpha_X=\omega=0$，κ 角和地面点坐标近似值则可以在旧地形图上读出。

（2）从每幅影像上的控制点和待定点的像点坐标出发，按每条摄影光线的共线条件方程列出误差方程式。

（3）逐点法化建立改化法方程式，按循环分块的求解方法先求出其中的一类未知数，通常是先求出每幅影像的外方位元素。

（4）利用空间前方交会求得待定点的地面坐标，对于相邻影像公共交会点应取其均值作为最后的结果。

（一）光束法区域网平差的概算

光束法区域网平差概算的目的是获取像片的外方位元素和加密点地面坐标的近似值，方法主要有两种。

1. 用航带网加密成果作为概略值

在建立了第一航带以后，就可以通过本航带已知空间点完成概略绝对定位，从而得到加密点概略地面坐标。首先，以各航带上条相邻航带的公共点和本航带的已知控制点进行绝对定向；其次，以各相邻航带的公共点坐标平均值当作地面坐标近似值；最后，用单像空间后方交会求得每张像片外方位元素的概略值。

2. 用空间后方交会和前方交会交替进行的方法

（1）对于单条航带而言，假定航带左边第一张像片水平、地面水平，摄站点为（0，0，H），则可计算此像片的6个标准像片的相应地面位置。

（2）将第一像片和第二像片组成像对，利用前方交会法算出6个标准点相对起始面的高差，然后修正第一像片上标准点的坐标值；利用空间后方交会法求得第二像片相对第一像片的外方位元素；利用第一、第二两像片的外方位元素求立体像对的地面点近似值，推算第三像片主点的近似坐标。

（3）利用像主点坐标和三度重叠内的点进行空间后方交会，求出第三像片的外方位元素，用第二、第三像片外方位元素进行前方交会，求得第二个模型中各点的地面近似坐标。以后各片采用与第三像片同样的方法求得航带中各像片的外方位元素和各点地面坐标近似值。

（4）利用第一条航带两端控制点进行绝对定向，相邻航带利用航带控制点和相邻公共点对本航带各像片进行空间后方交会，求得各像片方位元素，作为本航带各像片外方位元素的概略值。然后进行各像对的前方交会，求得地面点的概略值。以此类推，全区域各航带上的地面近似坐标值统一在同一坐标系内。

（二）光束法区域网平差的误差方程式和法方程式

1. 误差方程式的建立

每一个像点都符合共线条件方程，可列出两个关系，即

$$\begin{cases} x = -f_1 \dfrac{a_1(X - X_S) + b_1(Y - Y_S) + c_1(Z - Z_S)}{a_3(X - X_S) + b_3(Y - Y_S) + c_3(Z - Z_S)} \\ y = -f_1 \dfrac{a_2(X - X_S) + b_2(Y - Y_S) + c_2(Z - Z_S)}{a_3(X - X_S) + b_3(Y - Y_S) + c_3(Z - Z_S)} \end{cases} \tag{5-17}$$

将共线方程线性化，此时对 X、Y、Z 也要求偏微分，其误差方程为

$$\begin{cases} v_x = a_{11}\Delta X_S + a_{12}\Delta Y_S + a_{13}\Delta Z_S + a_{14}\Delta\varphi + a_{15}\Delta\omega + \\ \qquad a_{16}\Delta\kappa - a_{11}\Delta X - a_{12}\Delta Y - a_{13}\Delta Z - l_x \\ v_y = a_{21}\Delta X_S + a_{22}\Delta Y_S + a_{23}\Delta Z_S + a_{24}\Delta\varphi + a_{25}\Delta\omega + \\ \qquad a_{26}\Delta\kappa - a_{21}\Delta X - a_{22}\Delta Y - a_{23}\Delta Z - l_y \end{cases} \tag{5-18}$$

若像片外方位元素改正值 $\Delta\varphi$、$\Delta\omega$、$\Delta\kappa$、ΔX_S、ΔY_S 、ΔZ_S 用列向量 X 表示，待定点坐标改正数用列向量 t 表示，则某一像点的误差方程式的矩阵可表示为

$$\boldsymbol{V} = \begin{bmatrix} \boldsymbol{B} & \boldsymbol{C} \end{bmatrix} \begin{bmatrix} \boldsymbol{X} \\ \boldsymbol{t} \end{bmatrix} - \boldsymbol{L} \tag{5-19}$$

其中，

$$\boldsymbol{V}=\begin{bmatrix} v_x & v_y \end{bmatrix}^{\mathrm{T}}，\boldsymbol{B}=\begin{bmatrix} a_{11} & a_{12} & a_{13} & a_{14} & a_{15} & a_{16} \\ a_{21} & a_{22} & a_{23} & a_{24} & a_{25} & a_{26} \end{bmatrix},$$

$$\boldsymbol{C}=\begin{bmatrix} -a_{11} & -a_{12} & -a_{13} \\ -a_{21} & -a_{22} & -a_{23} \end{bmatrix},\ \boldsymbol{L}=\begin{bmatrix} l_x & l_y \end{bmatrix}^{\mathrm{T}}$$

2. 法方程式的建立

由误差方程式按最小二乘原理组成法方程式为

$$\begin{bmatrix} \boldsymbol{B}^{\mathrm{T}}\boldsymbol{B} & \boldsymbol{B}^{\mathrm{T}}\boldsymbol{C} \\ \boldsymbol{C}^{\mathrm{T}}\boldsymbol{B} & \boldsymbol{C}^{\mathrm{T}}\boldsymbol{C} \end{bmatrix}\begin{bmatrix} \boldsymbol{X} \\ \boldsymbol{t} \end{bmatrix}-\begin{bmatrix} \boldsymbol{B}^{\mathrm{T}}\boldsymbol{L} \\ \boldsymbol{C}^{\mathrm{T}}\boldsymbol{L} \end{bmatrix}=\mathbf{0} \tag{5-20}$$

通常在解算法方程时先消去 t，利用循环分块法解算 X 值，然后加上近似值后，得到该点的地面坐标。

光束法区域网平差的理论更加严谨，容易引入各种辅助数据以及各种约束条件进行严密平差，光束法区域网平差是截止到现在被应用最广泛的区域网平差方程。对于精度要求不高的情况以及需要获取光束法区域网平差的初值时，通常会使用航带法区域网平差。

在以上三种方法中，理论最为严密且精度较高的方法是光束法，但是该方法也有一定的不足之处，即计算工作量是三种方法中最大的。如今计算机技术在不断进步，不管是计算速度还是容量都有了很大提升，同时随着计算机技术的普及，价格也不再像以前那么昂贵，这也是光束法为何能够成为最被广泛使用的方法的原因，尤其是在这一方法被加入自检校法、粗差检测以后，能够有效地对系统误差进行消除，这也使其精度有了很大的提升。

第三节　解析空中三角测量的作业流程

一、自动数字空中三角测量作业流程

自动数字空中三角测量系统作业流程如图 5-7 所示。

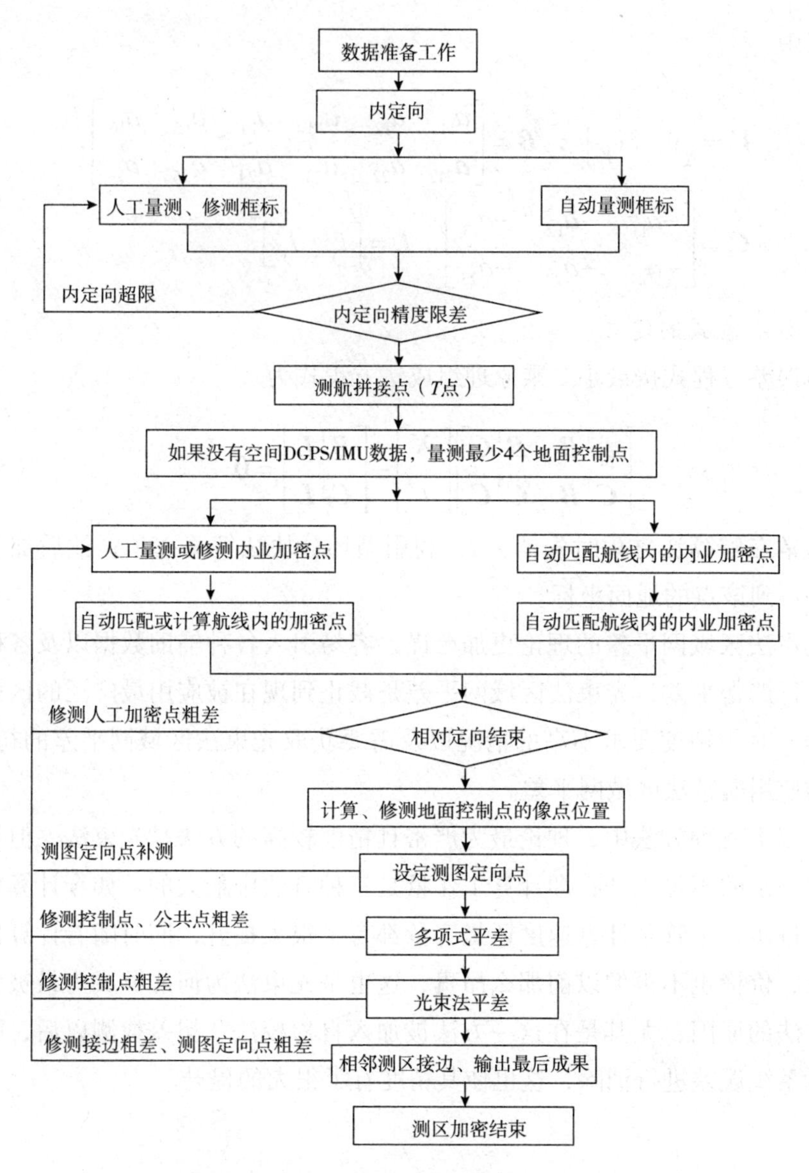

图 5-7 自动数字空中三角测量系统作业流程

二、VirtuoZo 数字摄影测量系统作业流程

VirtuoZo 数字摄影测量系统是某公司与武汉大学遥感学院共同研制的一套数字摄影测量系统软件。该系统的作业流程包括数据准备、参数设置、定向、

核线采集与匹配、DEM 与 DOM 以及等高线生成、数字化测图、拼接与出图七个步骤。

下面对其中的一些步骤作简要介绍。

（一）数据准备

（1）相机参数：提供相机主点理论坐标 X_0、Y_0，相机焦距 f_0，框标距或框标点标。

（2）控制资料：外业控制点成果及相对应的控制点位图。

（3）航片扫描数据：符合 VirtuoZo 图像格式及成图要求扫描分辨率的扫描影像数据。VirtuoZo 可接受多种图像格式，如 TIFF、BMP、JPG 等。一般选 TIFF 格式。

数据准备工作具体过程如图 5-8 所示。

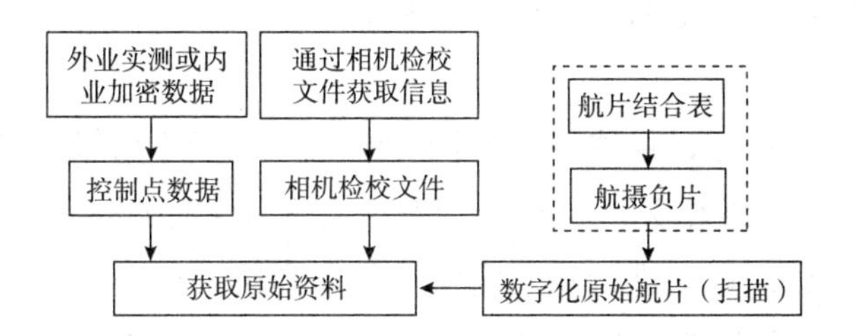

图 5-8　自动数字空中三角测量数据准备

（二）建立测区与模型的参数设置

要建立测区与模型，VirtuoZo 系统需要设置很多参数，这些参数需要在参数设置对话框上逐一设置。如测区（block）参数、模型参数、影像参数、相机参数、控制点参数、地面高程模型（DEM）参数、正射影像参数和等高线参数等。其中有些参数在 VirtuoZo 系统中有其固有的数据格式，需要按照 VirtuoZo 规定的格式填写，如相机参数、控制点参数等。建立测区与模型参数设置的简易过程如图 5-9 所示。

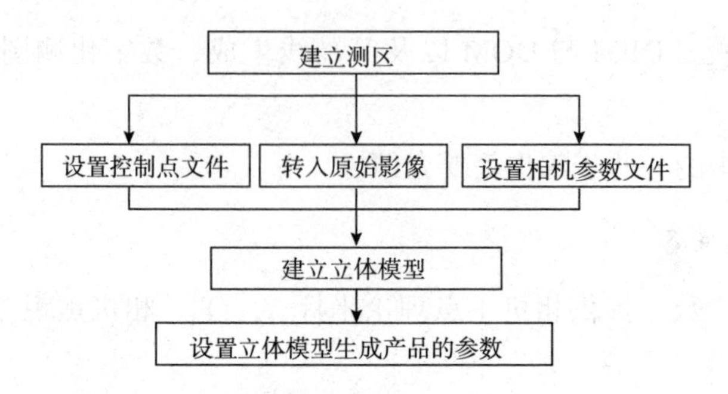

图 5-9　建立测区与模型的参数设置

（三）航片的内定向、相对定向与绝对定向

（1）内定向：建立影像扫描坐标与像点坐标的转换关系，求取转换参数；VirtuoZo 可自动识别框标点，自动完成扫描坐标系与像片坐标系间变换参数的计算，自动完成像片内定向，并提供人机交互处理功能，方便人工调整光标切准框标。

（2）相对定向：通过量取模型的同名像点，解算两相邻影像的相对位置关系；VirtuoZo 利用二维相关，自动识别左、右像片上的同名点，一般可匹配数十至数百个同名点，自动进行相对定向。并可利用人机交互功能，通过人工对误差大的定向点进行删除或调整同名点点位，使之符合精度要求。

（3）绝对定向：通过对地面控制点以及内业加密点相应的像点坐标进行量取，可以对模型的外方位元素进行解算，将模型纳入大地坐标系中。①人工定位控制点进行绝对定向。相对定向完成后（即自动匹配完成后），由人工在左、右像片上确定控制点点位，并用微调按钮进行精确定位，输入相应控制点点名。理论上程序需要 3 个控制点，但为了提高精度，至少需要 4 个控制点，一般为 6 个。定位完本像对所有的控制点后，即可进行绝对定向。②利用加密成果进行绝对定向。VirtuoZo 可利用加密成果直接进行绝对定向，将加密成果中控制点的像点坐标按照相对定向像点坐标的坐标格式拷贝到相对定向的坐标文件（*.PCF）中，执行绝对定向命令，完成绝对定向，恢复空间立体模型，定向过程如图 5-10 所示。

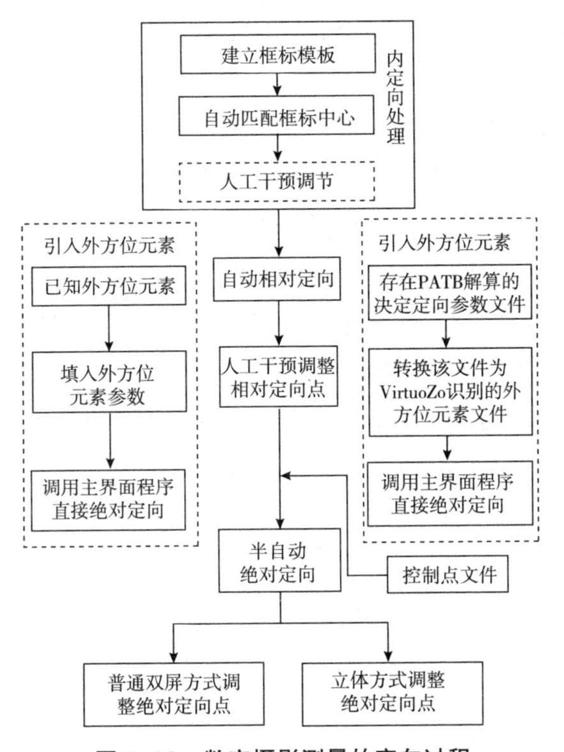

图 5-10　数字摄影测量的定向过程

（四）同名核线影像的采集与匹配

（1）非水平核线：非水平核线重采样是基于模型相对定向结果，遵循核线原理对左右原始影像沿核线方向保持 X 不变在 Y 方向进行核线重采样。

（2）水平核线：水平核线重采样使用了绝对定向结果。

（3）两种核线的不同：通过非水平核线重采样的方式得到的核线影像能够保留原始影像的信息与属性，所以假如原始影像倾斜，核线影像也会倾斜。但是通过水平核线重采样则不会出现这样的问题。从匹配结果来看，这两种核线形式存在很大差异，在实际的操作中，必须确保所有的操作环节所使用的核线影像是相同的，因此本书建议整个测区采用相同的采样方法。

（4）生成核线影像：非水平核线影像在模型的相对定向完成以后就能够生成。但是，水平核线影像的生成则要在模型的绝对定向完成的基础上才能生成。通过人力能够对核线影像范围加以明确，同时通过系统的自动生成，也能得到最大作业区。根据同名核线影像可以对影像加以重排，从而可以得到按核线方向排列的核线影像。以后像等高线编辑这样的处理，均可以在核线影像上完成。

（5）影像匹配：根据设置参数得到的匹配间隔以及窗口的大小，顺着核线来匹配影像，并且对同名点加以明确。在计算机自动匹配时，很多特殊地物抑或地形的匹配情况可能有误，如在影像中会出现纹理不清楚的区域以及特点不明显的区域，这样的区域一般是沙漠、雪山等地区，对于这样的区域，计算机自动匹配很容易出现问题，因此还要进行手动编辑；由于还可能会出现影像被遮盖、匹配点的位置不正确等情况，所以也要进行手动编辑；对于一些人工建筑物、树林等影像，其匹配点是地物表面上的点而非在地面上，也需要进行手动编辑；另外，对于大片平地、沟渠等区域，其影像也需要进行手动编辑。

数字摄影测量的定向过程如图 5–11 所示。

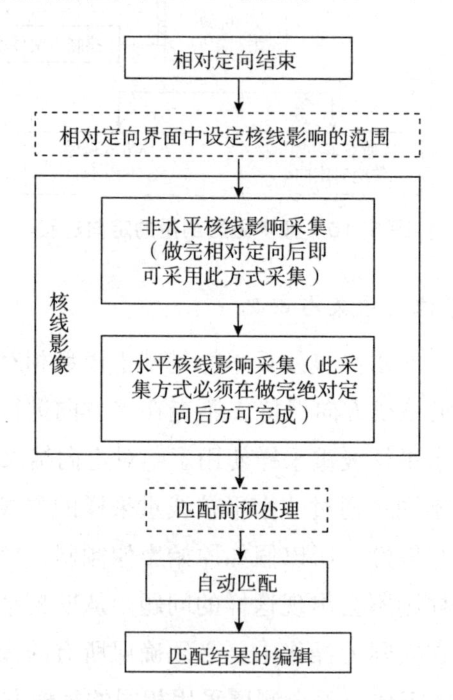

图 5–11　数字摄影测量的定向过程

影像匹配是数字摄影测量系统的关键技术。匹配结果会影响以后生成的 DEM 的质量，所以进行匹配结果的编辑很有必要。

第六章　遥感图像处理

第一节　图像校正

一、遥感图像的辐射校正

影响卫星图像的因素很多，大致可分为两方面：①由卫星的姿态、高度、速度变化及其前进运动；多光谱扫描仪（MSS）扫描镜扫描速度不均，检测器采样延迟误差，波段间配准误差及全景畸变；地球自转、曲率、高程的影响等，引起图像的几何位置发生变化，造成几何失真。②由大气的吸收、散射；地面及传感器系统中的仪器在接收、转换、传送、处理图像信息过程中性能不稳；非线性和非一致性故障及不可避免引入的噪声等，使图像的亮度发生变化，出现不均匀及条纹、斑点等缺陷，造成辐射失真。

畸变与失真在一定程度上影响了遥感图像的应用，并且不能使其正常分析图像，所以需要对它进行图像的消除恢复。

（一）遥感图像的辐射校正

当遥感器用于观察目标辐射或反射的电磁能量时，遥感器的测量结果与目标光谱辐射的物理量（如反射率或亮度）不一致。为了正确评估目标的反射和辐射特性，必须使用辐射校正方法消除失真。

1. 辐射校正的概念

辐射校正是指消除图像数据中依附在辐射亮度中的各种失真的过程。

2. 辐射畸变的成因与辐射校正的内容

引起辐射畸变的因素：遥感器的灵敏度特性、太阳高度、地形、大气等。

辐射校正的内容：由传感器的灵敏度特性引起的畸变校正；由太阳高度角及地形等引起的畸变校正；由大气的吸收和散射引起的辐射校正。

（1）由传感器的灵敏度特性引起的畸变校正。

①由光学系统的特性引起的畸变校正。在使用透镜的光学系统中，由于镜头光学特性的非均匀性，在其成像平面存在着边缘部分比中间部分暗的现象。另外，对于视场较大的成像光谱仪图像在扫描方向上存在明显的辐射亮度不均匀的现象。这种辐射误差主要是由光线路径长短不同造成的，扫描角越大，光线路径越长，大气衰减越严重。

②由光电变换系统的特性引起的畸变校正。传感器的光谱响应能直接影响传感器的输出。在扫描传感器中，传感器的接收系统收集到的电磁波信号只有经过光电转换系统转换成电信号以后再进行记录，才能避免发生辐射故障。

光电变换系统的灵敏度特性有很高的重复性，因此可以定期在地面测量其特性，并根据测量值对其进行辐射畸变校正。例如，对于 Landsat 卫星的 MSS 图像和 TM 图像可以按式（6–1）对传感器输出的辐射亮度（R）进行校正。

$$V=\left[R_{\max}/\left(R_{\max}-R_{\min}\right)\right]\cdot\left(R-R_{\min}\right) \tag{6–1}$$

式中：V 为已校正过的数据；R 为传感器输出的辐射亮度；$R_{\max}$ 和 $R_{\min}$ 分别为探测器能够输出的最大和最小辐射亮度。

（2）由太阳高度角及地形等引起的畸变校正。

①由视场角和太阳角之间的关系引起的亮度变化。当阳光被反射并分散在表面时其边缘更亮的现象叫太阳光点，在太阳高度高的时候容易发生。计算阴影表面的方法可用于校正太阳点和边缘的抑制。

图像的阴暗范围内一般称为阴影曲面，这是由太阳光点与边缘减光引起的畸变部分。

②地面倾斜的影响校正。太阳光照射在倾斜的地形上时，需要先经过地表扩散、反射，再入射到传感器中，在这种情况下，地面的倾斜度会影响太阳光的辐射亮度。对此，可以采取校正太阳光入射矢量和地表的法线矢量之间的夹角的方法，或采用波段间的比值校正消除光路辐射成分的图像数据的方法等。

（3）由大气的吸收和散射引起的辐射校正。太阳高度、传感器以及地形等因素通常会在一定程度上引起误差，生产单位通常会根据传感器参数，在数据生产过程中处理这些误差，不需要用户再进行处理。一般情况下，大气引起的辐射畸变是用户应该考虑的问题。太阳辐射进入大气后会发生吸收、折射、透射、反射、散射，其中吸收和散射会对传感器的接收造成较大影响。如图 6–1 所示即为吸收和散射现象。

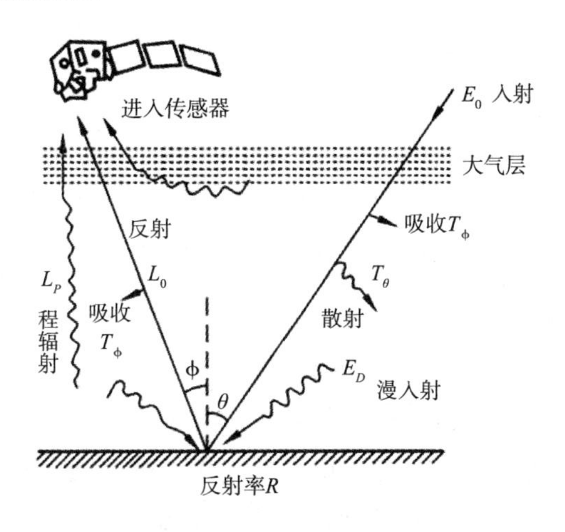

图 6–1　吸收和散射现象

大气粗略校正一般有三种方法：公式计算法、野外波谱测试回归分析法和波段对照法。

公式计算法需要获取大气路径辐射率等在具体天气条件下的具体参数；野外波谱测试回归分析法要求在野外环境中进行同步于陆地卫星的一致测试；这些方法对比波段对照法相对困难，因此常见的做法是使用波段对照法进行大气粗略校正。

波段对照法是大气粗略校正的一般方法，最常用的是直方图最小值去除法和回归分析法。

①直方图最小值去除法。人们总是能在一幅图像中找到某一种或几种反射率或辐射亮度接近于 0 的地物，如图 6–2 所示的直方图最小值去除法就以这一规律作为基本思想。例如，反射率较低的深海水体处、地形起伏地区的山的阴影处等，在图像中对应位置的像元亮度值都应为 0。但实际测量证明，这些位置的像元亮度并不为 0 ，这个数值是大气散射导致的程辐射度值。

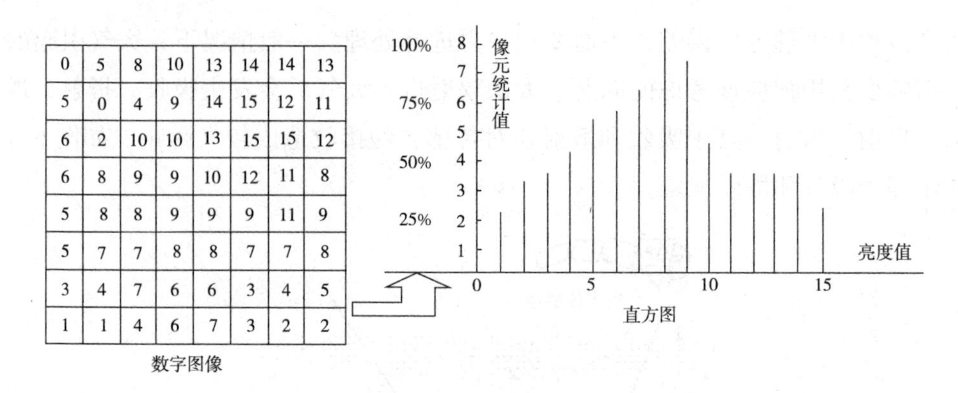

图 6-2　直方图最小值去除法

具体校正方法的操作非常简单。首先要保证满足条件，即图像上确有反射亮度或辐射亮度为 0 的地区，其亮度最小值一定等于该地区大气影响的程辐射度增值。在进行校正时，应使每一波段中每个像元的亮度值减去本波段的最小值，以此改善图像亮度动态范围，增强对比度，达到提高图像质量的目的。

②回归分析法。假定某红外波段存在程辐射为主的大气影响，且亮度增值最小，接近于 0，设为波段 a。现需要找到其他波段相应的最小值，这个值一定比 a 波段的最小值大一些，设为波段 b，分别以 a、b 波段的像元亮度值为坐标，作二维光谱空间，两个波段中对应像元在坐标系内用一个点表示。由于波段之间的相关性，通过回归分析在众多点中一定能找到一条直线与波段 b 的亮度 L_b 轴相交，且

$$L_b = \beta L_a + \alpha \tag{6-2}$$

$$\beta = \frac{\sum\left(L_a - \overline{L}_a\right)\left(L_b - \overline{L}_b\right)}{\sum\left(L_a - \overline{L}_a\right)^2} \quad \alpha = \overline{L}_b - \beta \overline{L}_a \tag{6-3}$$

式中：β 为斜率；$\overline{L}_a$ 和 $\overline{L}_b$ 分别为 a、b 波段亮度的平均值；α 为波段 a 中的亮度为 0 处波段 b 中所具有的亮度。可以认为，α 就是波段 b 的程辐射度。校正的方法是将波段 b 中每个像元的亮度值减去 α 改善图像，去掉程辐射。同理，依次完成其他波段的校正。

（二）遥感图像的几何畸变

假如遥感图像发生了几何位置方面的变化，如像元大小不同于地面大小、

行列不均匀、地物形状不规则等时，说明遥感影像发生了几何性的变化。

相对于存在于地面上的真实形态而言，遥感影像的总体变形是旋转、弯曲、平移、偏扭、缩放和其他变形共同影响作用产生的结果。当图像发生畸变后，对其进行位置配准及定量分析就会变得更加困难，因此在接收遥感数据后，接收部门一般先对数据进行校正处理，而数据的校正则需要以从地球、遥感平台、传感器中收集的各类数据为参考。用户拿到产品后，仍需要根据实际的投影比例尺或不同的使用目的对产品进行几何校正。

遥感影响几何变形的原因主要有以下两点：①遥感器内部结构发生了畸变；②受遥感平台的位置和运动状态变化、地形起伏、地表曲率、大气折射、地球自转这几个方面的影响。下面对第二点进行详细叙述。

1. 遥感平台位置和运动状态变化的影响

无论是卫星还是飞机，运动过程中都会由于种种原因产生飞行姿势的变化从而引起影像变形。卫星姿态引起的图像变形如图 6–3 所示。

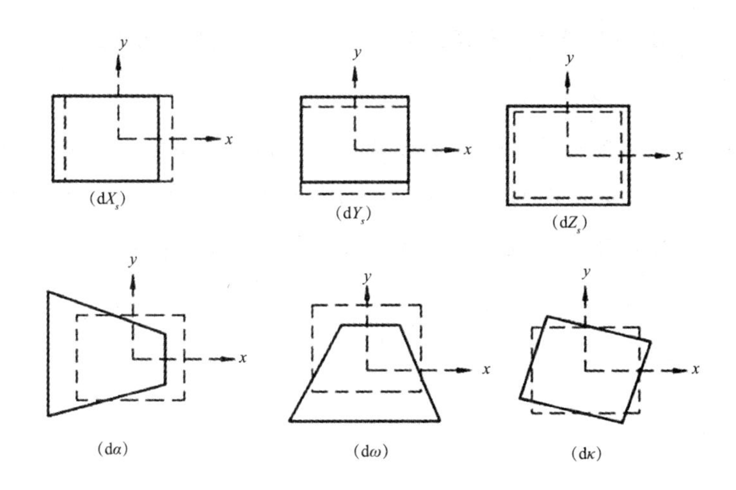

图 6–3 卫星姿势引起的图像变形

（1）航高：遥感平台运动时如果受到外力的干扰，就可能会在原标准航高的基础上发生偏离；换句话说，卫星一般按照椭圆的轨道运行，其航高时刻在变化，但传感器的扫描视场角并不会随着航高的变化而改变，这就导致图像扫描行对应的地面长度也会随之发生变化。航高越向高处偏离，图像对应的地面就会越宽。

（2）航速：卫星的椭圆轨道本身就导致了卫星飞行速度的不均匀，其他因素也可导致遥感平台航速的变化。航速快时，扫描带超前；航速慢时，扫描带滞后，由此可导致图像在卫星前进方向上（图像上下方向）的位置错动。

（3）俯仰：遥感平台的俯仰变化能够引起图像在上下方向的变化，即星下点俯时后移，仰时前移，发生行间位置错动。

（4）翻滚：遥感平台姿态翻滚是指以前进方向为轴旋转了一个角度。可导致星下点在扫描线方向偏移，使整个图像的行向翻滚角引起偏离的方向错动。

（5）偏航：指遥感平台在前进过程中，相对于原前进航向偏转了一个小角度，从而引起扫描行方向的变化，导致图像的倾斜畸变。

由航高、航速、俯仰、翻滚、偏航引起的图像变形如图 6-4 所示。

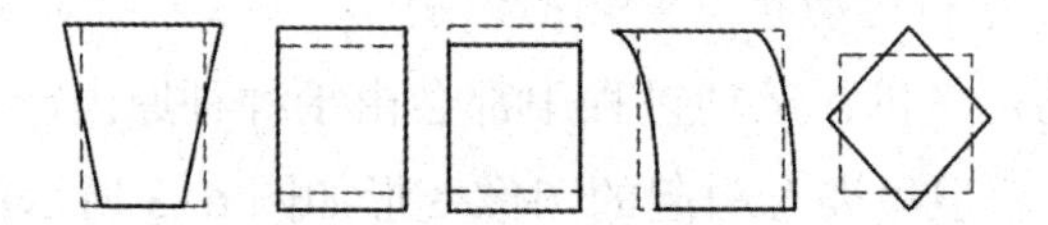

图 6-4　航高、航速、俯仰、翻滚、偏航引起的图像变形

2. 地形起伏的影响

地形的起伏会造成局部像点形成位移，使位置相同的某高点的信号取代原本地面点的信号。受高差因素影响，实际像点 P 距像幅中心的距离相对于理想像点 P_0 距像幅中心的距离移动了 Δr 。高差引起的像点位移如图 6-5 所示。

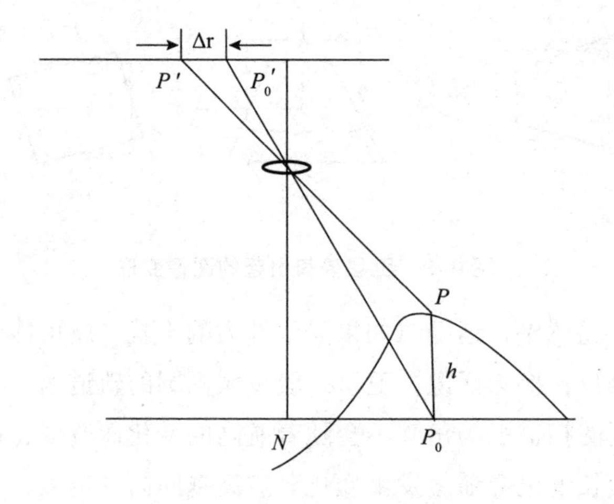

图 6-5　高差引起的像点位移

3. 地表曲率的影响

严格来说，地球的形状为椭球体，因此地球的表面为曲面而非平面。曲面主要有两个方面的影响：①像点位置的移动。当选择的地球的切平面作为地图投影平面时，地面点 P_0 相对于投影平面点 P 有一高差 Δh，如图 6-6 所示。②像元对应于地面宽度的不等。由于传感器通过扫描取得数据，在扫描过程中每一次取样间隔是星下视场角的等分间隔。如果地面无弯曲，在地面瞬时视场宽度不大的情况下，L_1，L_2，L_3，…的差别不大。但由于地球表面曲率的存在，对应于地面的 P_1，P_2，P_3，…的差别就大得多。距星下点越远畸变越大，对应地面长度越长，如图 6-7 所示。

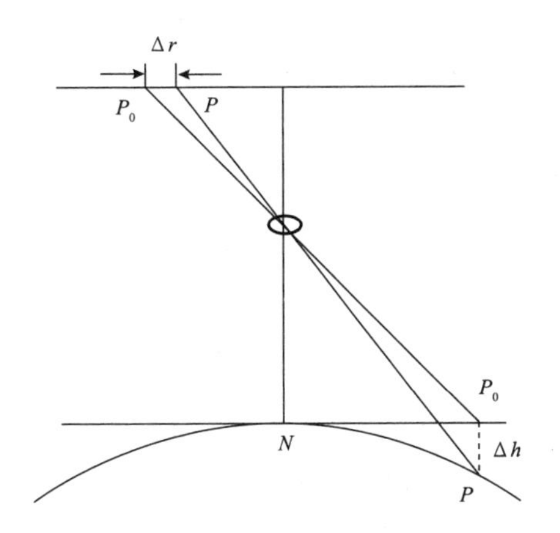

图 6-6 地表曲率引起的像点位移

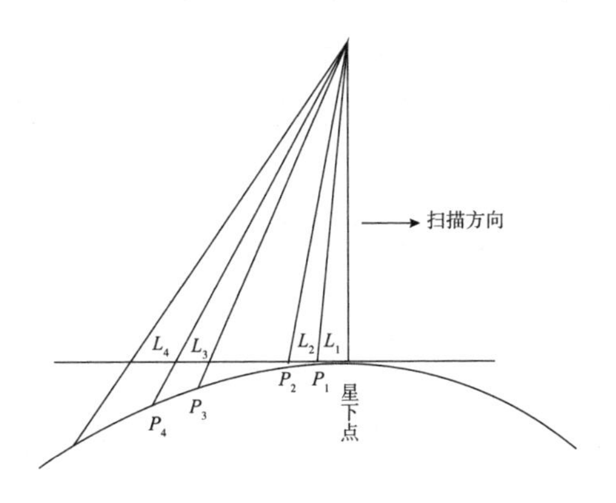

图 6-7 像元对应于地面宽度的不等

全景畸变指传感器扫描角度较大时，会产生更显著的影响，在这种情况下的图像显示会发生边缘景物被挤压。假定原地面真实景物为一条直线，成像时边缘宽、中心窄，但图像显示时像元大小相同，此时直线被显示成反 S 形弯曲。

4. 大气折射的影响

大气对辐射的传播产生折射。由于大气的密度分布从下向上越来越小，折射率不断变化，因此折射后的辐射传播不再是直线而是一条曲线，从而导致传感器接收的像点发生位移，如图 6-8 所示。

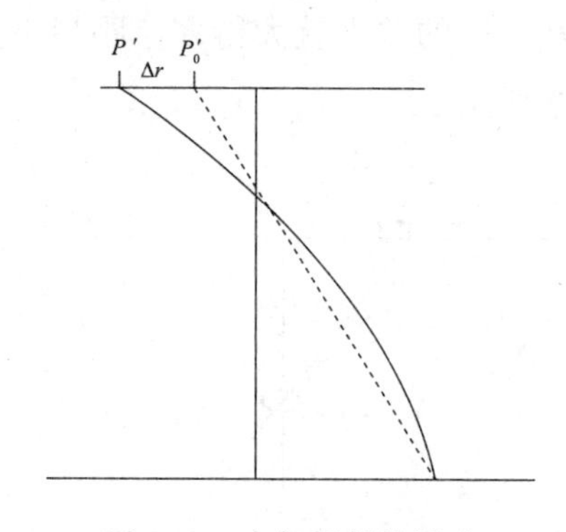

图 6-8　大气折射的影响

5. 地球自转的影响

传感器在卫星前进时扫描地面，获得图像，如图 6-9（a）所示，此时地球自转会对图像的获取造成较大影响，导致影像偏离。这是因为多数卫星是在轨道运行的降段接收图像，即卫星自北向南运动时实现的，这时地球仍保持自西向东的自转运动状态。而相对运动的结果是，卫星的星下位置逐渐产生偏离。偏离方向如图 6-9(b）所示，所以卫星图像经过校正后成为图 6-9(c）的形态。

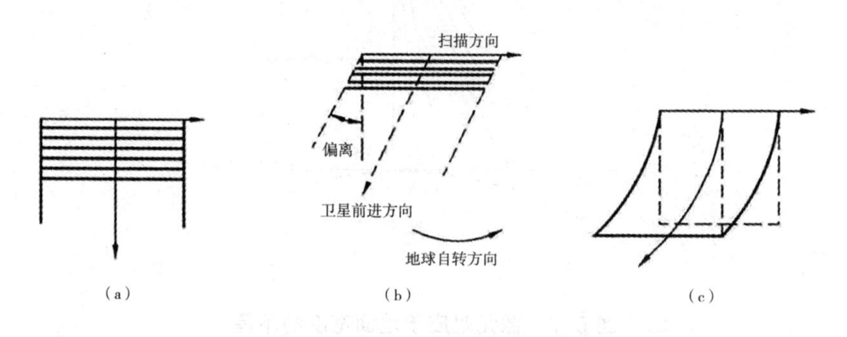

图 6-9　地球自转引起的影像偏离

二、遥感图像的几何校正

几何校正是指从具有几何畸变的图像中消除畸变的过程，即定量确定图像上像元坐标（图像坐标）与目标物的地理坐标（地图坐标等）的对应关系（坐标变换式）。几何校正的处理流程如图 6–10 所示。

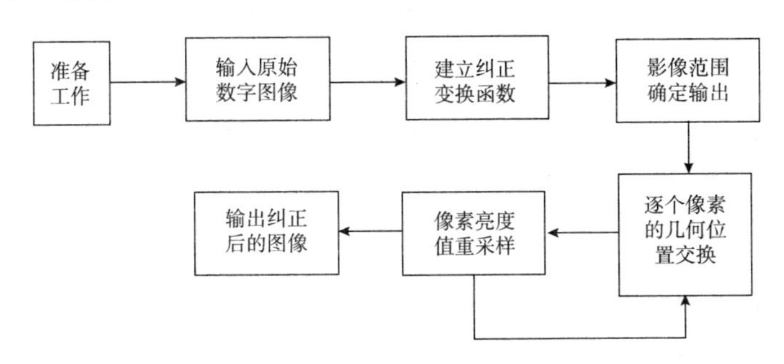

图 6–10　几何纠正的处理流程

（一）几何校正的方法

1. 系统性校正

在得到消除图像几何畸变的理论校正公式后，可在该理论校正公式中代入遥感器的姿态、位置等的测量值和有关遥感器构造的校准数据（焦距等）进行几何校正。该方法能有效消除遥感器内部的畸变。然而，在很多情况下遥感器的姿态与位置测量值达不到足够高的精度，所以外部畸变的校正精度也相对有限。

2. 非系统性校正

利用控制点的图像坐标和地图坐标的对应关系，可以近似地确定所给的图像坐标系和应输出的地图坐标系之间的坐标变换式。坐标变换式经常采用1次、2 次等角变换式，2 次、3 次投影变换式或高次多项式。坐标变换式的系数可从控制点的图像坐标值和地图坐标值中根据最小二乘法求出。

3. 复合校正

复合校正即把理论校正式与利用控制点确定的校正式组合起来进行校正。①分阶段校正的方法，首先根据理论校正式消除几何畸变（如内部畸变等），然后利用少数控制点，根据所确定的低次校正式消除残余的畸变（外部畸变等）；②提高几何校正精度的方法，利用控制点以较高的精度推算理论校正式中所含的遥感器参数、遥感器的位置及姿态参数。

4. 几何精校正

几何畸变的校正方法有很多种，有一种通用的精校正方法较为常用。这种通用的精校正方法适用于在平坦的地面，不需考虑高程信息，或地面起伏较大而无高程信息，以及传感器的姿态和位置参数无法获取的情况时使用。有时根据遥感器平台的各种参数已做过一次校正，但仍不能满足要求，就可以用该方法作遥感影像相对于地面坐标的配准校正，遥感影像相对于地图投影坐标系统的配准校正，以及不同类型或不同时相的遥感影像之间的几何配准和复合分析，以得到比较精确的结果。

（二）几何精校正的基本思路

校正前的图像看起来是由行列整齐的等间距像元点组成的，但实际上由于某种几何畸变，图像中像元点间所对应的地面距离并不相等。校正后的图像亦是由等间距的网格点组成的，且以地面为标准，符合某种投影的均匀分布，图像中格网的交点可以看作像元的中心。校正的最终目的是确定校正后图像的行列数值，然后找到新图像中每一像元的亮度值。

1. 几何精校正重采样方法

找到一种数学关系，建立变换前图像坐标（x, y）与变换后图像坐标（u, v）的关系，通过每一个变换后图像像元的中心位置（u 代表行数，v 代表列数，均为整数）计算出变换前对应的图像坐标点（x，y）。分析得知，整数（u，v）的像元点在原图像坐标系中一般不在整数（x,y）点上，即不在原图像像元的中心。

计算校正后图像中的每一点都对应原图中的位置（x，y）。计算时按行逐点计算，每行结束后进入下一行计算，直到全图结束。

以下是重采样的两种方法。

（1）对输入图像的各个像元在变换后的输出图像坐标系上的相应位置进行计算，将各个像元的数据投影到该位置上，如图 6-11（a）所示。

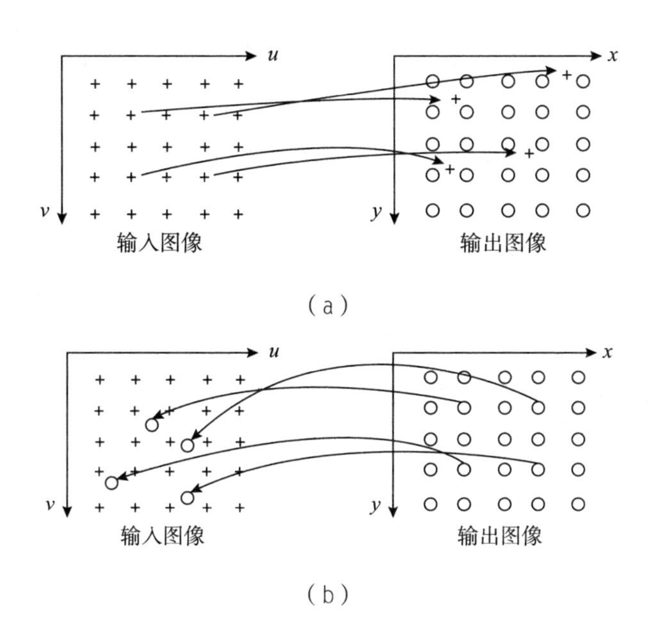

图 6–11　重采样的方法

（2）对输出图像的各个像元在输入图像坐标系的相应位置进行逆运算，求出该位置上的像元数据，如图 6–11（b）所示。该方法是经常采用的方法。

建立两图像像元点之间的对应关系：

$$\begin{cases} x = f_x(u,\ v) = \sum_{i=0}^{n}\sum_{j=0}^{n-i} a_{ij}u^i v^i \\ y = f_y(u,\ v) = \sum_{i=0}^{n}\sum_{j=0}^{n-i} b_{ij}u^i v^i \end{cases} \tag{6-4}$$

$$\begin{cases} x = a_{00} + a_{10}u + a_{01}v + a_{11}uv + a_{20}u^2 + a_{02}v^2 \\ y = b_{00} + b_{10}u + b_{01}v + b_{11}uv + b_{20}u^2 + b_{02}v^2 \end{cases} \tag{6-5}$$

实际计算中常采用二元二次多项式，根据点（u，v）求解（x，y），需求出 12 个系数，至少列出 12 个方程，即要找到 6 个已知的对应点（控制点）。如果要提高精度，必须大大增加控制点的数目，用最小二乘法进行曲面拟合求系数。

2. 几何精校正重采样内插计算（确定亮度）

计算每一点的亮度值。由于计算后的（x，y）多数不在原图的像元中心处，因此必须重新计算新位置的亮度值。一般来说，新点的亮度值介于邻点亮度值之间，所以常用内插法计算。通常有三种方法。

（1）最近邻内插法。如图 6-12 所示，图像中两相邻点的距离为 1，即行间距 $\Delta x = 1$，列间距 $\Delta y = 1$，取与所计算点（x，y）周围相邻的 4 个点，比较它们与被计算点的距离，哪个点距离最近，就取哪个的亮度值作为（x，y）点的亮度值 f（x，y）。设该最近邻点的坐标为（k，l），则 $\begin{cases} k = \mathrm{Integer}(x+0.5) \\ l = \mathrm{Integer}(y+0.5) \end{cases}$ $\Rightarrow f(x,\ y) = f(k,\ l)$（几何位置上的精度为 ± 0.5 像元）。

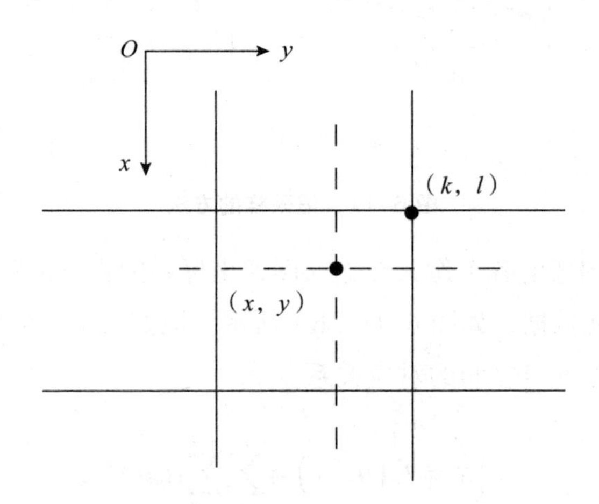

图 6-12　最近邻内插法

最近邻内插法以距内插点最近的观测点的像元值为所求的像元值。该方法最大可产生 0.5 个像元的位置误差，优点是不破坏原来的像元值，处理速度较快。

（2）双线性内插法。

双线性内插法（图 6-13）又称一级内插法，它使用内插点周围的 4 个观测点的像元值对所求的像元值进行线性内插。其缺点是破坏了原来的数据，但具有平均化的滤波效果。

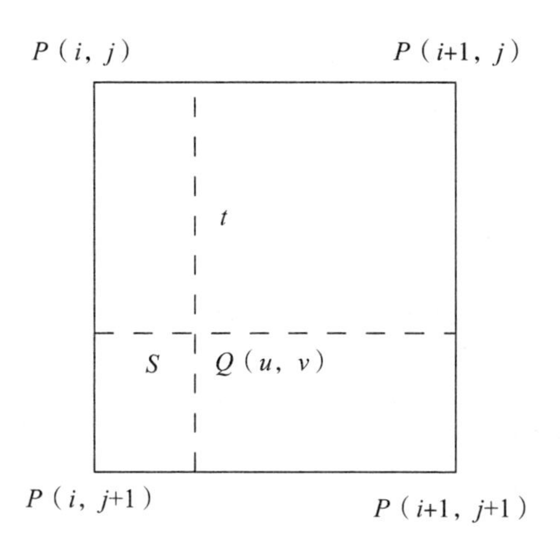

图 6-13　双线性内插法

（3）三次卷积内插法。其一般通过增加邻点获得最佳插值函数。取与计算点（x，y）周围相邻的 16 个点，与双线性内插类似，可先在某一方向上内插，每 4 个值依次内插 4 次，求出$f(x, j-1)$、$f(x, j)$、$f(x, j+1)$、$f(x, j+2)$，再根据这 4 个计算结果在另一方向上内插，得到$f(x, y)$，如图 6-14 所示。

因这种三次多项式内插过程实际上是一种卷积，故称这种方法为三次卷积内插法。

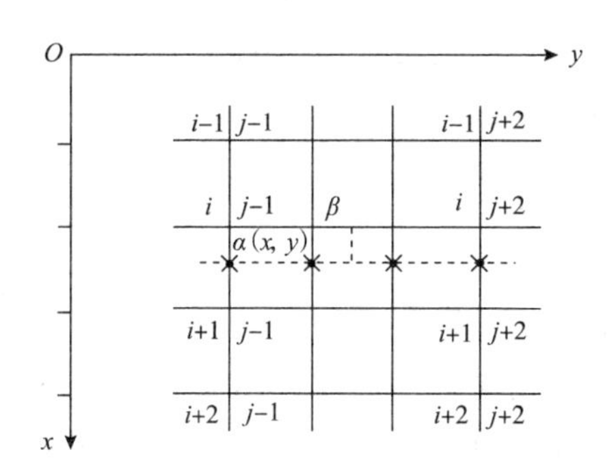

图 6-14　三次卷积内插法

三次卷积内插法使用内插点周围的 16 个观测点的像元值，用三次卷积函数对所求像元值进行内插。其缺点是破坏了原来的数据，但具有图像的均衡化和清晰化的效果，得到的图像质量较高。

如表 6-1 所示，为三种内插方法的优点与缺点。

表 6-1　三种内插方法的比较

方法	优点	缺点	备注
最近邻内插法	简单易用，计算量小	处理后的图像亮度具有不连续性，影响精确度	
双线性内插法	精度明显提高，特别是对亮度不连续现象或线状特征的块状化现象有明显的改善	计算量增加，且对图像起到平滑作用，从而使对比度明显的分界线变得模糊	鉴于该方法的计算量和精度适中，只要不影响应用所需的精度，作为可取的方法而常被采用
三次卷积内插法	图像质量更好，细节表现更为清楚	计算量大	要想以三次卷积内插获得好的图像效果，就要求位置校正过程更准确，即对控制点选取的均匀性要求更高

（三）控制点的选取

几何校正的第一步是位置计算，首先需要对所选取的二元多项式求系数。这时必须已知一组控制点坐标。

1. 控制点数目的确定

其最低限是按未知系数的多少来确定的。一次多项式有 6 个系数，就需要有 6 个方程来求解，需 3 个控制点的 3 对坐标值，即 6 个坐标数。二次多项式有 12 个系数，需要 12 个方程（6 个控制点）。依次类推，n 次多项式，控制点的最小数目为（n+1）（n+2）/2。

实际工作证实，选取最少数目的控制点校正图像效果往往不好。在地面特征变化大的地区或者图像边缘处，如河流拐弯处等，由于没有设置控制点，仅通过计算来推算对应点就会导致图像变形。所以，在条件允许时，应选取大于最低数很多的控制点数。

2. 控制点选取的原则

控制点的选择要以配准对象为依据。以地面坐标为匹配标准的，叫作地面控制点（记作 GCP）；有时也用地图或遥感图像（如航空像片）作为控制点标准。但无论采用哪种参考标准，关键是建立待匹配的两种坐标系的对应点之间的关系。

（1）通常情况下，控制点可以选择图像上精准易于分辨的特征点，这样的控制点能轻松利用目视方法辨别，如湖泊边缘、城廓边缘、道路交叉点、飞机场、海岸线弯曲处、河流弯曲或分叉处等。

（2）应尽量多选择一些特征变化大的地区。

（3）在图像边缘部分也必须选择一定数量的控制点，以避免外推。

（4）从整体上看，选取控制点时应尽可能做到满幅均匀选取，可采用延长线交点弥补的方法在特征不明显的大面积区域做出标记，但应尽量避免这种做法，以免造成人为误差。

第二节　图像增强

一、遥感图像增强

图像增强是一种对图像中反映的某些信息突出表现，同时去除或抑制一些不需要的信息，以达到使遥感图像质量有效提高的处理办法。例如，强化图像高频分量，实质上就是突出、清晰地表现图像中事物的细节和轮廓。图像的质量可以通过图像增强处理而改善，从而更适于机器识别系统或人的视觉。遥感图像增强的方法主要有空间域增强、频域滤波增强、彩色增强等方法。

（一）空间域增强

在图像处理中，由像素构成的空间叫作空间域。空间域增强的方法有两种，一种是空间域变换增强，这是一种基于点处理的增强方法；另一种是空间域滤波增强，这是一种基于邻域处理的方法。

（1）空间域变换增强。对比度增强、图像算术运算、直方图增强等方法是比较常用且有效的空间域变换增强方法。

（2）空间域滤波增强。空间域滤波也叫空间滤波，这种方法通过直接修改图像空间几何变量域上的图像数据对噪音进行抑制，达到改善图像质量的目的。平滑滤波、图像卷积运算、定向滤波、边缘增强等方法比较常用。

（二）频域滤波增强

频率滤波又称频率域滤波，它通过修改遥感图像频率成分实现遥感图像数据的改变，达到抑制噪声或改善遥感图像质量的目的。频率域滤波的基础是傅里叶变换和卷积定理。在图像增强问题中，$g(x, y)$ 是待增强的图像，一般是给定的，在利用傅里叶变换获取频谱函数 $G(u, v)$ 后，关键是选取滤波器 $H(u, v)$，若利用 $H(u, v)$ 强化图像高频分量，可使图像中物体轮廓清晰，细节明显，这就是高通滤波，若强化低频分量，可减少图像中噪声的影响，对图像平滑，这就是低通滤波。此外，还有其他的滤波器。本节讨论的滤波器函数都是以原点径向对称的，它是在规定的剖面上从原点出发沿半径方向画出一个随距离变化的函数，然后利用剖面绕原点旋转 360°，得到滤波器函数。下面介绍几种常用的滤波器。

1. 高通滤波

高通滤波又称“低阻滤波器”，是一种抑制图像频谱的低频信号而保留高频信号的模型（或器件）。高通滤波可以使高频分量畅通，而频域中的高频部分对应着图像中灰度急剧变化的地方，这些地方往往是物体的边缘。因此，高通滤波可使图像得到锐化处理。常用的高通滤波包括理想高通滤波器、巴特沃思高通滤波器、指数高通滤波器、梯形高通滤波器等。

2. 低通滤波

低通滤波又称“高阻滤波器”，是一种抑制图像频谱的高频信号而保留低频信号的一种模型（或器件）。在遥感图像中，物体边缘和其他尖锐的跳跃（如噪声）对频率域的高频分量具有很大的贡献，通过低通滤波，可以抑制地物边界剧变的高频信息以及孤立点噪声。低通滤波起到突出背景或平滑图像的增强作用。常用的低通滤波包括理想低通滤波器、巴特沃思低通滤波器、指数低通滤波器、梯形低通滤波器等。

3. 带阻滤波与带通滤波

带阻滤波器是一种抑制图像频谱的中间频段而允许高频与低频畅通的滤波器。该滤波器的作用是滤除遥感图像中特定频谱范围内的信息。带通滤波器是一种抑制图像频谱中的高频与低频而允许中间频段畅通的滤波器。该滤波器通常用于突出遥感图像中特定频谱范围内的目标。

（三）彩色增强

人的视觉具有优秀的色彩辨别能力，对彩色的分辨能力比对灰度的分辨能力要更高。人眼可以分辨十几个等级的灰度和一百多种彩色层次。彩色增强指利用人的视觉特点，使用彩色对图像进行处理，达到图像增强的效果，这种方法可以有效提高遥感图像的目标识别精度。彩色合成增强指使用彩色图像处理和代替多波段黑白图像的一种图像增强处理技术。根据实际景物的自然彩色与合成影像的彩色之间的关系，彩色合成可以分为真、假两种彩色合成。当合成后的彩色图像上的地物色彩完全与实际地物色彩相一致或二者非常接近时，就是真彩色合成；如果合成后的彩色图像上展现出来的地物色彩明显有别于实际地物色彩，就是假彩色合成，这时通过彩色合成增强，可以突出显示图像背景中的目标地物，便于遥感图像判读。

二、ERDAS IMAGINE 的遥感图像增强处理

ERDAS IMAGINE 图像解译模块主要包括了图像的空间增强、辐射增强、光谱增强、高光谱工具、傅里叶变换、地形分析以及其他实用功能。

（一）卷积增强

空间增强技术是利用像元自身及其周围像元的灰度值进行运算，以达到增强整个图像的目的。卷积增强是空间增强的一种方法。

卷积增强时将整个像元分块进行平均处理，用于改变图像的空间频率特征。卷积增强处理的关键是卷积算子——系数矩阵的选择。该系数矩阵又称卷积核（convolution kernal）。ERDAS IMAGINE 将常用的卷积算子放在一个名为 default.klb 的文件中，分为 3×3，5×5，7×7 等 3 组，每组又包括“Edge Detect、Edge Enhance、Low Pass、High Pass、Horizontal、Vertical、Summary”等 7 种不同的处理方式。Convolution 对话框如图 6-15 所示。

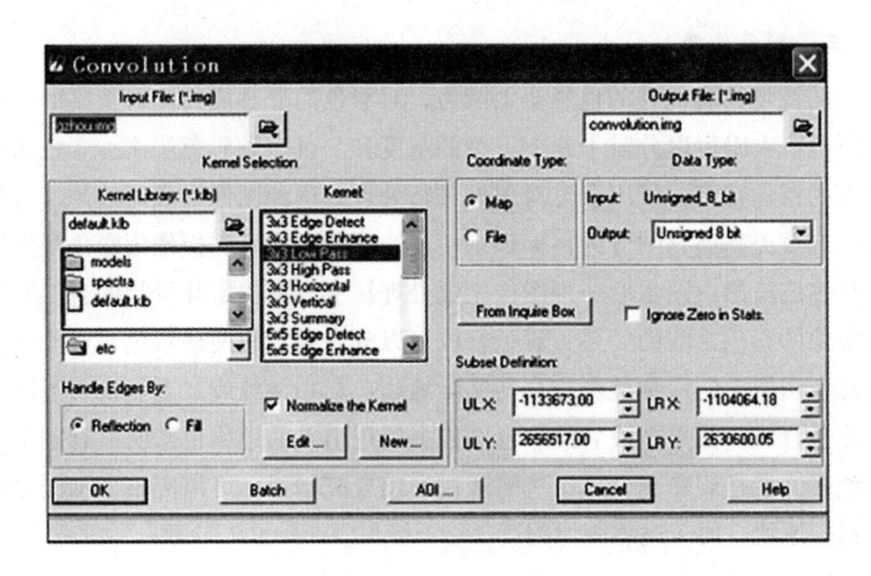

图 6–15 卷积增强

几个重要参数的设置：

边缘处理方法：Reflection。

卷积归一化处理：Normalize the Kernel。

（二）主成分变换

主成分变换也称 K–L 变换，是一种常用的图像处理方法。主成分变换常用于数据压缩与图像增强。

（1）数据压缩：去相关，它可以将具有相关性的多波段数据压缩到完全独立的较少的几个波段上，通常主成分中第一主分量或前两个或前三个主分量已包含该幅图像中的绝大多数地物信息。

（2）图像增强：前几个主分量信息多且信噪比大，噪声少，最后分量几乎全是噪声，去掉最后分量可达到去噪声的目的。

（三）缨帽变换

缨帽变换也称 K–T 变换，是一种坐标空间发生旋转的线性变换，不同的是变换后的坐标轴不是指向主成分方向，而是指向与地面景物有密切关系的方向，特别是与植物生长过程和土壤有关。这种变换既可以实现信息压缩，又可以帮助解译分析农业特征，因此有很大的实际应用意义。

第七章　遥感图像解译

第一节　目视解译

一、遥感图像解译概述

遥感仪器从空中获取与地面目标相关的大量信息数据，再通过磁带回收或者电磁波等方式将收集的信息数据传送回地面，由地面接收站负责截获和记录。大多数情况下，地面接收站得到的遥感信息不能直接利用，需要先进行适当的处理。人们将接收的原始遥感数据经过加工处理制成可供分析和观察的数据产品和可视图像的过程叫作遥感信息处理。以接收到的遥感影像及相关数据资料为基础依据，分析出想要了解的地面目标的性质与形态的过程叫作遥感图像解译，简单地说，就是分析、解释、判读图像中的内容。

遥感图像通过亮度值或像元值的高低差异（反映地物的光谱信息）及空间变化（反映地物的空间信息）来表示不同地物的差异，这是区分不同图像地物的物理基础。

目前，国内常使用人工解译的图像提取方法，这种方法现已被广泛应用于地质调查、土地调查等工作中。人工解译这种图像提取方法的应用十分灵活，但要求操作人员具有一定的经验基础，对业务专业有较高的要求，并要求相关人员具有图像地址解译等相关工作经验。

人们对地表物体认知的有关领域存在着一种先验知识。首先，人们可以在寻找地表物体和遥感图像之间的对应关系时充分利用这种先验知识；其次，可以结合遥感图像表现出来的图像特征对地表物体的属性作出适当的推论，这就是解译遥感图像的过程，也叫遥感图像的判读。从图像上辨别、认识地物与影像之间的对应关系，对地物目标作出判断和归类，并用轮廓线圈定它们，为它们赋予属性代码，或者使用颜色、符号表示它们的属性，就是遥感物像解译的任务。

进行图像解译时，把图像中目标物的大小、形状、阴影、颜色、纹理、图案，位置及周围的系统称为解译的八要素。

（1）大小：拿到图像时必须根据判读目的选定需要的比例尺。根据比例尺的大小，可以预先知道图像上多少毫米的物在实际距离中为多少米。

（2）形状：由于目标物不同，在图像中会呈现出不同的形状。用于图像判读的图像通常是垂直拍摄的，所以必须记住目标的成像方式。因为即使同样为树木，针叶林的树冠呈现为圆形，而阔叶树则形状不同，从而可以识别出二者。此外，飞机场、港口设施、工厂等都可以通过它们的形状判读出其功能。

（3）阴影：在判读存在于山脉等阴影中的树木及建筑时，阴影的存在会给判读者造成麻烦，获取的影像数据信息往往会使地面目标物丢失或目标物不清晰。但在单像片判读时，利用阴影却可以了解铁塔及桥、高层建筑物等的高度及结构。

（4）颜色：黑白像片从白到黑的密度比例叫色调（也叫灰度）。用全色胶片拍摄的像片中，目标物按照其反射率而呈现出白—灰—黑的密度变化。例如，同样为海滩的沙子，干沙拍出来发白，而湿沙则发黑。在红外图像上，水域拍出来是黑色的，而植被则发白。

（5）纹理：纹理也叫结构，是指与色调配合看上去平滑或粗糙的纹理的粗细程度，即图像上目标物表面的质感。草场及牧场看上去平滑，造林后的幼树看上去像铺了天鹅绒，针叶树林看上去很粗糙。这些纹理的不同也是判读的线索。

（6）图案：根据目标物有规律地排列而形成的图案。例如，住宅区的建筑群、农田的垄、高尔夫球场的路线和绿地、果树林的树冠等。以这种图案为线索可以容易判别出目标物。

（7）位置及与周围的关系：在（1）～（6）要素上加上各区域的地理特色及判读者的专业知识等，就可以确定解译的结果。遥感数字图像解译的步骤如

图 7-1 所示。

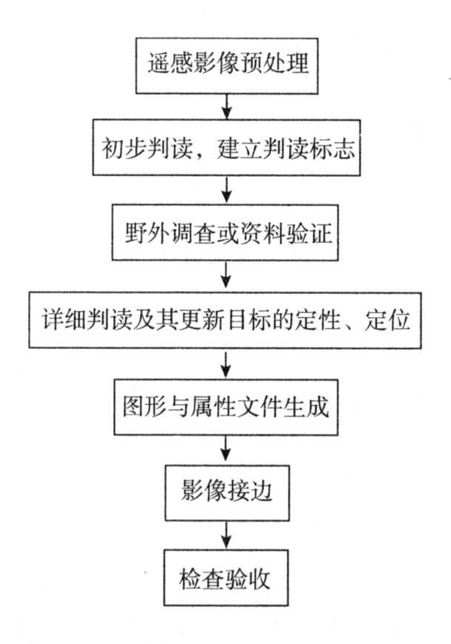

图 7-1　遥感数字图像解译步骤

二、目视解译原理

（一）遥感图像的目视解译原理

图像本身仅是图像数据，需要借助光学仪器或电子仪器，经过人眼目视、大脑分析，结合经验、专业知识判断、综合、加工后才能成为信息。人们在日常生活中可以接触各种不同的图像，如黑白和彩色图片、照片等。人们从外界获取的信息中，有 80% 以上是靠视觉获得的。遥感图像记录了地球表面的自然地貌、人工与自然地物和人类活动等，丰富、直观、完整地反映了地表空间分布的各种物体与现象。遥感图像解译的目的是从遥感图像中获取所需的地学专题信息，从遥感影像上识别目标，定性、定量地提取目标的分布、结构、功能等信息，估计其数量特征，并把它们表示在地理底图上。因此，遥感图像的解译其实就是遥感图像形成的逆过程（图 7-2）。具体讲，解译就是根据图像特征判断电磁波的性质和空间分布，进而确定地物属性，即从图像特征识别地物。因此，进行遥感图像的解译工作必须具有一定的遥感图像和地面实测资料。

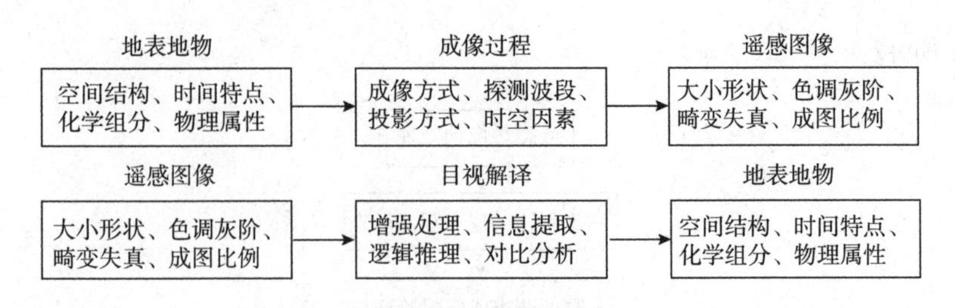

图 7-2　目视解译遥感成像的逆过程

（二）遥感图像的目视解译影响因素

目视解译是专业人员把目标地物与遥感图像联系起来的过程。在解译时，除了遥感资料和地面实际状况外，解译者还需要有解译对象的基础理论和专业知识，掌握遥感技术的基本原理和方法，并且有一定的实际工作经验。目视解译的质量高低取决于像（图像的几何和物理特性）、物（物体的几何特性和电磁波特性）、人（解译人员的生理视力条件和知识技能）三个因素。

1. 资料质量

目视解译的图像资料应在同样的大气条件下，在同一太阳方位角和同一地面环境下获得，图像处理条件也应完全相同。这样，图像上的同类物体才能具有相同的灰度特征。但这些条件往往不能完全满足，只能选择与成像条件相近似的图像。图像上有云雾遮盖，物体辐射特性不同引起同类物体灰度特征有所差别，物体分布范围不一致，图像处理不一致，这些都会直接影响解译效果。现有地图和统计资料内容丰富且精度较高，数据精度可靠，对解译起着良好的信息辅助作用和参考价值。

2. 环境情况

区域自然环境的复杂程度决定着解译工作的难易和质量。地面覆盖单一、完整、分布规律时，解译比较容易，精度较高；反之，区域地形复杂、破碎，地物种类繁多，分布杂乱无章时，解译比较困难，精度难以保证。地面植被覆盖、冰雪覆盖及云层覆盖较多时，解译人员将无法判读覆盖层以下的物质和各种现象，这给解译工作带来较大的困难。

3. 人为因素

解译人员的知识技能和工作经验对解译成果的质量起着决定性的作用。知识技能包括两方面：一是摄影测量、遥感知识和工作技巧；二是所从事的专业知识和工作技巧。

解译人员的经验包括对解译工作的熟练程度、对各类解译标志的应用、分析问题的能力以及对研究区域的了解程度。

另外，解译方法、图像类型、比例尺、成图时间、预处理等是否合适也对解译效果有直接影响。

人为因素指人类活动对自然环境的影响将给某些专业解译带来不利因素。例如，开垦和耕作活动将改变地表原来状况，给以表面特征判断地质构造的地质解译增加困难。

综上所述，图像解译成功与否，因图像资料的质量、被解译物体所处的环境和本身的性质、解译工作者的知识技能和工作经验而异。

三、遥感图像解译标志的建立

遥感图像判读包括识别、区分、辨别、分类、评定、评价及对某些特殊重要现象的探测与鉴别。其轮廓的勾绘及其属性的赋予要有依据，其依据就是判读标志，如表 7-1 所示。也就是说，在遥感图像上研究地表地物的种种特征的总和就叫作判读遥感图像标志。

表 7-1　遥感图像解译标志

名称（地类代码）	颜色色调	形状	纹理	备注
水田（011）	中灰绿	方块连片	较均匀	边界多有路、渠；生长季节颜色较深
水浇地（012）	中灰绿	方块连片	较均匀	边界多有路、渠
果园（021）	深绿	块状	较均匀	纹理较粗，有明显的行距和株距，每株影像呈绿色小颗粒状
茶园（022）	深绿	块状	较均匀	纹理较粗，有明显的行距和株距，一般分布在山脚下
林地（031）	深绿	块状	均匀	树冠连片，纹理较粗，周边有阴影

续表

名称（地类代码）	颜色色调	形状	纹理	备注
农村道路（104）	白色线状	一般为直线		多处于耕地之间
坑塘（114）	黑色	不规则	均匀	居民点周边或内部，耕地中间
坑塘(鱼塘)(114)	黑色	规则	均匀	靠近水源，规则网格状
城市（201）	亮白	较规则	不均匀	有城市特征，如宽阔道路、广场等
农村居民点(203)	深绿＋白点	不规则	不均匀	房屋密集，道路纵横交错，规模较大纹理较粗
采矿用地（204）	一般为白灰色	较规则	不均匀	几何图形不规则，通道路指采沙、矿、砖瓦窑
风景名胜及特殊用地（205）	绿色	较规则	不均匀	从外观可以分辨出城市、居民点以外的旅游风景区及特殊用地
铁路（101）	暗青	条带状	不均匀	弯曲处为平滑弧形，一般与其他道路垂直交叉
公路（102）	暗黑	线状	较均匀	宽度均匀一致，走向平直，穿越居民点多
水库（113）	黑色	不规则	均匀	一侧有明显大坝
堤坝（118）	浅白	线状		靠近河两岸，顺河走势
荒草地（043）	浅绿	不规则	不均匀	多分布于山区、坡沟处
河流（111）	蓝黑	不规则	均匀	交汇处或河中沙洲朝上游呈圆弧状，朝下游较尖
内陆滩涂（116）	浅绿＋浅灰	不规则	不均匀	河流与大坝之间

四、遥感图像的目视解译方法与过程

（一）遥感图像的认知过程

遥感图像解译是一个复杂的认知过程，对一个目标的识别往往需要经历几次反复判读才能得到正确结果。概括来说，遥感图像的认知过程包括细节到整体的信息获取、模式匹配与目标辨识的过程。

1. 细节到整体过程

（1）图像信息获取。在图像判读过程中，人眼会感受到遥感图像中的色调、颜色、形状和大小等信息，视网膜中的视杆细胞和视锥细胞接收这些信息并转化为神经冲动，由神经系统传到各视觉中枢。在信息的传输过程中，大脑皮层通过对三条独立通道神经中枢中传输的图像颜色、形状和空间位置进行整合，实现图像空间与实体的精确配位，构成图像的知觉。

（2）特征提取。遥感图像各种目标地物特征信息经过大脑皮层特定功能区选择性知觉的加工，被转化成各种模式的神经冲动记录下来，从而完成信息的读取。判读者只要熟练地掌握地物判读特征就可以从各个方面判读地物。

（3）识别证据选取。从许多特征中选取识别证据是一个相当复杂的过程。当碰到复杂的目标地物时，人类知觉会对多个特征进行选择，区分全局特征和局部特征，并把全局特征作为识别的证据来指导对目标地物的识别。当识别特征不明显的时候，人类也会利用各种相关背景知识和专业知识作为证据来识别目标地物。

2. 模式匹配与目标辨识过程

（1）特征匹配。特征匹配指利用大脑储存的地物类型模型与目标地物特征相匹配的过程。地物类型模型是判读者通过判读知识的学习和长期的判读解译实践得到的。在特征匹配过程中，地物类型模型与地物目标进行相识性判读，判别它们的相容性和不相容性。

（2）提出假设。根据匹配的结果，人们会根据所学解译知识和解译实践经验从大脑中搜选一个或几个最佳模式作为样本，提出假设，作为目标地物的可能归属模型。因为目视解译者是通过内部的视觉表象空间进行定位，并按照视觉表象空间的坐标来辨认图片，最终实现对遥感图像中地物的认知的，所以视觉表象空间参照体系对特征匹配具有重要作用，解译者也应在特征匹配和提出假设时对其给予关注。例如，一幅山地TM假彩色图像一般都是东南坡为阳坡，为明亮色调；西北坡为阴坡，为暗色调。当从不同的角度观察时，地表起伏是不同的。在目视解译过程中，观察者必须了解太阳光的照射方向，并把它与视觉表象空间坐标基轴配准，才可以准确判读一幅山地 TM 假彩色图像上的地貌类型。

（3）图像辨识。图像辨识是一个分析、选择和决议的过程。在这个过程中，主观期望心理作用往往会对目视解译者产生一定影响，利用已储存的图像信息模式来主动识别目标地物的特征，选择记忆中最接近的图像模式作为参考标准，当记忆中的地物模板与知觉中的目标地物特征完全匹配时，大脑就会释放出联结的信息，指明目标地物归属的地物样本类型。

当目标地物特征与记忆的模式库中的“样本”无法匹配时，大脑将会开始新一轮的地物识别过程。大脑将会重新提取信息，提供更多的证据进行识别。遥感图像解译一般要经过多次细节到整体和模式匹配的认知过程，且每次循环都会加深解译者对遥感图像的理解和认识。

（二）遥感影像目视解译方法

遥感影像目视解译方法指根据遥感影像目视解译标志和解译经验识别目标地物的办法与技巧。常用的方法有以下六种。

1. 直接解译法

直接解译法是根据遥感影像目视解译直接标志，直接确定目标地物属性与范围的一种方法。即通过观察图像特征，分析图像对判读目的任务的可判读性和各判读目标间的内在联系，观察各种直接判读标志在图像上的反映，进而把图像分成大类别以及其他易于识别的地面特征，直接确定目标地物属性与范围。例如，在可见光黑白像片上，水体对光线的吸收率强，反射率低，水体呈灰黑到黑色，根据色调可以从影像上直接判读出水体，再根据水体的形状可以直接分辨出水体是河流还是湖泊。在 MSS 的 4、5、7 三个波段假彩色影像上，植被颜色为红色，根据地物颜色色调可以直接区别植物与背景。

2. 对比分析法

此方法包括同类地物对比分析法、空间对比分析法和时相动态对比法。同类地物对比分析法是在同一遥感影像图上由已知地物推出未知目标地物的方法。空间对比分析法是根据待解译区域的特点，选择一个熟悉的与遥感图像类似的影像，将两个影像相互对比分析，由已知影像为依据判读未知影像的一种方法。例如，两张相邻的彩红外航空像片，其中一张经过解译并通过实地验证，解译者对它较熟悉，就可以利用这张彩红外航空像片与另一张彩红外航空像片相互比较，从已知到未知，加快地物的解译速度。使用空间对比法，注意对比区域的自然地理特征应基本相同。时相动态对比法是利用同一地区不同时间成像的遥感影像进行对比分析，了解同一目标地物动态变化的一种解译方法。例如，遥感影像中河流在洪水季节与枯水季节中的变化，利用时相动态对比法可进行洪水淹没损失评估或其他一些自然灾害损失评估。

3. 信息复合法

信息复合法是利用透明专题图或透明地形图与遥感图像重合，并根据专题图或地形图提供的多种辅助信息识别遥感图像上目标地物的一种方法。例如，TM 影像图覆盖的区域大，影像上土壤特征表现不明显，为了提高土壤类型解译精度，可以使用信息复合法，利用植被类型图增加辅助信息。植被类型有助于加强对土壤类型的识别。例如，当植被类型是热带雨林和亚热带雨林时，砖红壤是地带性土壤；当植被是亚热带常绿阔叶林时，红壤或者黄壤是地带性土壤。此外，等高线对识别地貌类型、土壤类型和植被类型也有一定的辅助作用。使用信息复合法的关键是遥感图像必须与等高线严格配准，这样才能保证地物边界的精准。

4. 综合分析法

综合分析法是综合考虑遥感图像的多种解译特征，结合生活常识，分析、推断某种目标地物的一种方法。此方法主要应用间接解译标志、已有的判读资料和统计资料，对图像上表现得不明显或毫无表现的物体、现象进行判读。间接解译标志之间相互制约、相互依存。根据这一特点，可做更加深入细致的判读。例如，对已知判读为农作物的影像范围，按农作物与气候、地貌、土质的依赖关系，可以进一步区别出作物的种属。再如，河口泥沙沉积的速度、数量与河流汇水区域的土质、地貌、植被等因素有关，长江、黄河河口泥沙的不同沉积情况是流域内的自然环境不同造成的。地图资料和统计资料是前人劳动的可靠结果，在判读中起着重要的参考作用，解译者必须结合现有图像进行综合分析才能取得满意的结果。实地调查资料限于某些地区或某些类别的抽样，不一定完全代表整个判读范围的全部特征。只有在综合分析推理的基础上，才能恰当应用，正确判读。

5. 参数分析法

参数分析法是在遥感的同时测定研究区域内一些典型物体样本的辐射特性、大气透过率和遥感器响应率等，并对这些数据进行分析，以达到区分物体的目的。大气透过率的测定可同时在空间和地面测定太阳辐射照度，按简单比值确定。仪器响应率由实验室或飞行定标获取。利用这些数据判定未知物体属性可从两方面进行：一是用样本在图像上的灰度与其他影像块比较，凡灰度与某样本灰度值相同者，则与该样本同属性；二是由地面大量测定各种物体的反射特性或发射特性，把它们转化成灰度，再根据遥感区域内各种物体的灰度比较图像上的灰度，即可确定各类物体的分布范围。

6. 地理相关分析法

地理相关分析法是根据地理环境中各种地理要素之间相互依存、相互制约的关系，借助专业知识，分析推断某种地理要素性质、类型、状况与分布的一种方法。

例如，利用地理相关分析法分析洪积扇各种地理要素的关系，河流从山区流出后，因比降变小，水流流速变小，常在山地到平原的过渡带形成巨大的洪积扇，其物质有明显的分选性。冲积扇上部主要由砂砾物质组成，呈灰白色或淡灰色；冲积扇的中下段因水流分选作用，扇面被粉沙或者黏土覆盖，土壤具有一定的肥力，因此在夏季的标准假彩色图像上呈现红色或粉红色；冲积扇前沿的洼地地势较低洼遥感影像色调较深，表明有地下水溢出地面，影像上灰白色小斑块表明土壤存在盐渍化。

又如，利用地理相关分析法分析卫星遥感图像上地形和土壤的相关关系。根据地貌学相关原理，地形间接影响热量、水分和物质的分配。在河流两侧天然堤范围内微地形起伏较大，造成土壤质地变化也大。砂砾土或者风沙土在 MSS 5 图像上呈现白色和灰白色，活动的沙丘为白色，半固定的沙丘为灰白色。在它们的外围，土壤较干，缺乏水分，多为沙壤，农作物生长不良，MSS 5 图像上一般为浅灰色。距河流较远的阶地，土壤质地优良，水分适中，作物生长正常，影像呈现灰色或者暗灰色。

（三）目视解译的基本程序和步骤

遥感影像目视解译是一项认真细致的工作，解译人员必须按照一定的行之有效的基本程序与步骤，这样才能够更好地完成解译任务。一般认为，遥感图像目视解译分为五个步骤，如图 7-3 所示。

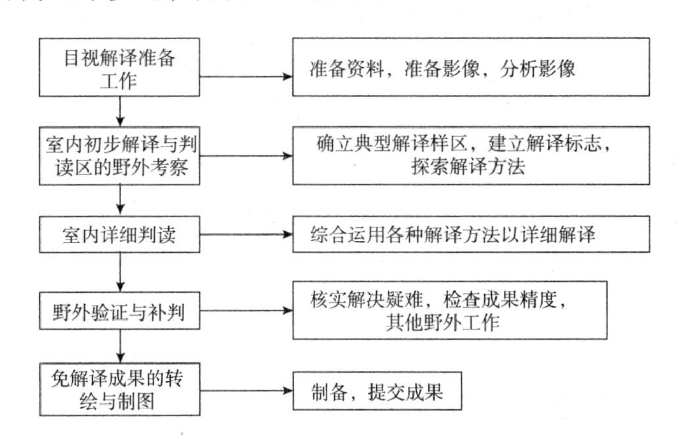

图 7-3　目视解译程序和步骤

1. 目视解译准备工作

遥感图像反映的是地球表层信息，由于地理环境的综合性和区域性特点以及受大气吸收与散射的影响等，遥感影像有时存在同物异谱或异物同谱现象，因此遥感图像目视解译存在着一定的不确定性和多解性。为了提高目视解译质量，需要认真做好目视解译前的准备工作。一般来说，准备工作包括明确解译任务与要求、搜集与分析有关资料（主要包括历史资料、统计资料、各种地图及专题图、实地测定资料以及其他辅助资料等）、选择合适波段与恰当时相的遥感影像。

2. 室内初步解译与判读区的野外考察

初步解译的主要任务是掌握解译区域的特点，确立典型解译样区，建立目视解译标志，探索解译方法，为全面解译奠定基础。为了保证解译标志的正确性和可靠性，室内初步解译的重点是建立影像解译标准，因此必须进行野外调查。在野外调查前，需要制定野外调查方案和路线。在野外调查中，为了建立研究区域的解译标志，必须做大量细致认真的工作，填写各种地物的解译标志登记表作为建立地区性的解译标志的依据，还要制定影像判读专题分类系统，根据目标地物与影像特征之间的关系反复判读并与野外对比检验，建立遥感影像解译标志。

3. 室内详细判读

初步解译与判读区的野外考察奠定了室内判读的基础。建立遥感影像判读标志后，就可以在室内进行详细判读了。

专题判读中应遵循确定分类体系、综合分析、地学分析、模式对比、分区判读、由表及里、循序渐进、对比验证的过程。

在室内详细判读过程中，对于复杂的地物现象，应综合利用各种解译方法。例如，可以利用遥感图像编制地质构造图；可以利用直接解译法根据色调特征识别断裂构造；可以采用对比分析法判明岩层构造类型；可以利用地学相关分析法配合地面地质资料及物化探测资料分析、确定隐伏构造的存在及其分布范围；利用直尺、量角器、求积仪等简单工具测量岩层产状、构造线方位、岩石的出露面积、线性构造的长度与密度等。各种方法的综合运用可以避免一种解译方法固有的局限性，提高影像解译质量。

无论应用何种方法解译，把握目标地物的综合特征、综合应用解译标志、提高解译质量和精度都是解译的重点。遥感图像的直接解译标志是识别地物的重要依据，同时应利用遥感影像成像时刻、季节、种类和比例尺等间接解译标志来识别地物。人们在影像判读时不能只依靠个别指标来判读解译，而需要尽可能地运用一切可以提供介质帮助的标志来进行综合分析，以达到避免错误、提高精度的要求。在室内解译过程中遇到边界不清和无法辨别的地方，应及时记录下来，在野外验证和补判阶段时再解决。

4. 野外验证与补判

室内目视判读的初步结果需要进行野外验证，以检验目视判读的质量和解译精度。详细判读中出现的疑难点、难以判读的地方则需要在野外验证过程中补充判读。

野外验证指再次到研究区域核实目视判读的质量和解译精度。野外验证的主要内容包括两方面。一方面，检验专题解译中图斑的内容是否正确，将专题图图斑的地物类型与实际地物类型相对照，看解译是否正确，当图斑过多时，一般用抽样法进行检验，图斑界限的验证也一样，在验证过程中如果发现解译标志错误导致实际地物类型判读错误，就需要对解译标志进行修改，按照新的解译标志重新进行判读解译；另一方面，对疑难问题进行补判，补判就是对室内有疑问、无法在室内解决的疑难问题的再次解译，方法是通过实际野外观察和调查，找到与遥感图像疑难点一致的实际区域，确定其地物属性和类型。如果具有代表性，则建立新的解译标志。

5. 目视解译成果的转绘与制图

遥感图像目视判读成果以专题图或遥感影像图的形式表现出来。将遥感图像目视判读成果转绘成专题图可以采用两种方法。一种是手工转绘成图，在有灯光的透视台上进行。制图过程包括在聚酯薄膜上转绘具有精确地理基础控制的信息；按照制图精度要求将遥感影像专题判译结果转绘到聚酯薄膜上，转绘中要求做到图斑界线粗细一致，制图单元类型一般采用地学编码表示；绘制图框、图例和比例尺，对专题图进行整饰，最后形成可供出版的专题图。另一种是在精确几何基础的地理地图上采用转绘仪转绘成图，完成专题图的转绘后，再绘制专题图图框、图例和比例尺等，对专题图进行整饰加工，形成可供出版的专题图。

第二节　遥感制图

一、遥感制图的简述

遥感制图指基于航空和卫星数据编制各种地图的过程。在制图过程中，由于航空和卫星数据属于一种栅格数据，所以在应用时先要对图像做出适当的处理，对部分数据进行矢量化处理，这样才能为影像地区制作、地形图更新、编制专题地图所用。航空和航天数据中包含的专题信息十分丰富，可直接制作成系列地图。

遥感制图指利用图像处理系统或通过目视判读遥感图像，对各种遥感信息做出几何纠正和增强处理，以完成对遥感信息的分类、识别和制图的过程。遥感图像包括卫星遥感图像和航空遥感图像，制图方式包括常规制图和计算机制图。目前，利用 Landsat 的 MSS 图像是较主要的研究和应用制图的方式。由于多波段卫星图像具有现势性强、信息量丰富、编图周期短等优点，因此被广泛应用于制图任务中。

遥感技术的快速发展，为地图的制作带来了颠覆性改变。1943 年，德国最先开始使用航空像片进行各种比例尺的影像地图的制作，随后各国纷纷效仿。1970 年，我国也开始了对影像地图的研制。遥感影像地区兼具地区与遥感影像的优点，比普通地区更加真实、客观，信息量更全面，比遥感影像更具可测量性和可读性，因此越来越得到人们的重视。

二、遥感专题图的提取

遥感专题图涉及地貌图、土地利用图、地质图、水文图、植被图、自然灾害图、土壤图以及环境污染与保护图等，这些地图的制作均离不开遥感图像的支持。

遥感分类图本质上是一种栅格图，图上用一个个有类属性和地理坐标的像素点来表示类。向量图是人们最常看到的分类，向量图中的分类图斑通常用封闭的不规则弧形圈或封闭的多边形表示，无论弧形圈或多边形内有多大面积，也无论其中包含多少点，其属性都可以通过一个代码表示。遥感分类图的分类结果可以转换为矢量图，这一功能为多数图像处理系统的共有功能。栅格图转换到矢量图时，转换的类可以提前选定，也可以同时进行所有类的转换，通常情况下，每个类以一个独立的矢量文件保存。

实际生产中，人们更多的是将分类图制作为遥感分类专题图，其技术路线如图 7–4 所示。在这个过程中，需要注意以下几个方面。

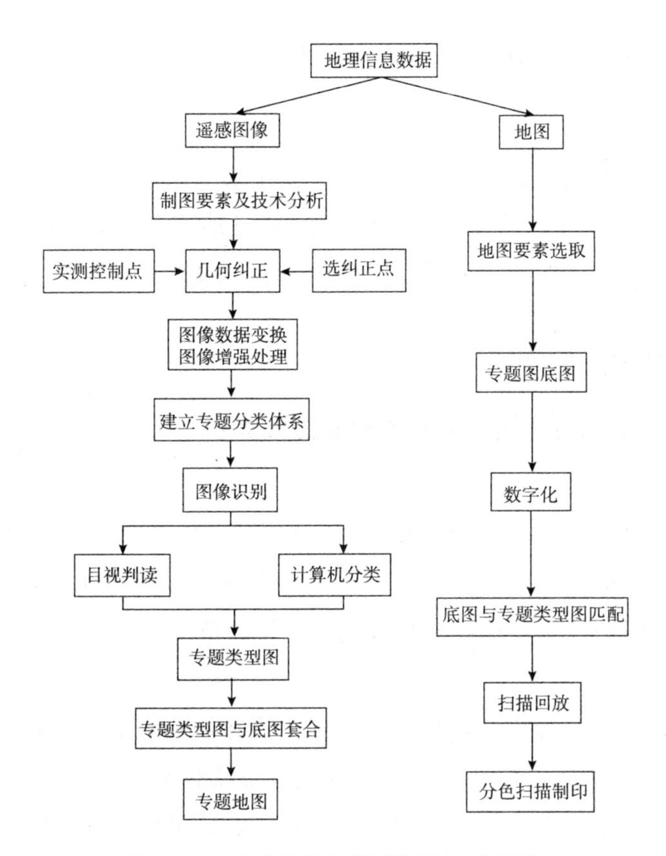

图 7-4　遥感分类专题图制作技术路线

（一）分类赋色

完成分类后，计算机处理系统通常会按照训练区的颜色或者类的顺序为各种类别自动赋色。系统中默认的颜色与专业制图的要求基本都不符合。例如，专业制图要求用相近的颜色标记相近的类，使用较浅的颜色标记面积大的类，因此，各类需要重新配色。在 ERDAS 系统中，分类赋色是重编码处理的一部分。在完成对各类的赋色后，可存为一个查找表或特定文件，供输出分类图时使用。

（二）叠加修饰符号

为了满足制图要求，可叠加使用各类修饰性内容来描述图像，如公里网、图例、比例尺、注记统计图表、指北针、图廓等。大部分图像处理系统中设置了相应的模板或功能，用户使用起来更加便捷。

（三）打印输出

分类图可以通过各种打印设备输出。输出形式可以是彩色图（以不同颜色表示不同的类），可以是黑白图（用不同的灰度值或灰度等级表示不同的类），还可以是符号图（以不同的字母或数字表示不同的类）或图案。

三、遥感专题图制作

（一）卫星正射影像图的制作流程及技术要求

1. 外业控制测量

像控点的设计布点需要保证每一景内布设足够的平高点和检查点，对于地形比较破碎的影像则需增加检查点，每一条带重叠范围必须有同名平高点，且以上各点必须均匀分布并在内业初步选定像控点范围之内。

2. 内业制作

（1）图件资料。分析和收集作业范围内现势性较强的最新资料，包括地形图图纸、DEM 数据等，以及作业范围内最新布设的像控点。

（2）准备数据。将卫星影像数据拷贝到作业目录中，确定影像文件（*.tif）为可读可写，转为系统内部格式。

（3）正射纠正。

①选用遥感图像处理软件，比如 ERDAS 或 PCI。

②选择传感器物理模型（严密模型）纠正模式。

③根据控制资料将控制点逐一加入所需纠正的影像中。

④模型计算，对该影像进行内、外方位元素定向。

⑤定向精度预估，根据参加的控制点解算其几何纠正精度。

⑥使用 GeoGrid、GeoTIN 软件将所需纠正影像范围内的 DEM 进行拼接，然后转为“*.bil”格式，利用 ArcGIS 的 Arctool、ArcInfo 软件将数据转为软件可读格式（ GRID 格式）。

⑦导入 DEM，按全景范围进行精纠正。

⑧精纠正。

a. 全部控制点参与平差，检查点不参与平差纠正全景影像。

b. 利用检查点检查已纠正影像中的检查点中误差。中误差必须在规范规定之内，否则检查②步骤。

c. 检查点作为控制点与全部控制点参与平差纠正全景影像。

⑨按国家标准图幅裁取出图影像以及按入库要求裁取入库影像。

⑩将上述影像转为带有坐标信息的“*.tif”文件。

（4）影像拼接。为了减少相邻景与景之间的接边误差，相邻景之间的控制点必须为同名点。

（5）影像动态色彩均衡。由于各景的灰度值不同，另外数据获取时间不同其灰度值也不相同，因此必须对影像进行色彩均衡处理，以确保各景之间的色调一致。

（6）影像编辑。当一景卫星影像图完成纠正后，由于卫星影像数据云太多（小于 20%，且不压盖重要地物）或者由于山上树木太高导致影像失真时，需要编辑影像。影像的编辑应遵循不影响地形真实性的原则。对于地物要素不多的地区，如山区等，可利用该地区的其他卫星资料进行补充。

（7）地名注记。地名注记应使用最新的地名资料。

（8）影像图图廓整饰。按分幅要求生成内外图廓线，进行图廓整饰。

（二）4D 产品生产方法

1. 4D 产品简介

摄影测量生产的主要产品包括四种基本模式：数字栅格地图（DRG）、数字正射影像（DOM）、数字高程模型（DEM）、数字线划图（DLG），简称 4D 产品。

数字栅格地图是存储和表示格式为栅格数据格式的图形数据文件。该产品可以作为背景图，用于其他专题数据的参照以及修测其他与地理信息相关的信息；可用于 DLG 的数据采集、评价和更新；也可与 DOM、DEM 等数据集成使用，从而提取、更新地图数据和派生出新的信息。

数字正射影像图是指使用数字高程模型，逐像元对经过扫描处理后的数字化航空像片进行镶嵌、微分纠正和辐射纠正，再按照图幅范围裁切获得的影像数据，带有公里格网、内 / 外图廓整饰和注记的平面图。它同时具有地图的几何精度和影像特征，可作为背景控制信息评价其他数据的精度、现势性和完整性，可从中提取自然和人文信息，还可用于地形图的更新。

数字高程模型是在高斯投影平面上规则或不规则格网点的平面坐标（X,Y）及其高程（H）的数据集。为控制地表形态，可采集离散高程点数据。该产品可以派生出等高线、坡度图等信息，可与其他专题信息数据叠加，用于与地形相关的分析应用，它还是生产数字正射影像图的基础数据。

数字线划图是地形图上基础要素信息的矢量格式数据集，其中保存着要素的空间关系和相关的属性信息，可以较全面地描述地表目标。数字线划图可缩短数据采集和产品提供的周期，可满足各种空间分析要求，可随机地进行数据选取和显示，可与其他信息叠加，还可进行空间分析、决策。

2. DRG 生产技术规定

（1）资料准备。

①根据采用的资料性质可分为三类：地形图印刷图、地形图分版二底图、数字线划图数据。

②资料分析：从地图、文档、元数据等资料了解成图年代，成图方法，采用的大地基准、高程基准、等高距以及内图廓点坐标等。查看图纸、二底图是否齐全、平整、无折皱、无污渍，DLG 数据是否完整。

（2）生产过程及技术要求。

①直接法：直接对印刷图进行彩色（或黑白）扫描，然后通过几何校正、色彩归化（或二值化）、栅格编辑等过程，生成 DRG。技术要求如下。

a. 地形图扫描：根据图面要素特别是等高线密度选择扫描分辨率，扫描分辨率不应低于 400 dpi；根据扫描图像灰度直方图选择亮度值与阈值，确保不漏要素，尽量不断线少粘连。

b. 栅格数据编辑：图面线条与注记清晰；图面无明显噪声、斑点。

c. 色彩归化：各要素色彩 RGB 值符合 CH/T 9009—2010 设置的彩色模版标准值要求；色彩排列顺序与彩色模版顺序一致；色彩数目与彩色模板一致。

d. 几何校正：几何校正重采样分辨率符合 CH/T 9009—2010 中的产品规格要求；经定向校正后，内图廓点、公里格网点坐标与理论值比较，1 ∶ 10 000 图偏差一般不大于 1 m，最大不得大于 1.5 m；定向校正后的数据按 GB/T 17798—2007 的有关要求生成“附加信息文件”，或按 Geo TIFF 格式存储。

②叠合法：对分版二底图分别进行扫描，分别进行几何校正、赋色，然后按坐标进行叠合生成 DRG。方法、要求、流程与直接法基本相同。不同之处如下。

a. 生产工艺流程：分版灰度（黑白）扫描。分版处理，包括去噪声编辑、赋设定色（RGB）、几何校正等；各版数据处理完成后再进行数据叠合，并控制叠合精度。

b. 技术要求：图廓分版叠合误差要求不大于 1.5 个像素，且各分版地物要素套合后相互关系正确。

③转换法：将 DLG 数据按图式要求符号化，并对各要素按标准要求设定 RGB 色，然后进行矢量 – 栅格数据转换，生成 DRG。

技术要求：要素的符号化及线划类型、宽度应符合图式标准；要素色彩按产品标准要求赋色（RGB 值）；矢栅转换后，保留地理定位信息。

四、4D 产品质量检查

（一）概述

在《数字测绘成果质量检查与验收》（GB/T 18316—2008）中，检查验收基本规定：二级检查一级验收制度。二级检查是指过程检查和最终检查。

（1）过程检查：作业人员产品上交以后，质检人员对产品所进行的第一次全面检查。

（2）最终检查：在过程检查的基础上，质检人员对产品进行的再一次全面检查。

检查工作的实施：作业人员应先进行自查，确保自查结果无误后，再按照相关规定将成果上交。过程检查由室一级负责执行，最终检查由生产单位（院）负责，这二级检查均应达到 100% 的成果全面检查。在检查过程中，无论是在过程检查环节，还是在最终检查环节，一旦检查出有产品不符合质量要求，则应退回到作业科室或作业员进行处理，然后再复检，直到得到全部合格的检查结果为止。

（3）验收：为判断受检批是否符合要求或能否被接收而进行的检验。

（4）质量元素：产品满足使用目的和用户要求所必须具备的基本特性。可用数字测绘产品的空间参考系、位置精度、属性精度、完整性、逻辑一致性、时间精度、影像/栅格质量、表征质量、附件质量等质量元素来表示这种特性。使用这些元素对产品进行度量或描述，有助于判断产品是否合格，确定产品质量是否达到了使用目的和用户要求。

（5）严重缺陷：单位产品的极重要质量元素不符合规定以致不经返修或处理不能提供用户使用。

（6）重缺陷：单位产品的重要质量元素不符合规定，或者单位产品的质量元素严重不符合规定，对用户使用有重大影响。

（7）轻缺陷：单位产品的一般质量元素不符合规定，或者单位产品的质量元素不符合规定，对用户使用有轻微影响。

（8）缺陷值：按照缺陷等级而规定的分值。

（二）数字测绘成果质量检查与验收

1. 数字测绘成果质量元素

数字测绘成果质量元素如表 7–2 所示。

表 7–2 数字测绘成果质量元素

质量元素	代码	描述
空间参考系	01	空间参考系使用的正确性
位置精度	02	要素位置的准确控度
属性精度	03	要素属性值的准确程度、正确性
完整性	04	要素的多余和遗漏
逻辑一致性	05	对数据结构、属性及关系的逻辑规则的遵循程度
时间精度	06	要素时间属性和时间关系的准确程度
影像/栅格质量	07	影像、栅格数据与要求的符合程度
表征质址	08	对几何形态、地理形态、图式及设计的符合程度
附件质量	09	各类附件的完整性、准确程度

2. 检测内容和方法

检查时可根据组织形式、软件情况、工序情况，采用分幅、分层或以工序进行全面内容的检查。

（1）空间参考系：检查坐标系统、高程基准、投影参数是否符合要求；检查图廓角点坐标、内图廓线坐标、公里网线坐标是否符合要求。

（2）位置精度：平面精度主要检查平面位置中误差；控制点平面坐标处理不符合要求的个数；检查要素几何位置偏移超限的个数；检查要素几何位置接边错误的个数；检查影像的同名地物点位置中误差；检查图廓角点、公里网线交点、图廓与公里网线交点等处像素的坐标与理论位置偏移超限的个数。高程精度主要检查等高距是否符合要求；检查高程注记点高程中误差；检查等高线高程中误差；检查控制点高程值处理不符合要求的个数；检查高程中误差；检查反生成等高线与其他检核数据的套合误差超限的个数；检查同名格网高程值（接边）不符合要求的个数。

（3）属性精度：检查要素分类代码值错漏的个数，包括分类代码值不接边的错误；检查影像解译分类错漏的个数；检查属性值错漏的个数，包括属性值不接边的错误。

（4）完整性：检查要素多余的个数，包括非本层要素，即要素放错层。

（5）逻辑一致性：检查成果概念一致性、格式一致性和拓扑一致性。

（6）时间精度：检查原始资料、成果数据的现势性。

（7）影像/栅格质量：检查影像/栅格地面分辨率、扫描分辨率、格网尺寸、格网/图幅范围、影像色彩模式是否符合要求；检查是否有影像色调不均匀、明显失真、反差不明显的区域；检查影像噪声、污点、划痕等的影响程度；检查是否有信息丢失等情况。

（8）表征质量：主要检查要素几何类型点、线、面表达错误的个数；检查要素几何图形异常的个数，如极小的不合理面或极短的不合理线，折刺、回头线、粘连、自相交、抖动等；检查要素取舍错误的个数；检查图形概括错误的个数，如地物地貌局部特征细节丢失、变形；检查要素关系错误的个数；检查要素方向特征错误的个数；等等。

（9）附件质量：检查元数据项错漏个数；检查元数据各项内容错漏个数；

检查图例簿各项内容错漏个数；检查单位成果附属资料的完整性、完整性、权威性。

采用人机交互检查或编制相关软件程序自动检查的方式对元数据文件内容进行检查。采用书面检查或上机浏览的方法对文档资料内容进行检查，以测区位单位对文档簿、测区生产技术规定、验收技术规定、测区技术设计书、图幅结合表、技术总结报告进行检查。

（三）数字高程模型（DEM）产品的检查验收

两级检查一级验收严格按照国家测绘局批准的《基础地理信息数字成果 1∶5 000、1∶10 000、1∶25 000、1∶50 000、1∶100 000数字高程模型》（CH/T 9009.2—2010）执行。

1. 栅格数据检查

（1）检查数据文件的格式、操作系统、数据组织的结构是否正确。

（2）检查应上交的图件是否完整无缺，包括作业用图、预处理图等是否符合要求。

（3）检查应上交的文档资料是否齐全，包括文档簿、资料登记表、技术总结、验收检查报告，填写的内容是否正确和符合要求。

2. 矢量数据检查

（1）检查矢量数据文件是否缺少，目录和分层命名是否正确，数据能否打开，数据内容是否正确。

（2）检查数学基础是否正确，包括平面坐标系、高程基准、投影及参数等，通过检查图廓点的坐标、控制点的高程验证。

（3）检查数据是否完整，有无缺层、缺属性表，属性表中的数据项定义是否完整正确，检查各数据层的拓扑关系是否正确。

（4）检查数据的位置精度，点和线与扫描图像套合，跑线不得超过规定的限差。等高线不能相交或打结，应连续的地方不能断开。

（5）检查要素取舍是否按规定的指标，有无不合理。应数字化的要素有无遗漏。检查各要素的代码是否正确，等高线、高程点、面状水体、添加的特征点或特征线的高程值是否正确无误。

（6）检查高程点与等高线的高程值关系是否合理，添加的特征点或线是否合理，密度是否达到要求。

（7）检查线状、面状要素的位置和属性是否接边。

3.DEM 数据检查

（1）检查 DEM 数据文件是否缺少，名称是否正确，数据能否打开。

（2）检查数学基础是否正确，包括平面坐标系、高程基准、投影及参数等，数据的有效值范围等是否正确。

（3）DEM 粗差检查。检查因矢量数据高程值错误而产生的 DEM 错误，包括等高线、高程点、面状水体、添加的特征点或特征线的错误，特别是大于 3 倍等高距以上的粗差。另外，软件内插产生的错误，如少数像元为空值或错误值等。

DEM 与矢量数据一致性检查。DEM 是否与矢量数据的高程严格相关，如果修改了矢量数据，DEM 也必须相应修改。同时检查 DEM 内插的方法和参数是否合理，可以保证 DEM 与矢量数据的高程严格相关。

（4）DEM 接边检查。DEM 的有效值范围是否相接或重叠，有无漏洞。重叠部分 DEM 的高程误差是否在规定的限差范围内。

4. 元数据检查

（1）检查元数据文件是否缺少，名称是否正确，数据能否打开。

（2）检查所有数据项的定义是否正确，有无遗漏或多余，顺序是否正确。

（3）检查所有元数据项的值是否正确，特别是图号、图幅的经纬度范围、坐标系及坐标值、高程基准等重点项。

第八章　航空测量与遥感技术应用

第一节　无人机摄影测量技术在输电线路工程中的应用研究

一、无人机摄影测量技术概述

（一）无人机航空摄影的特点

由于航空遥感平台及传感器的限制，普通的航空摄影测量手段在获取小面积、大比例尺数据方面存在成本高、周期长等问题。具有低成本和机动灵活等诸多优点的低空无人机摄影能在小区域内快速获取高质量的航空影像，是国家航空遥感监测体系的重要补充，是航空遥感的未来发展方向。在当今卫星遥感和普通航空遥感蓬勃发展的形势下，轻小型低空遥感是粗中细分辨率互补的立体监测体系中不可缺少的重要技术手段。

低空无人机航空摄影系统作为卫星遥感与普通航空摄影不可缺少的补充，具有以下优点。

（1）无人机可以超低空飞行，可在云下飞行航摄，弥补了卫星光学遥感和普通航空摄影经常受云层遮挡获取不到影像的缺陷。

（2）由于低空接近目标，因此无人机能以比卫星遥感和普通航摄低得多的优势得到更高分辨率的影像。

（3）无人机能实现适应地形和地物的导航与摄像控制，从而得到多角度、多建筑面的地面景物影像，用以支持构建城市三维景观模型，而不局限于卫星遥感与普通航摄的正射影像常规产品。

（4）使用成本低，无人机体形小、耗费低，对操作员的培养周期相对较短。系统的保养和维修简便，同时不用租赁起飞和停放场地，可以无须机场起降，因而灵活机动，适应性强，容易成为用户自主拥有的设备。

（5）规避了飞行员人身安全的风险。

（6）比起野外实测而言，无人机航测方法具有周期短、效率高、成本低等特点。

对于面积较小的大比例尺地形测量任务（10 ～ 100 km），受天气和空域管理的限制较多，成本高；而采用全野外数据采集方法成图，作业量大，成本也高。将无人机遥感系统进行工程化、实用化开发，则可以利用它机动、快速、经济等优势，在阴天、轻雾天也能获取合格的彩色影像，从而将大量的野外工作转入内业，既能减轻劳动强度，又能提高作业的技术水平和精度。

（二）无人机摄影原理

无人机是通过无线遥控设备和机载计算机程控系统进行操控的不载人飞行器。无人机结构简单、使用成本低，不但能完成有人驾驶飞机执行的任务，更适用于有人飞机不宜执行的任务。

无人机航空摄影是以无人驾驶飞机作为空中平台，利用机载高分辨率CCD 数码相机获取影像信息。

1. 无人机低空摄影系统的组成

（1）无人机飞行平台。无人机低空摄影系统主要由无人驾驶飞行平台、相机及其控制系统、飞行控制系统、无线电遥测遥控系统和无人飞行器测控信息系统组成。具体包括以下部分。

①无人机机身：机翼、机身、尾翼、起落架等。

②自驾仪（飞行控制设备）：测姿、导航、自驾、定点曝光，相当于无人机的大脑。

③舵机：控制起落、航向、拐弯等，相当于无人机的四肢。

④遥控接收机：无线飞行控制设备。

⑤数字电台（包括 GPS 天线、电台电线）。

⑥发动机、油箱、螺旋桨：动力来源，相当于无人机的心脏。

⑦笔记本电脑及地面控制导航软件：飞行设计、调试、指令发射中心。

⑧数码相机及云台等固定装置：控制航拍及拍摄姿态的调整。

⑨弹射架、降落伞：特殊条件下的起落设备。

⑩地面配套设备（汽车、电瓶、充电器、对讲设备等）。

国内常用于航空摄影的无人机机身长度和翼展一般为 2 ～ 3 m，木质或玻璃纤维机身，搭载单发或双发活塞发动机，螺旋桨驱动，飞行速度每小时 100 km 左右，飞行高度可达数千米。起飞方式有滑跑起飞、弹射起飞等；降落方式有滑跑降落或伞降回收。此类无人机的有效载荷较小，一般不超过 5 kg。

（2）飞行控制系统。作为任务系统载体的无人机，其飞行控制系统是飞机安全飞行以及将任务设备从地面升空至定点高度和空域、确保预定任务完成的关键系统之一。飞机飞行控制系统由地面遥控和机载自主控制两大部分组成。飞机的升空过程控制和回收过程控制由地面人员通过地面控制中心进行遥控控制，飞机到达预定高度后的定点控制通过机载自主控制系统进行控制，并可以在上述两种控制方式之间进行切换。飞机机载自主控制系统由感知飞机状态的传感器、实施数据处理和执行控制功能的计算机、操纵舵面运动的伺服作动系统、无线电遥控收发装置、机内自测试等分系统组成。

飞行控制系统的主要功能是实现对无人飞行器的有效操纵，为用户提供人工控制、程序控制和自主飞行三种飞行控制模态。

（3）地面遥控系统。地面遥控系统主要由无线电遥控收发装置、地面中心控制计算机、地面遥控工作台等部分组成。其中，无线电遥测系统通过传送无人机和摄影设备的状态参数，可实现飞机姿态、高度、速度、航向、方位、距离及机上电源的测量和实时显示，具有数据和图形两种显示功能；其还可供地面人员掌握无人机和摄影设备的有关信息，并存储所有传送信息，以便随时调用复查。无线电遥控系统主要用于传输地面操纵人员的指令，引导无人机按地面人员的指令飞行。

（4）摄影设备及控制系统。无人机载航空摄影机必须要轻小型化（重量不超过 5 kg），目前常用 EOS 5D Mark Ⅱ等全画幅单反数码相机。

地面站根据航摄任务需求设计好航线，并上传至机载计算机，机载计算机根据设计航线控制无人机飞行，并控制机载传感器曝光，记录曝光时刻的 GPS

数据及姿态数据，航线飞行完成后通过航点下载系统将航点轨迹数据下载到地面监控计算机，传感器获取的数据待飞机落地后再导出。

2. 无人机航空摄影作业流程

无人机航空摄影流程与常规航空摄影流程基本一致，如图 8-1 所示，但又与常规航空摄影测量有所差别，因此应注意以下事项。

航带设计：根据成图比例尺，确定地面像元分辨率（ground sampling distance, GSD），确定航片摄影比例尺和飞行高度，根据航向旁向重叠度设计，确定基线距离和航线距离。

选择起降场地：根据测区地形条件、通信距离选择合适的起降场。

飞行前检查：确定航时、航程，进行飞行架次设计；检查空速、通信、电源、电压、油量、相机、发动机、RC 转换。

飞行监控：①对航高、航速、飞行轨迹进行监测；②对发动机转速和空速地速差进行监控；③对燃油消耗量进行监控及评估；④随时检查照片拍摄数量；⑤检查通信连接状况。

数据检查：数据备份下载，检查曝光点数据，更改影像文件名，检查叠片率，检查飞行轨迹，检查重叠度，检查飞行姿态，确定姿态正常，检查有无摄影漏洞，提交数据成果。

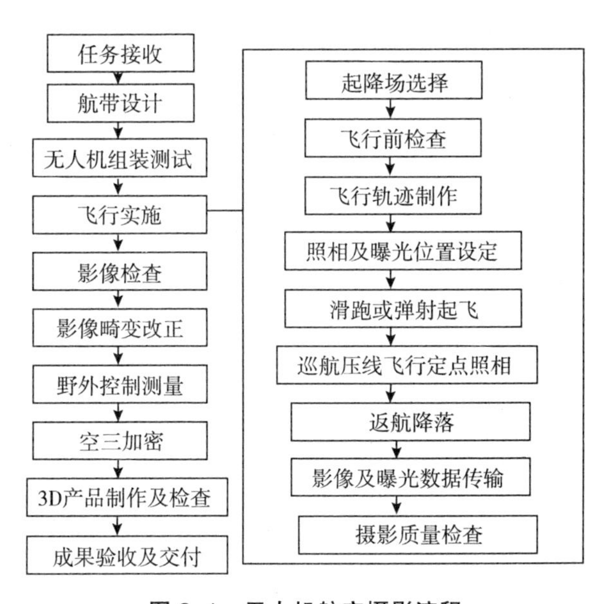

图 8-1　无人机航空摄影流程

3. 无人机摄影数据处理系统

（1）无人机数据处理难点。无人机遥感数据处理过程和传统航空摄影测量数据处理过程基本一致，但由于无人机遥感系统在载重和飞行控制等方面的苛刻条件，以及适用其要求的特殊载荷，导致无人机遥感数据后期处理出现了新的技术难题。主要表现在三个方面。

①无人机遥感数据处理要能够实现稀少地面控制的空中三角测量（以下简称空三）解算。无人机遥感系统飞行高度低并且采用非量测小型数码相机，获取的影像像幅小且单幅影像地面覆盖范围小、像片多，因此后期数据处理量要比传统航测数据成倍增加。如果按照传统航测要求布设野外控制点，会成倍增加野外控制工作量，失去无人机航空摄影测量的意义。所以，无人机遥感数据处理要能解决稀少地面控制的空中三角测量，保证在稀少地面控制的情况下达到航测精度要求。

②传统航空摄影测量的姿态角一般要求控制在 3 度以内，带简易稳定平台的无人机遥感系统虽然能够保证横滚和俯仰角变化接近3度，但航偏角却很大，这给影像特征点的自动提取、相对定向、绝对定向、空三解算增加了难度，因此数据处理系统必须能够支持倾斜影像的空三解算。

③遥感数据处理系统要能支持全自动化数据处理，以弥补小型数码相机的小像幅带来的低效率问题。

（2）无人机数据处理流程。无人机数据处理与常规航空摄影测量的流程基本一致，如图 8–2 所示。

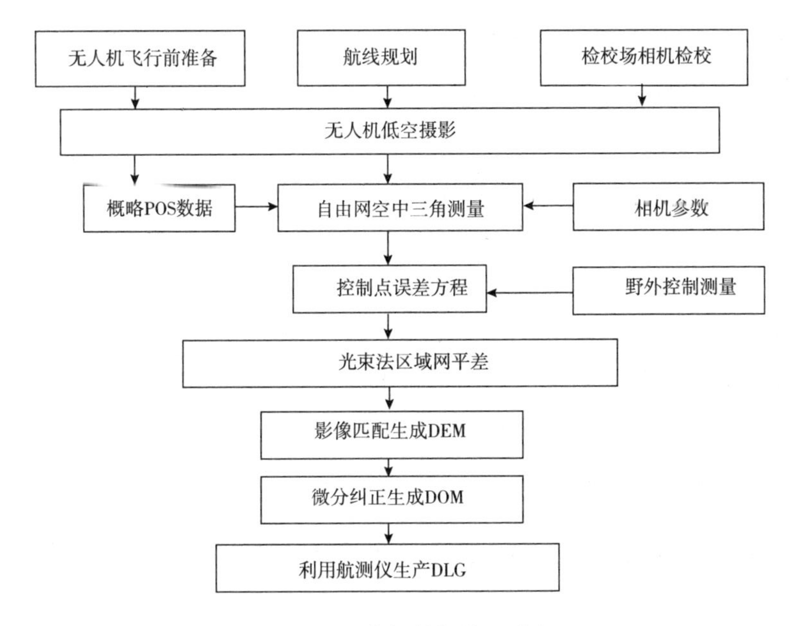

图 8-2 无人机数据处理流程

无人机搭载的是非量测相机，其镜头往往存在明显的畸变差，如果直接使用原始影像进行空三加密解算，由于共线条件被破坏，计算外方位元素的精度较差，甚至可能出现迭代不收敛的情况。因此，必须对原始影像进行畸变纠正。

二、无人机摄影测量在输电工程中的应用优势

无人机摄影测量技术用于输电工程勘测设计具有以下优势。

（1）产品更丰富：无人机摄影测量除了能提供常规的 DLG 产品，还可以提供高精度的 DEM 产品和高分辨率的 DOM 产品。利用高分辨率的影像进行输电线路设计不仅更加直观，而且可以做更准确的地物识别，获得更精确的地表障碍物信息，从而实现更可靠的输电线路路径优化。高精度的 DEM 同样可以为铁塔的布置提供更可靠的依据。

（2）利用 DEM 和 DOM，可以真实再现实地三维状态，便于室内微观选址选线，减少了野外工作量。

（3）无人机摄影测量能快速响应，受天气影响较小，可进行云下摄影，因此可随时对项目区进行航摄，获得最新的项目区地理空间信息。采用无约束网

空三加密，可快速获得影像和 DEM，并及时用于可行性研究和优化选线，而常规的资料收集时间至少也要 10 个工作日。

（4）影像和数字线划图完全一致，不再因影像和地形图几何上的套合误差和时效性差异导致的图面内容上的矛盾而影响设计工作。

（5）相对于传统的全野外实测而言，无人机摄影测量效率高、周期短；可对人工难以到达的地方进行测绘；通过影像和地形图的叠加检查，还可以避免实地少测或漏测情况的发生。

综上所述，采用无人机摄影测量技术不仅可以提高输电线路工程室内选线的准确性，在一定程度上替代初步实地选线工作，提高工作效率；而且可以获得高精度的平面坐标和高程数据，大大减少野外作业工作量。

三、无人机摄影测量在输电线路工程中应用的关键技术

（一）航空摄影关键问题

1. 影像畸变纠正

无人机搭载的是非量测数码相机。近年来，随着生产工艺的进步以及数码相机分辨率的提高，其几何性能和辐射性能也在大幅提升，其点位精度已达到次微米级，CCD 芯片的不平度也达到了微米级。另外，应用 CCD 芯片感光后几乎不存在底片变形的问题。但是，非量测数码相机应用于摄影测量还需要解决以下问题。

首先，必须获取相机的内方位元素。其次，其成像系统往往存在较明显的畸变差，且随着离主点距离的增大而显著增大，直接采用空间后方交会方法计算外方位元素时精度会很差，甚至会出现迭代计算不收敛的情况。如国内常用的 EOS 5D Mark Ⅱ，搭载一款 24 mm 焦距镜头时，在距离主点 10 mm 处，畸变差即达到 10 个像素以上（图 8–3）。因此，必须对原始影像进行畸变纠正。

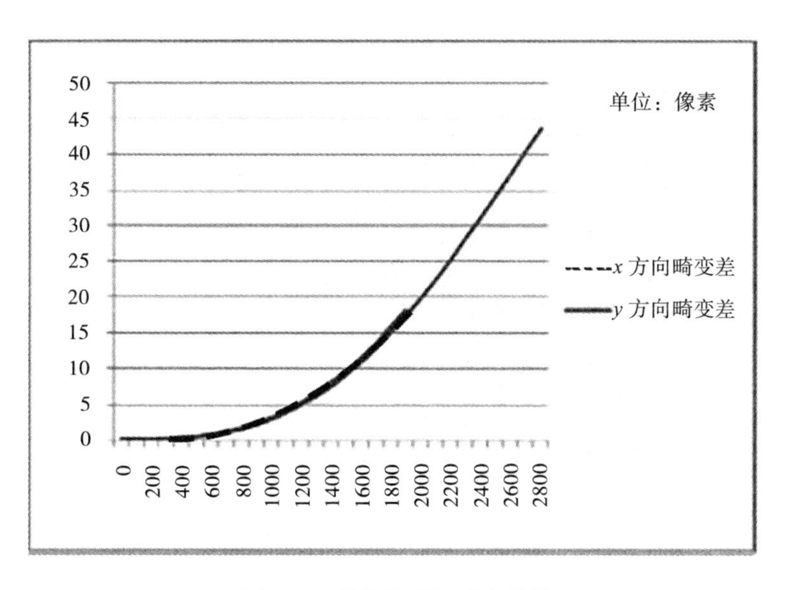

图 8-3　非量测相机畸变曲线

镜头畸变一般分为径向畸变和切向畸变。径向畸变分布在以像主点为中心的轴线上，属对称性畸变，它使像点沿径向偏离准确位置；切向畸变是由于镜头光学中心与几何中心不一致引起的，是一种非对称畸变。后者比前者小得多，仅为前者的 1/7 ～ 1/5。此外，数码相机 CCD 成像面也存在一定程度的畸变。目前常采用公式（8–1）的数学模型对数码影像进行畸变纠正。

$$\begin{cases}\Delta x=\left(x-x_0\right)\left(k_2x^2+k_2z^4\right)+p_2\left[x^2+2\left(x-x_0\right)^2\right]+2p_2\left(x-x_0\right)\left(y-y_0\right)+\\ \qquad \alpha\left(x-x_0\right)+\beta\left(y-y_0\right)\\ \Delta y=\left(y-y_0\right)\left(k_2x^2+k_2z^4\right)+p_2\left[x^2+2\left(y-y_0\right)^2\right]+2p_2\left(x-x_0\right)\left(y-y_0\right)\end{cases} \tag{8-1}$$

式中：Δx 、Δy 为像片坐标改正值；x、y 为像方坐标系下的像点坐标，坐标系如图 8–4 所示；x_0、y_0 为像主点坐标；r 为像点的径向半径，即像点到像主点的距离；k_1、k_2 为径向畸变系数；p_1、p_2 为偏心畸变系数； α 为 CCD 非正方形比例系数； β 为 CCD 非正交性畸变系数。

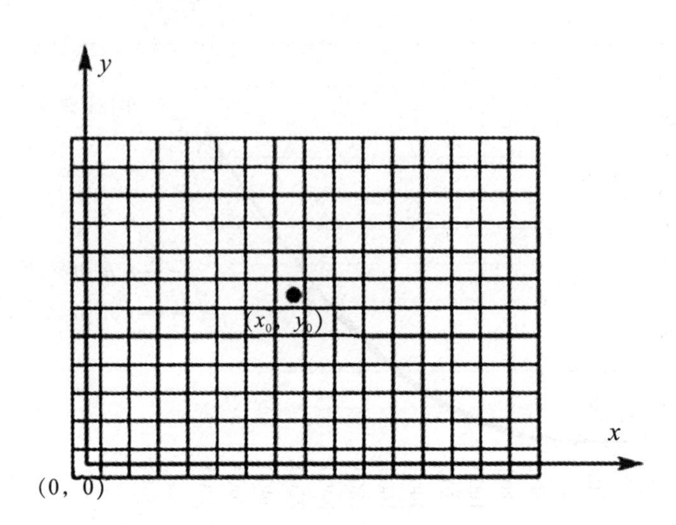

图 8-4　像方坐标系示意图

畸变系数通常和相机的内方位元素一并获取，因此一般需要建立高精度的专用检校场，通过拍摄检校场中已知坐标的控制点求解上述参数。首先，应用待检校的数码相机对高精度室内三维检校场进行数据采集，采用附加参数光束法平差测定内方位元素和系统畸变系数。其次，获得检校结果后利用式（8-1）对原始影像逐个像素进行畸变纠正和重采样，此过程可以自行编写程序完成。

普通数码相机的机身和镜头连接得并不稳固，加之受到飞行和运输过程中的颠簸、震动等的影响，其内方位元素和畸变参数往往变动较大，因此应采取额外的加固和保护措施，尽可能使镜头与机身的位置关系保持不变。为了保证成果的精度，最好在承担工程项目的前后各进行一次相机检校。发生相机磕碰等意外情况时应立即进行检校。

2. 航高与镜头焦距的选择

无人机航空摄影方案设计同样要根据测图比例尺与平面、高程精度要求确定航摄比例尺、镜头焦距、航摄分区等技术指标，这些技术指标中首先应确定影像的地面分辨率（GSD）。这是因为对于数字成像系统而言，航空摄影测量处理的几何精度首先取决于影像的地面分辨率，即地表细节在影像中的可区分 / 量测程度。影像的有效分辨率为标称分辨率乘上一个由点扩散函数决定的比例因子。一般而言，数字影像的有效分辨率比扫描后的传统胶片影像高。因此，在相同的分辨率情况下，航空数字影像具有比传统航空影像更高的平面和高程精度。目前，数字航空摄影时 GSD 通常根据测图比例尺而定，测绘 1 ： 500 地形图一般要求 GSD 为 5 cm，1 ： 1 000 地形图为 8 ～ 10 cm，1 ： 2 000 地形图为 15 ～ 20 cm。

由立体像对空间前方交会原理可知，如果像点的量测精度为 $1/k$ 像素，其对应的地面点的平面坐标精度 m_{xy}、高程坐标精度 m_z 分别为

$$m_{xy}=\frac{\mathrm{GSD}}{k} \tag{8-2}$$

$$m_Z=\frac{\mathrm{GSD}}{k\times\frac{b}{f}} \tag{8-3}$$

式中：b 为像方基线长度；f 为摄影焦距；b/f 为基高比。

由式（8–2）与式（8–3）可以看出，立体量测的地面点高程精度要低于平面精度，因此在航空摄影方案设计中主要考虑高程精度。显然，GSD 越小，像点量测精度越高，基高比越大，则地面高程量测精度越高。在相机和镜头固定的前提下，GSD 主要由航高决定。与载人机通常要求至少 2 000 m 安全航高距离相比，无人机的航高可以低至 100 m 以下。但航高过低会导致影像基线大幅缩短，从而降低基高比，同时影像的覆盖面积也会减少很多。因此，需要选择合适的航高，在 GSD 与基高比之间求得一定的平衡。通常人们会根据航空摄影的目的确定 GSD 指标，再利用式（8–3）推算地面高程精度是否满足要求，以此确定航高与镜头焦距。以 EOS 5D Mark Ⅱ 相机为例，假设像点量测精度为 k=2（保守估计，有文献认为数码影像的 k 值可达到 3），航向重叠度为 70%，则不同 GSD 和镜头焦距对应的航高与地面高程精度如表 8–1 所示。

表 8–1　地面高程精度估算表

焦距 /mm	GSD/cm							
	5		10		15		20	
	航高 /m	m_z/cm	航高 /cm	m_z/cm	航高 /m	m_z/cm	航高 /m	m_z/cm
24	187	8.4	375	16.7	560	25	750	33.3
35	273	12.2	547	24.3	820	36.5	1 094	48.6
50	390	17.4	780	34.7	1 170	52.1	1 560	69.4

理论上焦距越小，地面高程精度越高，但 EOS 5D Mark Ⅱ的 24 mm 镜头属于广角镜头，影像变形大，对航高的限制也较大。所以，目前在进行常规地区的航空摄影时，多数采用 35 mm 镜头。

3. 飞行及摄影姿态控制

根据有关的航空摄影测量技术规程的要求，无人机平台同样应保证相对航高的变化小于 5%，测量飞行速度的误差不大于 5%，偏离航线的绝对误差不大于像片旁向重叠的 5%，俯仰角和横滚角控制在 3° 之内，等等。无人机重量轻，抗风和抗气流扰动能力差，飞行过程较容易受天气影响，尤其是受侧风影响最明显。

小型无人机平台经过长期发展，其自身的稳定性有了较大的提升，有实验数据表明，在侧风小于 4 级的情况下，装载了飞行控制系统的小型无人机自主飞行时，其沿预定直线飞行的俯仰角和横滚角一般在 3° 以内。另外，飞行平台的稳定性主要取决于传感器的自身精度。无人机搭载的导航型 GPS 位置精度一般在 20 m 范围内；气压高度传感器的高度精度约为 3 m；空速传感器的速度精度约为显示值的 10%。要使无人机自主飞行的姿态稳定，除了采用灵敏度高的传感器和性能优良的控制系统（自驾仪）外，飞机机身的设计和制造水平也至关重要。

在拍照时如果相机与飞机刚性连接，则相机会因为飞行扰动和发动机转动的影响发生受迫振动，导致曝光时间内的像点移动。因此，应采用合理的减振措施和补偿方法减小振动对成像质量的影响，如控制相机的角振动。针对这种情况，可以采用三轴稳定云台，通过高精度直线轴承导向使相机维持线性振动，再采用减振垫减小振幅。这样，可以有效降低振动对成像质量的影响，保证相机的空中姿态间。

像点位移也是无人机航空摄影技术设计中要考虑的重要问题。相机在曝光时间内飞机相对于地面在运动，会造成像点位移。设影像的位移值为 λ，飞行地速为 ω，曝光时间为 t，基准面的航高为 H，相机焦距为 f，则它们之间的关系为

$$\lambda=\omega t\frac{f}{M} \tag{8-4}$$

对于数码相机来说，一般 λ 不应超过 1/ 3 像元。为了减小像点位移，应尽可能减少曝光时间，降低地速。通常要求数码相机的快门速度达到 1/1 000 秒以上，无人机巡航飞行速度控制在 100 km/h 以内。常规航空摄影中普遍采用的像移补偿装置目前基本没有应用在无人机上，尚处于研发阶段。

（二）外业控制测量关键技术

相对于常规航空摄影测量而言，无人机航测利用的数码相机镜头焦距要小得多，如 EOS 5D Mark Ⅱ相机常使用焦距为 35 mm 镜头，而 RC–30 等专业航摄仪常用焦距为 153 mm 的镜头，相差 4 倍多，这直接导致无人机航摄比例尺小了数倍。同样是满足 1 ∶ 2 000 比例尺成图要求，常规航摄比例尺一般在 1 ∶ 8 000 左右，而无人机航摄比例尺要达到 1 ∶ 20 000。同时，数码相机的像幅比专业航摄仪也小得多，如 EOS 5D Mark Ⅱ的像幅面积只有 24 mm × 36 mm，全画幅相机 P45 的像幅面积也只有 36 mm × 48 mm，比 RC–30 相机像幅面积的 23 cm × 23 cm、DMC 相机像幅面积的 9 cm × 16 cm 相差了一个数量级。

上述原因也导致无人机影像基线长度较短，覆盖面积较小。同样面积的测区，无人机航摄的像片数量是常规航摄的几十倍。在进行航测外业控制测量时，如果按照现有的航空摄影测量外业规范布设像控点，外控点的数量将多到令人难以承受的程度。因此，通过现场试验和计算分析研究满足相应成图精度要求的合理控制点布设方案，是影响无人机摄影测量技术应用的关键问题之一。

《1 ∶ 500　1 ∶ 1 000　1 ∶ 2 000 地形图航空摄影外业规范》（GB/T 7931—2008）中规定区域网布点的航线跨度和控制点间基线数如表 8–2 所示。

表 8–2　区域网航线数和控制点间基线数

比例尺	航线数	平高控制点间基线数	高程控制点间基线数
1 ∶ 500	4 ～ 5	4 ～ 5	5 ～ 6
1 ∶ 1 000	4 ～ 6	6 ～ 7	6 ～ 10
1 ∶ 2 000	2 ～ 4	2 ～ 4	4 ～ 6

如果按照该规定执行，即使是要求最宽松的 1 ∶ 2 000 测图，野外控制点之间的距离平均约为 6 条基线的距离，若采用 5D Mark Ⅱ 35 mm 相机拍摄，航向重叠度为 65%，地面分辨率为 20 cm，则 6 条基线对应的地面长度约 1.5 km，远小于常规航空摄影的 4 ～ 5 km，外业工作量将成倍增加。实际上，该规定是根据相应比例尺成图精度的要求，按照以下精度估算公式推导出的。

$$M_s = \pm 0.28 - K' - m_q - \sqrt{n^2 + 2n + 46} \qquad (8\text{–}5)$$

$$M_h = \pm 0.080 = \frac{H}{b} = m_q = \sqrt{n^2 + 23n + 100} \qquad (8\text{–}6)$$

式中：M_s 为连接点的平面中误差，单位为 mm；M_h 为连接点的高程中误差，单位为 m；K 为像片放大成图的倍数；H 为相对航高，单位为 m；b 为像片基线长度，单位为 mm；m_q 为视差量测的单位权中误差，单位为 mm；n 为相邻控制点间基线数。

表 8–2 中的数据是按照常规航空摄影条件推算的，其中 m_q 取值 0.02 mm，b 取值 85 mm，即 23 × 23 像片，重叠度 65%，放大成图倍数 K=4。应用无人机数字摄影系统时，需要根据其实际参数估算推导。

以常用的 5D Mark Ⅱ 35 mm 相机为例，1 ∶ 500、1 ∶ 1 000、1 ∶ 2 000 成图比例尺时的航摄地面分辨率分别按 0.05 m、0.1 m 和 0.2 m 计算，并据此计算成图放大倍率和相对航高；像点量测的单位权中误差型 m_q 按 0.003 mm 计算，可得到 K=16，b=8.39 mm（短边平行航向，航向重叠度 65%），代入式（8–5）与式（8–6），可得到以下结果（表 8–3）。

表 8–3 结果表示

n		1	2	3	4	5	6	7	8	9	10	11	12	13	14	15
***Ms*/mm**		0.09	0.10	0.12	0.15	0.18	0.22	0.27	0.32	0.38	0.44	0.50	0.57	0.64	0.71	0.79
***M_h*/m**	1 ∶ 500 *H*=273	0.10	0.11	0.12	0.14	0.16	0.18	0.21	0.24	0.28	0.31	0.35	0.39	0.44	0.48	0.53
	1 ∶ 1 000 *H*=547	0.19	0.21	0.24	0.28	0.32	0.37	0.42	0.49	0.55	0.63	0.71	0.79	0.88	0.97	1.06
	1 ∶ 2 000 *H*=1 094	0.38	0.43	0.48	0.55	0.63	0.73	0.85	0.97	1.11	1.26	1.41	1.58	1.75	1.94	2.13

根据表 8–3 可以估算满足不同比例尺测图精度要求的控制点布设方案。例如，地形图航空摄影测量内业规范中规定 1 ： 1 000 地形图（丘陵地）的加密点平面中误差 0.4 mm，高程中误差 0.35 m，从表 8–3 中可以看出平高控制点间基线数不能超过 5 条，与表 8–2 中的规定基本相当。

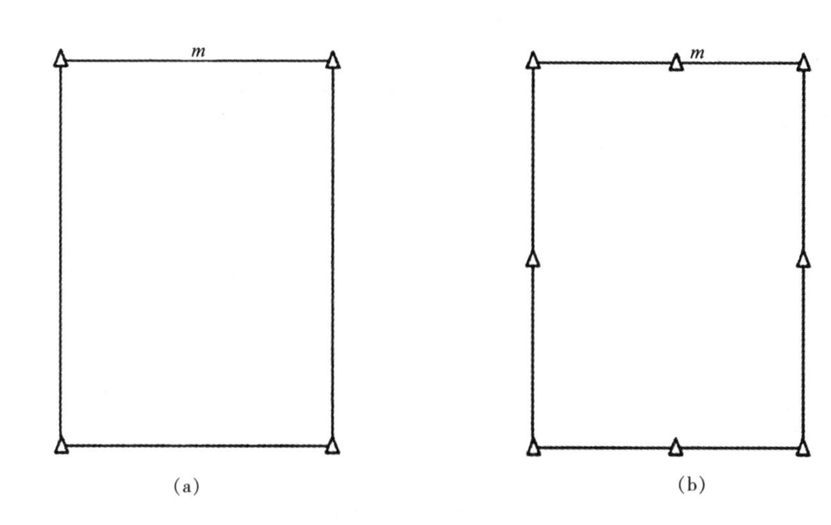

图 8–5　四角法、八点法示意图

对于光线束法区域网平差，有不同的精度估算公式。按旁向重叠 20% 考虑，平面控制方案分别采用四角法 [图 8–5（a）]、八点法 [图 8–5（b）]、密周边布点法（在区域网周边的模型间公共点都布设控制点）时，其平面精度依次为

$$\frac{\sigma_{x_n y}}{\sigma_0}=0.53m \tag{8-7}$$

$$\frac{\sigma_{s\cdot y}}{\sigma_0}=0.28+0.15m \tag{8-8}$$

$$\frac{\sigma_{x\cdot y}}{\sigma_0}=0.87 \tag{8-9}$$

式（8–7）、式（8–8）、式（8–9）中：$\sigma_{x_n y}$ 为像点观测中误差；$\sigma_{s\cdot y}$ 为

单位权中误差；$\sigma_{x \cdot y}$ 为衡量区域网平差的平面精度（像方）；m 为区域网中的航带数。

由上面公式可以看出，区域网平差的平面精度与周边的平面控制密度与航带数有关，在区域网边缘有较密的平面控制时，其平面精度与区域网的大小关系较小，同时与区域网内部平面控制关系也较小。

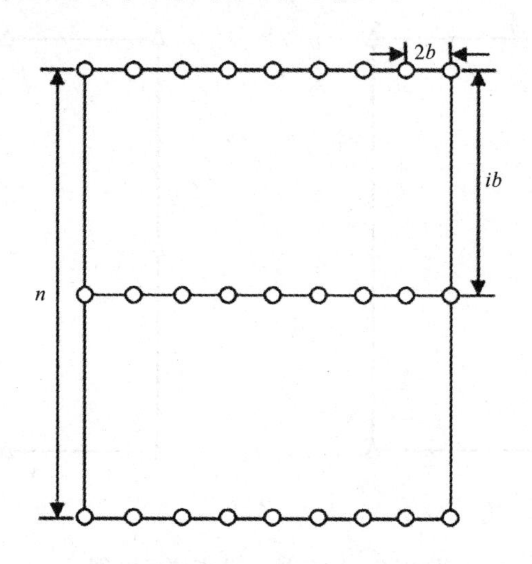

图 8–6　高程控制点布设方法示意图

当旁向重叠为 20% 时，采用如图 8–6 所示的高程控制点布设方案，即沿航线首尾及中部各航带共布设三排高程控制点，$i=n/2$，n 为航带中的模型数，则其高程精度为

$$\frac{\sigma_z}{\sigma_\alpha} = 0.93 + 0.19t \tag{8–10}$$

由此可见，高程精度主要与跨度 t 有关。

仍以 EOS 5D Mark Ⅱ 35 mm 相机为例，假设一个区域网航带数为 10，每条航带包含 20 个模型，航向重叠度为 65%，旁向重叠度为 20%。采用八点法布设平面控制点，采用图 8–6 所示方法布设高程控制点，依据公式（8–8）与公式（8–10），设 σ_0 =3 μm，则平面精度优于 6 μm，高程精度优于 9 μm。如果成图比例尺为 1 ∶ 1 000，对应的物方空间高程精度可达 0.14 m，完全满足平地 1 ∶ 1 000 测图精度的要求。这说明针对不同的地形条件和成图精度要求，控制点间的跨度达到 15 ～ 20 条基线是完全可行的。

当然，上述分析是单纯从偶然误差出发的，由于各种残余的系统误差的影响，常出现实际结果与理论不符的情况。为了进一步提高精度，需采用自检校法等抵偿系统误差的平差方法。还需要通过一定数量的试验，利用大量已知点与其测量值相比，采用统计检验的方法求解其精度数据。

为了进一步减少野外控制工作量，在无人机上进行 GPS/IMU 辅助空中三角测量也是当前研究的热点之一，但是高精度的 GPS/IMU 设备在小型化与集成上还存在一定问题，制约了 GPS/IMU 辅助空三技术在无人机领域的应用。

（三）数据处理关键问题

如前面所述，相对常规航空摄影测量，无人机航测具有一些优势，但也存在一些问题。

无人机由于载重的限制，大都采用单个数码相机作为影像数据获取的主要仪器，存在影像数量多、倾斜度大、重叠度不规则等问题，给后期的影像处理带来一定难度。目前，国内已有单位研制了双拼甚至四拼相机，增大了像幅，提高了摄影测量的高程精度，同时减少了影像处理工作量。但也存在传感器的重量增加和成本较高等方面的问题。多拼相机的子影像由不同的镜头获取，不同的子影像具有不同的投影中心，理论上也具有不同的系统畸变，须经过一系列复杂的处理过程，因此由这些子影像拼接而成的虚拟影像是对中心投影影像的一种近似模拟，可能存在较为明显的系统误差。

针对小像幅无人机航摄，其数据后期处理的关键问题主要表现在以下方面。

（1）同样面积的数据量，其要比传统航摄仪获取的数据量大得多，使空三加密和后期立体采集的工作量成倍增加。

（2）由于无人机姿态稳定性较低，获取的影像有时存在旋偏角过大等问题，导致影像匹配、联结点提取等环节成功率明显降低，往往需要大量人工干预，一些软件甚至不能完成数据处理。

（3）由于无人机搭载的数码相机像幅小，基线短，立体像对交会角小，导致高程精度较低。

因此，为了满足无人机数据处理的要求，寻求自动化程度更高的摄影测量软件和适应性更广、更稳健的影像匹配算法十分必要。

在目前常见的数字摄影测量软件中，国外软件有 Helava、INPHO、像素工厂（Pixel Factory）等，国内软件有 VirtuoZo、JX-4、DPGrid 等。像素工厂基于专有算法，适用于数码影像。它采用先进的并行处理技术，具有强大的自动化处理能力，在少量人工干预的情况下，能迅速生成正摄影像等产品。但是像素工厂是一个庞大的集软硬件于一体的系统，价格昂贵，一般的生产单位很难承受。INPHO 采用模块化设计，能以严谨的数学模型保证一定的准确度，以平稳的工作流程和高自动化程度保证高效的生产能力。该软件处理无人机数据的能力较强，可作为空中三角测量计算的主要工具。

国内软件中，DPGrid 是近几年推出的新软件，其核心算法和设计理念更为先进，支持基于刀片式服务器的并行计算，可以快速完成空三以及正射影像等数据生产。VirtuoZo 和 JX-4 则已面世多年，均针对输电线路测绘应用开发相应的模块。但这些模块仍采用人眼观测立体像对的方式人工采集空间数据，工作强度大且效率低，对无人机数据尤为如此。为了克服无人机数据像幅小、像对多带来的工作量增加和交会角小带来的高程精度降低的困难，现有的数字摄影测量软件应进行改进，应能实现模型接边自动化，以测区或图幅为单位进行立体测图、DEM 生成；按多目视觉理论，利用多重叠影像，增大交会角，提高高程精度。

在影像匹配算法方面，目前主要集中在频率域和空间域：频率域一般是利用傅里叶变换的相位相关性；空间域分为基于灰度的配准算法和基于特征的配准算法。频率域的方法优点是使用了快速傅里叶变换，但是对于尺寸缩放比较敏感。空间域的优点是对图像变形具有较好的鲁棒性，但是在图像之间寻找匹配的特征区域运算量比较大。

因此，人们将频率域和空间域的两种方法结合起来，提出了一种针对无人机影像的全自动稳健匹配算法。该算法的根本思想是对两幅图像的特征点匹配从粗到细的一种非常稳健的选择策略层层过滤，保证以提纯后准确的特征点数据做点变换估计，这样就对自动的特征点提取和匹配的准确性放松了限制条件，把核心的任务移交给了特征点的过滤策略和点变换的估计算法。其处理流程分为以下几个步骤。

（1）利用相位相关法得到重叠区域。相位相关法使用快速傅里叶变换实现，速度很快，虽然估算的平移参数不是很精确，但足以为角点匹配过程提供一个初始搜索范围。

（2）在已经确定的重叠区域内进行特征角点提取。该算法是用 Harris 算子判定点是否是特征点。Harris 算子是一种在存在图像旋转、灰度变化、噪声影响和视点变化时较稳定的特征点的提取算法。但是它对尺度变化非常敏感，当遇到尺度变化比较大的两幅图像时只能检测到约一半的特征点。

（3）图像间点变换的自动稳健估计。首先，进行变换估计与配准误差计算，利用平面透视变换矩阵的平均几何配准误差衡量配准算法精度，初步去除误匹配点。其次，利用鲁棒变换估计算法（RANSAC）提纯匹配点。这样就得到了精确的匹配点，从而使图像得到配准。

整个算法无论是对数据本身还是图像的外部复杂重复纹理特征等干扰都有很强的容错能力，是一种稳健有效的无人机影像匹配实用算法。

四、无人机航空摄影与测量在输电线路工程中的应用成果

（一）案例一

1. 测区概况与航摄方案

本应用实例项目区为山西北部某县，南北长约 5 km，东西宽约 4 km，分布有厂房、公路、果园等地物，平均海拔 1 400 m，地形有起伏和沟坎，最大高差 100 m。

航摄方案按区域网设计，以满足 1 ∶ 2 000 地形图成图要求为依据。

2. 技术指标

（1）无人机系统。具体参数如表 8-4 所示。

表 8-4 无人机系统测量技术参数

名称	测量参数	名称	测量参数
翼展	2.5 m	巡航速度	120 km/h
机长	2.05 m	最大爬升率	15 m/s

续表

名称	测量参数	名称	测量参数
机高	0.58 m	升限	5 000 m
起飞重量	18 ～ 20 kg	抗风能力	5 级
空重	10 kg	续航时间	2 h
最大载荷	8 kg	最大航程	280 km

（2）遥感传感器。

EOS 5D Mark Ⅱ全画幅单反数码相机，其 CCD 大小为 36 mm × 24 mm，分辨率为 5 616 × 3 744 像素，每个像素大小为 6.311 μm，采用 35 mm 定焦镜头，并委托专业检测机构对相机和镜头的内方位元素进行了检测。

（3）其他技术参数。

航摄技术的其他参数如表 8-5 所示。

表 8-5　航摄技术参数

焦距 /mm	基线长度	航线间隔	平均基高比	最低点高程	最高点高程
35	179.9	514.5	0.15	1 360	1 460
绝对航高	低点航高	高点航高	低点 GSD	平均 GSD	高点 GSD
2 070	710	610	0.13	0.12	0.11
航向重叠（低点）	旁向重叠（低点）	航向重叠（平均）	旁向重叠（平均）	航向重叠（高点）	旁向重叠（高点）
79.46%	42.49%	78%	38%	57%	18%
航向幅宽（低点）	旁向幅宽（低点）	航向幅宽（中点）	旁向幅宽（中点）	航向幅宽（高点）	旁向幅宽（高点）
487	730	453	679	418	627

注：表中未特别标注单位的长度和距离单位为 m。

3. 控制点分布

野外控制点和检查点采用 GPS-RTK 采集，在试验区实测了 38 个平高控制点，采用不同的计算方案，选取其中若干个作为控制点，其余作为平高检查点，控制点和检查点的平面与高程测量精度均优于 5 cm。

加密平差方案，分别采用了 38 个、26 个、16 个、10 个控制点四种平差方案。其点位分布如图 8-7 所示（三角形代表平高控制点，六角星形代表平高检查点）。

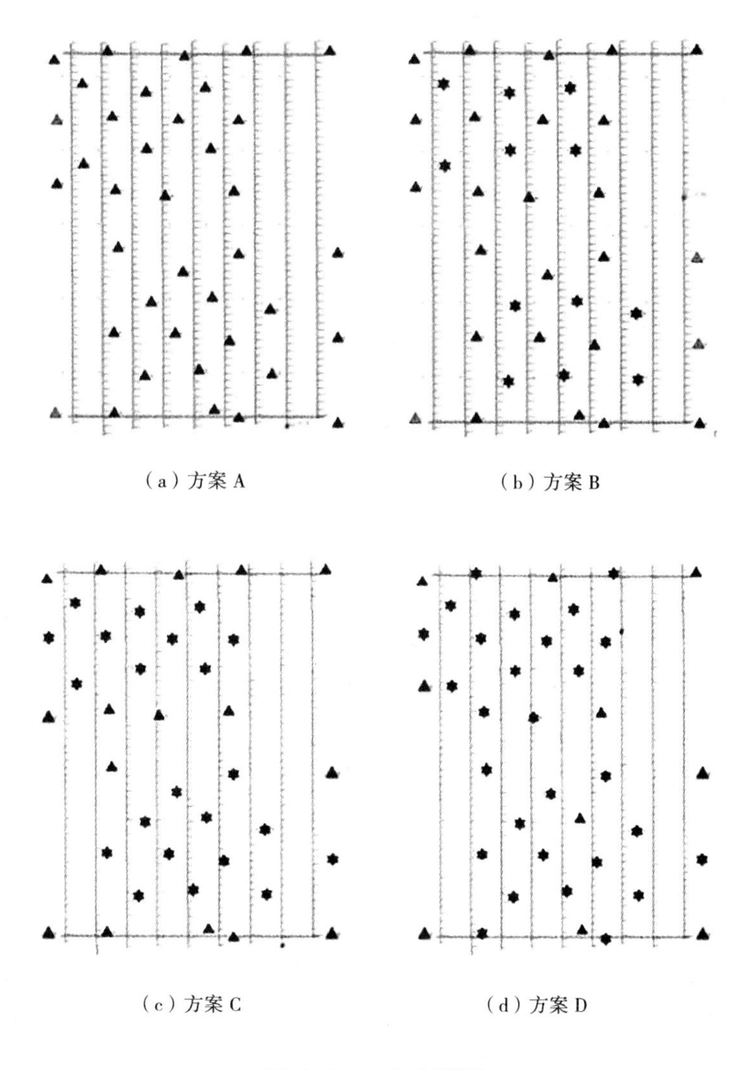

图 8-7　布点方案图

表 8-6　平差结果：控制点残差

方案	控制点个数	航向间隔	旁向间隔	Δx / m		Δy / m		Δz / m	
				均值	标准差	均值	标准差	均值	标准差
A	38	11 ～ 15	1 ～ 2	0.20	0.16	0.22	0.17	0.17	0.13
B	26	11 ～ 15	2 ～ 3	0.14	0.09	0.14	0.14	0.08	0.06
C	16	20 ～ 30	2 ～ 3	0.16	0.20	0.14	0.18	0.08	0.11
D	10	20 ～ 30	3 ～ 5	0.10	0.14	0.10	0.13	0.06	0.07

表 8-7　平差结果：检查点不符值

方案	控制点个数	Δx / m		Δy / m		Δz / m	
		均值	标准差	均值	标准差	均值	标准差
B	26	0.22	0.20	0.15	0.12	0.19	0.14
C	16	0.21	0.27	0.19	0.25	0.23	0.34
D	10	0.16	0.19	0.13	0.15	0.20	0.26

从平差结果（表 8-6、表 8-7）可以看出，随着野外控制点数量的增加，空三精度有所提高，但提高的幅度不明显。采用区域网周边布点方案时，即使控制点航向跨度达到 20 ～ 30 条基线，其精度仍可满足 1 ： 2 000 地形图测绘的要求。

4. 野外精度检查

本次试验在现场采集了 20 个明显的地物点，按野外控制点的标准进行了刺点。将实地测量成果（部分）与立体模型中的人工测量成果进行比较，其结果如表 8-8 所示。

表 8-8 野外控制点精度检查结果

单位：m

地物点名称	实地测量成果			立体模型测量成果			较差		
	x	y	z	x	y	z	x	y	z
JC02	1 373.736	646.846	1 354.386	1 373.658	646.833	1 354.348	0.078	0.013	0.038
JC03	1 373.636	244.570	1 355.201	1 373.529	244.608	1 355.039	0.107	−0.038	0.162
JC04	986.0622	260.632	1 356.242	985.767	260.605	1 355.798	0.295	0.027	0.444
JC05	727.817	322.052	1 357.034	727.261	322.006	1 357.152	0.556	0.045	−0.118
JC06	237.328	384.103	1 357.621	237.126	384.056	1 358.429	0.202	0.047	0.191
JC08	574.198	696.040	1 355.523	873.722	696.080	1 355.370	0.476	−0.040	0.153
JC09	1 098.965	664.375	1 354.580	1 098.969	664.237	1 354.328	−0.004	0.138	0.252
JC10	1 170.227	997.727	1 354.748	1 170.199	997.683	1 354.330	0.028	0.044	0.418
JC11	690.787	1 030.007	1 353.147	690.436	1 029.968	1 353.062	0.351	0.039	0.085
JC12	264.792	1 037.136	1 358.969	264.232	1 037.267	1 359.047	0.560	−0.132	−0.078
JC13	385.528	1 404.732	1 371.848	385.128	1 404.535	1 371.556	0.400	0.197	0.292
JC14	969.767	1 367.244	1 371.352	969.293	1 367.097	1 371.084	0.474	0.147	0.268
JC15	1 199.264	1 449.768	1 369.482	1 199.240	1 449.861	1 369.286	0.024	−0.093	0.196

此结果也说明空三加密的精度符合 1：2 000 地形图成图的要求。

通过野外精度检测，可以得出结论：无人机摄影测量技术可满足 1：2 000 地形图测绘的要求，在合理选择摄影参数和数据处理方法的前提下，也可以满足丘陵地区及山地的 1：1 000 测图要求。因此，无人机摄影测量可以为发电、变电以及风电工程中的微观选址、施工图设计、土方平衡优化等应用提供一种较实用和高效的解决方案。

无人机摄影测量通常采用区域网。野外控制点布设方案与常规摄影测量类似，从项目结果看，控制点航向跨度可放宽至 20 ～ 30 条基线，但应注意适当布设一些检查点。

目前，国内无人机多数搭载 EOS 5D Mark Ⅱ相机。这款相机用于测图时应进行内方位元素检定和畸变校正。采用 35 mm 镜头可以获得较好的基高比，同时兼顾影像质量与画幅大小，是常规地区作业较为理想的配置。

（二）案例二

1. 测区概况与航摄方案

本应用实例项目为河北承德地区某 220 kV 输电线路施工图勘测，完成于 2010 年。线路长约 50 km，平均海拔 600 m，最大高差 500 m，是典型的高山大岭区，植被覆盖较密。

航摄方案按单航带设计，航线宽度约 1 km，沿线路初步设计路径敷设，以满足 1 ： 5 000 或 1 ： 500 线路平断面成图要求为依据。

2. 技术指标

（1）无人机系统。“测量者 -1”，具体参数如表 8-9 所示。

（2）遥感传感器。PHASE ONE P45+ 全画幅单反数码相机，CCD 大小 36 mm × 24 mm，分辨率为 7 216 × 5 412 像素，每个像素大小为 6.8 μm，采用 45 mm 定焦镜头，并委托专业检测机构对相机和镜头的内方位元素进行了检测。

（3）航空摄影技术参数。平均航摄比例尺为 1 ： 20 000，平均飞行高度为 1 400 m，相对航高为 850 m。影像地面分辨率（GSD）为 10 ～ 20 cm。

航线与线路设计走向一致，航线间隔及旁向重叠度要求控制在 30% ～ 40%。

航摄像片航向重叠度一般控制在 65% ～ 75%，且最高不大于 80%，最低不小于 60%。

全摄区无航测漏洞，航向超出摄区范围 6 条基线，旁向超出摄区不少于 30% 像幅。

像片倾斜角小于 2°，旋偏角小于 7°，航线弯曲度小于 3%。实际航线偏离设计航线不大于像片上 1 cm。同航线高差小于 30 m；像片位移误差小于 30 m。

3. 控制点分布

测区共布设了 12 条航带，拍摄 447 张像片。野外控制点和检查点采用 1230 GPS 快速静态方法采集，实测了 84 个平高控制点，30 个平高检查点。像控点按单航线布点，每对控制点之间基线间隔控制在 15 条基线左右，如表 8-9 所示。

表 8-9 野外控制点布置

航带	航片数	控制点数	平均基线间隔	检查点数
1	46	8	14	4
2	17	6	8	2
4	30	6	15	3
5	70	16	9	6
6	66	12	11	4
7	40	8	13	3
8	40	8	13	2
9	16	6	8	1
10	30	6	15	1
11	26	8	9	4

（4）空中三角测量。空中三角测量采用 INPHO 全数字摄影测量系统，用 MATCH-AT 光束法平差软件进行空三计算，输出 Pat-B 平差软件通用格式成果。空三前根据相机检校结果进行畸变差改正，但是平差过程中发现个别像控点点位不好，精度较差（如刺在石块上的点）。因此，将像控点与附近的检查点互换，检查点作为像控点使用，像控点则作为检查点使用。平差结果如表 8-10 和表 8-11 所示。

表 8-10　平差结果：控制点残差

Δx / m			Δy / m			Δz / m		
均值	最大值	标准差	均值	最大值	标准差	均值	最大值	标准差
0.25	0.88	0.21	0.29	0.88	0.21	0.25	0.90	0.18

表 8-11　平差结果：检查点不符值

Δx / m		Δy / m		Δz / m	
均值	标准差	均值	标准差	均值	标准差
0.61	0.48	0.66	0.60	1.53	1.17

从平差结果可以看出，控制点航向跨度达到 15 条基线左右时，空三精度达到了山区输电线路航空摄影测量的技术要求。但由于一部分检查点刺点质量较低，导致高程不符值偏大。

4. 野外精度检查

本次试验在现场采集了 94 个杆塔位和 50 个地形特征点的高程值，把实地测量成果与立体模型中的人工测量成果进行比较，其结果如表 8-12 所示。

表 8-12　野外检查点精度检查结果

类别	点数	高差平均值 /m	高差最大值 /m	高差标准差 /m
杆塔位	92	0.60	1.48	0.36
地形点	50	0.74	1.70	0.44

杆塔位与地形点的内外业高差大小分布情况如图 8-8 所示。

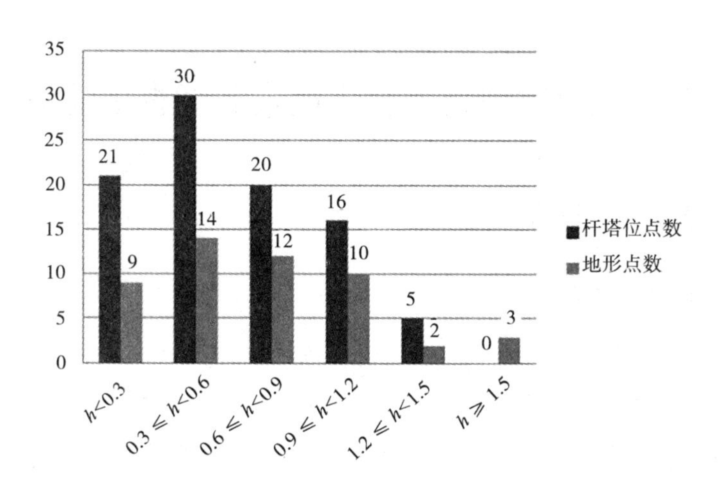

图 8-8 内外业高差分布图

此结果说明空三加密的精度符合输电线路优化选线和平断面图成图的要求。

通过野外精度检测，可以得出结论：无人机可以胜任地形复杂的大山区航空摄影，其摄影测量成果影像清晰，地面分辨率高，高程测量精度达到了 1 ∶ 500/1 ∶ 5 000 线路平断面图测量的技术要求，完全可以满足输电线路优化选线以及平断面图数据采集的要求。为输电线路工程提供了一种可以替代常规航空摄影的较实用的解决方案。

本次无人机摄影采用了 PHASE ONE P45+ 全画幅单反数码相机，CCD 大小 48 mm × 36 mm，相当于 EOS 5D Mark Ⅱ相机的两倍，单航带的有效覆盖宽度达 1 km 以上，可以满足常规地区的选线要求。本工程采用单航带航空摄影与外控，野外控制点布设方案与常规摄影测量类似，控制点航向跨度约 15 条基线，外控工作量较常规航空摄影方法增加一半左右。

第二节　遥感影像技术在土地资源调查中的应用研究

一、遥感影像技术概述

（一）地物波谱特性

遥感技术实质上是一种地物目标的电磁辐射测量技术，任何遥感图像都是地物电磁波谱特性的客观记录，因此遥感图像的应用处理与分析解译过程也是个反演问题，即从记录电磁波谱辐射能量的图像反推出地物目标的属性类别及其时空的分布变化。

在土地利用调查中，土地利用分类实质上是不同地物在影像上反映光谱特性的分类，特别是地物的自动解译与地物的光谱特性的研究尤为重要。

目前遥感涉及的地物波谱主要包括 0.36 ～ 2.5 μm 的反射光谱段，3 ～ 5μm 的反射发射光谱段，8 ～ 14 μm 的发射光谱段和大于 1 cm 的某些微波谱段。各种物体受到太阳辐射后，由于其本身性质，包括表面状况的不同会发生强弱不同的反射。

以被动方式收集和记录地物目标反射太阳辐射或自身发射从可见光到红外区的辐射能量的光学遥感是应用较广泛的遥感类别。地物的化学组成、表面物理特性各不相同，因此地物所呈现的波谱特性也千差万别。从地物的本质而言，大致可概括为植物、水体、岩体、土壤四大类，其波谱特性也具有一定的规律。

（二）光学遥感成像原理概述

光学遥感是指以被动方式收集和记录地物目标反射太阳辐射或自身发射从可见光到红外区的辐射能量而成像的遥感技术，其主要相对于主动方式（如雷达成像）而言，包括摄影成像、光机扫描成像、CCD 固体推扫式扫描成像、高广谱成像等多种类型。目前广泛应用于土地覆盖调查的传感器主要为光学遥感，且常用光机扫描成像、CCD 固体推帚式扫描成像这两种类型。

1. 光机扫描成像

光机扫描遥感成像是人们在 20 世纪 50 年代为了发展热红外遥感，解决不能直接用胶片记录成像的部分波谱信号产生图像问题而开发的新技术，后来此项技术与数字技术相结合，并逐步扩展到电磁波谱的其他部分，形成了包括单通道热红外扫描仪、双通道热红外扫描仪、微波扫描仪以及从紫外到近红外、短波红外、热红外的多波段扫描仪等多类扫描遥感器。它能以被分割得相当精确的波段通道分别收集、记录地物目标的波谱信号，并可以用数字进行记录和传输，从而为进行实时监测和更精确、更细微的定量探测提供可靠的信息源。

扫描成像与其他成像方式（相机摄影成像）的区别是，其整个图像不是依赖快门在曝光瞬间使胶片平面上发生光化学反应来记录成像，而是随运载工具（飞机、卫星等）在向前移动的过程中进行连续横向（即与飞行平台前进方向垂直）行扫描来获取地物目标反射或自身发射出的电磁波谱信号，逐行记录成像。也就是说，地物目标的波谱特性，是直接由与运载工具飞行方向成直角转动或摆动的反射镜或棱镜组成的光机系统收集，经过分光再聚焦到探测器上。探测器由感应可见光与近红外的硅光电二极管、感应短波红外与中红外的铟锑、铟砷或感应热红外的碲镉汞等光敏、热敏元件组成。这些探测元件把接收到的辐射能转换为电信号，经放大、转换等处理形成不同亮度的条带影像。连续不断的行扫描就把条带影像组合成覆盖一块地面的影像。

采用光机扫描成像的传感器的典型代表是美国 1972 年到 1999 年陆续发射的地球资源卫星（LandSat 1–7）上搭载的 MSS（multi–spectral scanner）、TM（thematic mapper）、ETM（enhanced thematic mapper）。

2. 推扫式扫描成像

推扫式扫描成像不同于光机扫描成像，在推扫式遥感成像系统中一般使用一排排光电探测器 CCD 阵列组件，每个探测器可以“看到”地面上相应的一块地方。

一排探测器的组合可以看到地面的一个条带。这样就可以不用摆动反射镜，而是随着遥感平台的前进，一行行地向前推进捕捉地物目标信息，连续采样就一行接一行地像扫帚扫地一样形成一条沿卫星地面轨迹垂直分布的成像带。由于卫星的运行速度恒定，当确定了采样间隔后，CCD 上光敏元件所接收的入射光量仅受控于相应的地物亮度，在阵列电极电压作用下注入的光子生成载流子，形成了与光信号相当的电荷分布，从而产生了相应的输出信号。而当相邻轨道对同一地面倾斜扫描时，可以获得立体像对。同时由于扫描镜可以旋转，增加了扫描仪的视域，因此其对地面扫描观测的频率大为提高。

由于 CCD 探测器不需外部机械扫描，尺寸变形小，量子效率高，无尖峰噪声，所以有较高的分辨率，它兼具照相机和光机扫描成像的优点，因此被普遍认为是提高遥感图像空间分辨率最有前途的遥感器之一。事实上，采用推扫式扫描成像传感器成为当今多数高分辨率地球遥感资源卫星的主流选择。

3. 可用于土地利用调查的资源遥感卫星

目前，多空间尺度、多时间尺度以及多光谱尺度的海量卫星遥感获取技术的形成为国民经济建设中诸多行业的发展与应用提供了丰富的影像数据源，并具有以下特点。

（1）空间分辨率。民用资源遥感卫星影像的空间分辨率已达到分米级，并形成了多纵向空间分辨率体系。其跨度从美国国家海洋与大气管理局气象卫星的 1.1 km，Landsat-1 MSS 的 80 m，TM 全色影像的 15 m，法国 SPOT5 全色影像的 2.5 m，IKONOS 和 OrbView-3 的 1 m 到 QuickBird 的 0.61 m、WorldView 的 0.5 m。

不同的应用领域以及不同层次的应用研究所需影像数据的空间分辨率也不同。低、中、高多级卫星影像恰恰可以提供从粗到精的数据源，能够满足行业的需求。目前，国民经济建设对高分辨率卫星影像的需求较为迫切，在大比例尺土地详查的应用中，因为土地利用和土地覆盖特别强调影像的地类判别能力以及地类面积的量测精度，所以对空间分辨率要求较高。在进行土地规划、土地变化监测时，研究对象大多属于尺度相对较小且空间信息较为重要的地物。也就是说，需要在较小的空间尺度上观察地表的细节变化，进行大比例尺制图，因此对空间分辨率提出了严格要求。此外，在“数字地球”和“数字中国”如火如荼的建设过程中，尤其是在大比例尺、高精度的“数字城市”建设中，因为区域发展较快、地物地貌变化较大，所以急需高空间分辨率的遥感数据实现对地物的更新，从而真实反映城市的快速发展。

（2）时间分辨率。时间分辨率指遥感影像对同一地区重复覆盖的频率，即多长时间可以重复获得一次新的遥感信息。目前，一般对地观测卫星的重访周期为 15 ～ 25 天，IKONOS 最小重访周期为 3 天，QuickBird 为 1 ～ 6 天，MODIS 为 1 ～ 2 天，气象卫星则可以不间断地对大气现象进行观测。

与所需空间分辨率类似，不同行业对影像时间分辨率也有不同的要求。对于大尺度植物生长、自然和人为污染等监测，要求的时间分辨率较低，一般为几天到几周的时间；对大气温度、水汽、土壤状况和灾害等方面的监测要求遥感卫星重访周期较短，为几小时到一天。随着时间分辨率的提高，卫星影像在地物动态变迁、资源和环境动态监测、农作物生长、农作物灾害、自然灾害监测等领域的作用越来越大。

其中，在农业应用领域，由于作物生长状况以及作物受灾状况变化快，所以对卫星影像的时间分辨率要求较高。比如，利用 NOAA 卫星 AVHRR 数据进行作物长势监测，既可以实时监测作物的生长，也可以获得作物生长过程的归一化植被指数（NDVI）时间曲线，从而分析作物的生长趋势。在退耕还林工程的实施过程中，需要使用连续性卫星遥感数据，以保证动态监测的连续进行。对于自然灾害，特别是重大自然灾害，如森林火灾和大面积洪涝灾害的实时监测，需要具有高时间分辨率的卫星遥感影像。此外，资源与环境的现状调查、土地利用动态监测、地形图的更新等对卫星影像的时间分辨率要求也相对较高。

（3）光谱分辨率。光谱分辨率是指传感器所能记录的电磁反射波谱中某一特定的波长范围值。光谱分辨率的增加，既可以使大气的各类电磁波谱得到充分利用，又可以将光谱段划分得更细。所以，高光谱遥感能提供更多的精细光谱信息，从而提高识别目标性质和组成成分的能力。

高光谱影像在精确研究地表物体、识别其类型、鉴别物质成分、实现地物精确分类等方面发挥了重要的作用。由于普通光谱分辨率的遥感影像不能满足矿物、岩石的类型、各种污染物的成分、农作物、森林种类的定量分析，所以地质调查、精细农业、植被、水环境等领域对高光谱遥感影像的需求较高。一直以来，高光谱遥感在地质领域的应用较为成熟。主要是因为在地质及矿产资源信息的解译中，需要在可见光至热红外的波谱范围内对不同岩性和矿物成分进行区分，而高光谱遥感恰恰具有细分波段的功能。因此，各种矿物和岩石在电磁波谱上显示的诊断性光谱特征得到了充分利用。近年来，高光谱卫星影像在植被调查和监测、农作物监测以及农作物估产等方面也具有了广阔的应用潜力，主要表现在植被信息的反演、农作物长势的监测和农作物理化特性的反演等方面。

二、土地资源的利用情况分析

（一）土地资源利用情况分析的意义

土地分析是为查清土地的数量、质量、分布、利用和权属状况而进行的调查。土地利用现状调查的目的是为全面实施耕地保护和土地用途管制制度、开展集体土地登记发证、制定国民经济发展计划等提供重要依据。《中华人民共和国土地管理法》第二十八条规定："国家建立土地统计制度。县级以上人民政府统计机构和自然资源主管部门依法进行土地统计调查，定期发布土地统计资料。"

由于受当时的人力、物力、财力及技术条件的限制，上一轮土地详查的时间跨度较大，在一定程度上影响了数据成果的现势性和准确性，图件成果基本也是硬介质的，而且经过十多年的发展变化有些地方的年度变更往往只是数据变更，并未对图件做相应的变更，造成土地利用现状资料存在"实地、图件、数据"三者不一致的情况，不能很好地展现当前情况，无法适应信息化社会对土地管理工作的要求。

（二）土地利用调查应用的航空摄影测量技术

土地利用调查是运用地学方面的学科知识，查清土地的数量、质量、空间分布、权属、利用状况及动态变化和规律的一项技术和方法。调查成果能在整体上反映土地资源的利用程度，揭示土地利用中存在的问题及潜在的生产能力，是编制土地利用总体规划、拟定土地整理措施、开展土地利用动态监测、制定宏观调控政策、建立科学管理制度的基本依据。土地调查主要包括土地类型、数量、质量、权属、分布位置等方面的内容，如果要动态地反映土地及土地利用情况，就需要有计划地、持续不断地或周期性地进行土地变更（更新）调查工作。土地利用调查可分为土地利用现状调查和土地利用变更（更新）调查。

土地调查以现实性强的航空、航天正射遥感影像图、地形图以及地面控制点为调查的基础资料。基础地理底图采用国家标准划分图幅范围，调查农区及经济发达农区一般采用1：10 000或1：5 000比例尺，调查林区和牧区一般采用1：25 000或1：50 000比例尺，调查荒漠和无人区一般采用1：50 000或1：100 000比例尺。城市市区和城乡接合部，一般采用实地测量或高分辨率遥感影像为基础资料进行调查，调查比例尺一般为1：500～1：2 000。

土地利用调查工作量大、精度要求高，是一项技术性较强的工作，具有严格的技术标准要求和工作程序。传统的土地利用调查，主要以纸质航摄像片和地形图为基础资料，采用全野外调绘，以人工转绘、人工绘图、人工量算面积、汇总统计为主要技术手段，由于调查过程环节多又以手工操作为主，调查精度较低，出错率较高，调查形成的成果也以纸质为主，所以不利于成果的应用及更新。随着3S技术的发展及其在土地利用调查中的应用，不论是调查原始基础资料还是成果资料，不论是图形、图像资料还是文档、数据表册，都实现了电子化和数字化，减少了调查过程中的人工操作环节，提高了调查精度，采用地理信息系统对调查成果建立数据库和系统集成，提升了成果的应用价值和管理水平。

（三）遥感影像应用于土地资源调查的情况

遥感是20世纪60年代发展起来的对地观测综合性技术，从广义上讲是非接触性远距离的观测技术，从狭义上讲是指从远距离、高空甚至外层空间的平台上，利用可见光、红外、微波等探测仪器，通过摄影和扫描、信息感应、传输和处理，从而识别探测对象的性质和运动状态的现代化技术体系。

遥感技术是指从高空到地面各种对地球观测的综合性技术系统，由遥感平台、探测传感器以及信息接收、处理与分析、应用等组成。遥感技术与地理信息系统、全球卫星定位技术构成了完整的遥感技术体系，是对地观测的重要手段，也是信息技术的一个重要分支。

遥感技术自20世纪70年代中后期在应用方面开始取得成就。遥感应用研究涉及的领域广、类型多，既有专题性的，也有综合性的。遥感技术随着信息技术的发展得到了迅速发展，从1980年到2002年，遥感影像的空间分辨率提高了几十倍甚至上百倍，由最初的几百米分辨率发展到现在的2.5 m、1.0 m

和 0.61 m，新一代的遥感卫星甚至可以达到 0.2 m，应用范围和广度不断扩大。遥感在应用领域取得了良好的经济效益和社会效益，土地利用遥感调查的一些资料表明，航空、航天遥感与常规地面调查相比，时间为其 1/8，资金投入为其 1/3，人力仅为其 1/6。

我国的土地利用现状详查始于 20 世纪 80 年代末，主要采用技术成熟、航摄资料齐全的航空遥感的技术手段和方法。我国西部地区由于调查比例尺小和航摄资料陈旧等原因，部分采用了 MSS 和 TM 卫星遥感数据用于 1 ∶ 100 000 比例尺的调查和制图。随着国家改革开放的不断深入和经济建设的快速发展，以及国家和地方基础设施建设、农业产业结构调整、生态环境建设等项目的实施，土地利用动态变化加快，原有的调查资料已不适应经济建设的需要，应适时地更新土地利用基础资料。近年来已有部分发达经济地区开展了应用航空、航天遥感资料结合地理信息系统和全球卫星定位技术，进行土地利用更新调查，在中等比例尺的范畴内，使用如 SPOT5、IKONOS 等分辨率的卫星遥感影像更新土地利用现状图，而采用更高分辨率的 QuickBird 或 QuickBird Ⅱ（WorldView）及大比例尺的航空影像资料，已经可以在大比例尺的地籍图和土地利用图中发挥作用。

和传统的以测绘技术为主的调查手段相比，利用高分辨率卫星遥感数据开展大比例尺土地利用更新调查，其现势性强、直观形象及内容丰富的遥感数字影像有效降低了调查工作的难度和强度，缩短了调查周期。在成果应用方面，土地调查形成的矢量图形数据和遥感数字影像相结合的土地利用、权属界线及土地规划等专题图，不再是专业人员使用的专利，一般非专业人员也能方便使用。利用高分辨率卫星遥感影像开展大比例尺土地利用更新调查，目前还处于初期应用研究阶段。

遥感影像在土地产权、后备土地资源及存量土地资产调查、土地利用规划编制、土地开发整理规划设计等方面的应用也具有优势。不同分辨率的卫星影像的应用与成图比例尺有关，在地市级 1 ∶ 100 000 ～ 1 ∶ 200 000 土地利用总体规划、国土规划中，采用 15 ～ 30 m 分辨率的美国陆地卫星 TM 和 ETM 影像；在 1 ∶ 10 000 ～ 1 ∶ 50 000 县、区级的规划中，采用 SPOT5 等卫星影像；在 1 ∶ 2 000 ~ 1 ∶ 10 000 等规划中，采用米级及微米级分辨率，如

IKONOS、ALOS、QUICKBIRD 等卫星影像。

三、遥感影像处理技术在土地资源调查中的应用

（一）遥感影像的几何精校正技术

1. 遥感影像空间分辨率的适宜性

遥感影像的分辨率是指影像上每个像元所代表的地面实际范围的大小，或者是地面物体所能分辨的最小单元，即传感器的瞬时视场，而像元记录的是所对应地面范围内目标辐射能量的总和，如果瞬时视场对应的地面范围内包含多种不同类型的地物目标，则该像元记录的是多类不同性质的地面目标辐射能量的综合，人们称这样的像元为混合像元。一般认为混合像元与传感器分辨率有 $\sqrt{2}$ 倍对应关系。混合像元仍然是一个待研究的问题。

任何影响卫星稳定运转、影像采集和影像处理的因素，都会不同程度地影响影像质量，进而影响卫星对地物的分辨能力。影响影像的空间分辨率的因素主要有两方面。

一是遥感卫星的自身特性，包括传感器性能、瞬时视场角、侧视入射角及数据的存储位宽等。例如，侧视入射角会对像点位移以及实际分辨率产生影响；数据的存储位宽用 16 位，影像的饱和与清晰程度要高于以 8 位存储的形式。

二是影响卫星遥感影像空间分辨率的外部环境以及地物自身状况，如大气层和天气状况的影响，地物的形状、大小和周围地物的状况等。在土地利用调查中，许多线状地物的宽度达不到一个像元，却可以在影像上清晰地判别出来。这是由于该地物的辐射能量远高于周围地物，按混合像元的理论该像元能识别出来。

根据人眼在明视距离（250 mm）处的分辨率（0.1 mm），可以计算出纸质各比例尺地形图的地面分辨率，即 0.1 mm 乘以地图比例尺的分母。反映在利用卫星遥感影像进行调查成图时，对卫星遥感图像空间分辨率的最低要求可以比对为相应比例尺图件的地面分辨率，如 1 ： 10 000 比例尺地形图最低分辨率为 1 m。另外，土地地类调查是调查不同地类间的边界，而边界线像元是混合像元，即像元记录的波谱信息是影像空间分辨率范围内不同种地物类的混合

信息，则该混合像元与非混合像元点间的差异明显，多点混合像元构成明显边界能满足土地地类调查的要求。

考虑土地调查规程中图斑上图面积与实际分辨率的对应关系，如1 ∶ 10 000土地调查中农用地最小上图面积为6 mm²，实际需求影像的空间分辨率为2.5 m。可以认为，在1 ∶ 10 000的土地利用资源调查的研究比例尺上，对遥感影像空间分辨率的要求为2～3 m。以此类推，其他尺度的土地调查所需求的遥感影像分辨率实际均要低于按明视距离换算的所需分辨率（表8–13）。

表8–13　土地调查成图比例尺与其适宜的遥感影像空间分辨率

成图比例尺	适宜分辨率
1 ∶ 2 000	0.4～1.0
1 ∶ 5 000	1.0～2.0
1 ∶ 10 000	2.0～3.0
1 ∶ 25 000	5.0～8.0
1 ∶ 50 000	10.0～20.0

2. 正射纠正改正的几何畸变技术

（1）正射纠正改正的几何畸变类型。传感器获取影像时，目标物的光谱反射率或光谱辐射亮度与成像实际值不一致称为辐射误差；目标物在像平面的几何位置与实际像点位置的差别称为变形误差。辐射误差包括传感器灵敏度特性、太阳高度、地形倾斜、大气吸收、散射等引起的畸变。变形误差可分为内部误差与外部误差。内部误差是由传感器本身的性能造成的，如焦距误差、像主点偏移、光学畸变等；外部误差指由于搭载平台和目标物引起的误差，如平台姿态变化、地球曲率、地形起伏等。

土地利用调查对遥感影像的几何精度要求较高，首先要制作满足大中比例尺（1 ∶ 2 000～1 ∶ 10 000）制图精度的正射影像平面图。遥感图像的形成会受诸多因素，如遥感平台位置和运行状态变化、地形起伏、地球表面曲率的影响，在几何位置上发生变化，产生诸如行列不均匀、像元大小与地面大小对应不准确、地物形状不规则变化等畸变。遥感影像的总体变形是平移、缩放、旋转、偏扭、变曲及其他变形综合影响的结果。产生畸变的图像不能直接用于定位和定量分析。从卫星上接收的影像，首先由接收单位对遥感平台、传感器的各种参数进行部分处理和校正，即待纠正的数字影像已利用卫星在扫描成像过程中可以预测的一些几何参数进行了地球旋转、像元素在 X、Y 方向尺寸不等、卫星轨道偏角、大气折光、地球曲率等因素的几何粗纠正处理，但精度仍满足不了用户的要求，需要做进一步的几何精校正和正射校正。

影像的辐射误差与变形误差的内部误差，一般在提供商分发数据到用户前进行了改正。例如，SPOT 卫星的 1A 产品，LandSat 卫星的料加工产品，都改正了由于传感器内部因素引起的影像变形，如光学畸变、像主点位移等，可用于判读、区域分类、监测为目的的应用。而在许多空间定位精度要求较高的领域，如测绘、国土、气象、林业等部门，就必须做精确的正射纠正。

正射纠正改正有遥感卫星所搭载的传感器外部因素引起的影像变形，如传感器姿态变化、地球曲率、地形起伏、地球自转等。

遥感卫星沿飞行方向获取的影像，由分辨率和传感器扫描线数决定覆盖面积，如 SPOT 4 Pan 1A 的一景影像由 6 000 条扫描线组成，每条扫描线有 6 000 个像元，10 m 分辨率的覆盖面积有（$6\,000\times10$）m×（$6\,000\times10$）m=3 600 km^2。以多颗商用高分辨率卫星所搭载的推扫式 CCD 传感器为例，在摄影瞬间，传感器所获取的影像是与飞行方向垂直的。当卫星向前飞行时，传感器焦平面上与飞行方向垂直的缝隙中，获得连续变化的地面影像。

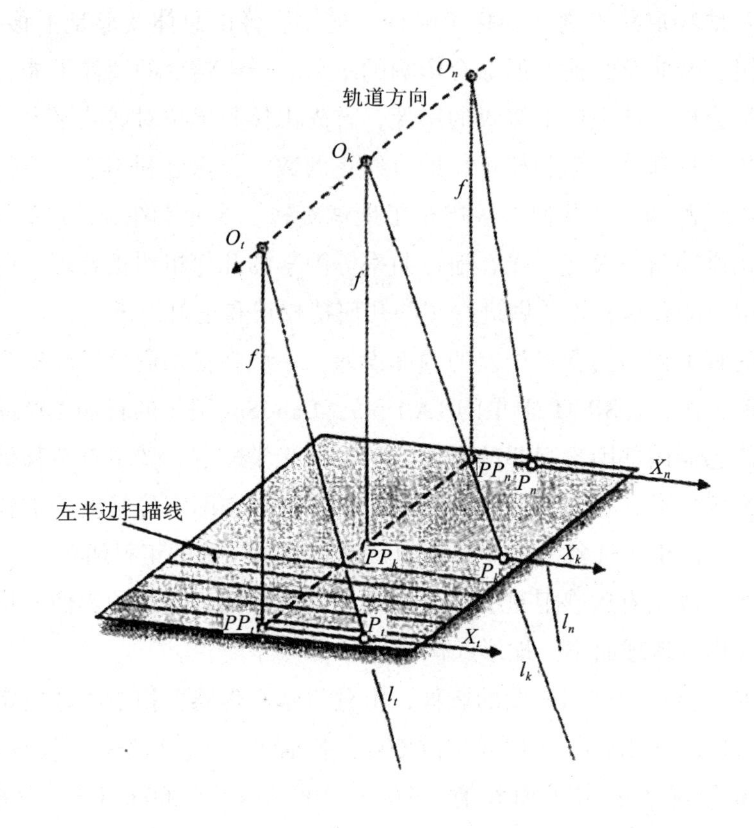

图 8–9 推扫式成像原理

图 8–9 为推扫式成像原理图，图中：P_k 为像点；X_k 为扫描线 X 方向坐标；f 为摄影焦距；O_k 为扫描线 k 的投影中心；PP_k 为扫描线 k 的像主点；l_k 为投影中心 O_k 发出的光束。

对于瞬间获取的一条扫描线的影像，其成像性质为中心投影；但对于一段影像（多条扫描线），由于其是在传感器随卫星飞行的情况下连续获得的，所以其航线影像性质为正射投影。而相对于每一条扫描线投影中心的其他各部分像点仍为中心投影。因此，推扫式卫星的成像实质为多中心投影。

影像的每一条扫描线在中心投影、传感器空间姿态和地面地形起伏的综合影响下引起的像点位移叫作几何畸变。

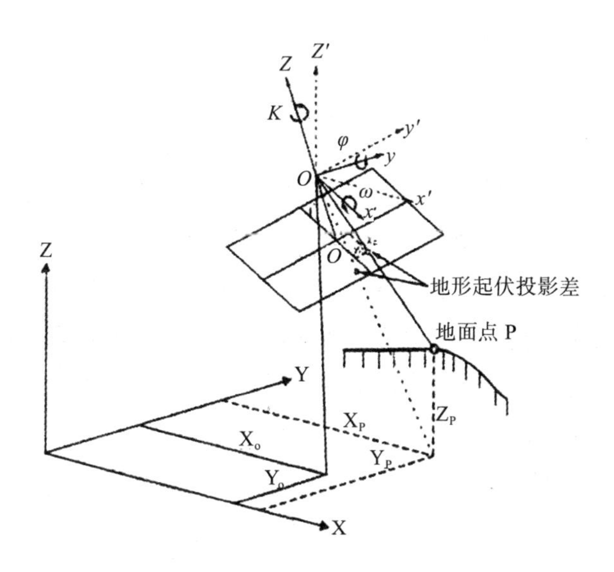

图 8-10　中心投影引起的几何畸变

图 8-10 为中心投影引起的几何畸变图，图中：ω 为 X 坐标轴旋转；φ 为 Y 坐标轴旋转；k 为 Z 坐标轴旋转。

（2）地形起伏和入射角引起的像点位移。按前面所述，多数高分辨率遥感卫星采用的是推扫式成像方式，影像为多中心投影，每一条扫描线遵循中心投影的规律，这意味着沿卫星轨道方向的成像不受地形起伏的影响，其偏移误差主要由卫星在摄影瞬间的空间姿态变化造成，可以用多项式方法予以改正；垂直于卫星轨道方向的成像由于遵从中心投影的规律，可用共线方程描述。

设卫星离地面高度为 H，摄影焦距为 f，地面点相对高差为 Δh，成像入射角为 θ，对于地形起伏和入射角引起的像点位移为

$$\begin{cases} \mathrm{d}x = \theta \\ \mathrm{d}y = \dfrac{f \cdot \sin\theta \cdot \cos\theta}{H} \Delta h \end{cases} \tag{8-11}$$

由式（8-11）可知，像点位移只存在于扫描方向，而飞行方向不发生位移，所以 $\mathrm{d}x$ 恒为 θ。

一般卫星轨道高度 H 很大，在地物相对高差 Δh 不是很大的情况下，产生的像点位移或投影差可以忽略，但是在相对高差很大时，必须用 DEM 做改正。

由式（8-11）可以看出，在 H、Δh、f 固定时，纠正中必须考虑轨道入射

角 θ引起的像点位移。

3. 遥感影像的几何校正模型与方法

（1）正射纠正的基本模型。对推扫式遥感卫星影像的正射纠正有严密纠正模型和变换关系纠正模型两大类。严密纠正模型根据卫星轨道参数、传感器摄影特征以及成像特点，由传感器获取影像瞬间的位置、方位等因素，建立起像点与地面之间的共线关系，并由此共线方程求解像点或地面点的纠正坐标。而变换关系纠正模型是一种传统的几何纠正方式，它不考虑成像的特性，而是通过地面控制点与影像同名点解算出不同变换式的变换系数，从而将变形的原始影像拟合到地面坐标中。

严密纠正模型有基于多项式的共线方程、基于卫星轨道参数的纠正方法、基于光束法的区域网平差等方法；变换关系纠正模型有多项式纠正、有理函数多项式、有理函数多项式区域网平差等方法。其中，区域网平差是用稀少控制点以多景影像组成区域网进行平差的纠正方法。

（2）基于多项式的共线方程纠正方法。此方法主要是通过改正原始影像的几何变形，采用像素坐标变换，使影像坐标符合某种地图投影、图形表达方式和像素亮度值重采样。在摄影瞬间，传感器、影像、地面三者之间以共线方程反映了成像时地面点和像点之间一一对应的关系。

由于推扫式是当前大多数遥感卫星采用的主流成像方式，因此整景影像为多中心投影，每条扫描线是中心投影。用共线方程表达为

$$
\begin{aligned}
x&=-f\left[\frac{m_{11}\left(X-X_i\right)+m_{12}\left(Y-Y_i\right)+m_{13}\left(Z-Z_i\right)}{m_{31}\left(X-X_i\right)+m_{32}\left(Y-Y_i\right)+m_{33}\left(Z-Z_i\right)}\right]\\
y&=-f\left[\frac{m_{21}\left(X-X_i\right)+m_{22}\left(Y-Y_i\right)+m_{23}\left(Z-Z_i\right)}{m_{31}\left(X-X_i\right)+m_{32}\left(Y-Y_i\right)+m_{33}\left(Z-Z_i\right)}\right]
\end{aligned}
\qquad (8\text{–}12)
$$

式中：x、y 为像点坐标；f 为摄影焦距；X、Y、Z 为地面点坐标；X_i、Y_i、Z_i 为第 i 行扫描线的外方位元素；m_{11}，m_{12}，$\cdots$，m_{33} 为三个坐标轴 ω、φ、κ 的旋转矩阵。

推扫式成像的每一扫描线外方位元素均不同，且 y 值恒为 0。正射纠正时必须求解每一行的外方位元素，利用共线方程得到与地面点相对应的像点坐

标，加入 DEM 后对影像进行纠正。

一般可以认为，在一定时间内，遥感卫星在轨道运行时空间姿态变化是稳定的，那么 6 个外方位元素的变化是时间的函数。由于推扫式影像 y 坐标和时间之间有固定的对应关系，即每行扫描时间相同，所以可将第 i 行外方位元素表示为初始外方位元素 $(\omega_0,\ \varphi_0,\ \kappa_0,\ X_0,\ Y_0,\ Z_0)$ 和行数 y 的函数，而这个函数可以用二次多项式函数表示：

$$\begin{aligned}&\varphi_i=\varphi_0+k_1y+k_2y^2,\ X_i=X_0+k_3y+k_4y^2\\&\omega_i=\omega_0+k_5y+k_6y^2,\ Y_i=Y_0+k_7y+k_8y^2\\&\kappa_i=\kappa_0+k_9y+k_{10}y^2,\ Z_i=Z_0+k_{11}y+k_{12}y^2\end{aligned} \tag{8-13}$$

式中：$k_1,\ k_2,\ldots,\ k_{12}$ 为第 i 行外方位元素与初始外方位元素之间的二次多项式系数。

求解 6 个中心行外方位元素与 12 个二次项系数，至少需要 9 个已知控制点按最小二乘原理求得。该方法需获得初始外方位元素，其可从星历文件中得到，如 SPOT5 影像星历在 DIM、CAP 格式文件中；QuickBird、IKONOS 影像星历在辅助文件中。

（3）多项式纠正方法。多项式纠正方法是一种传统的变换关系纠正方法。多项式用二维的地面控制点计算出与像点的变换关系，设任意像元在原始影像中坐标和对应地面点坐标分别为 $(x,\ y)$ 和 $(X,\ Y)$，以 $X=F_1(x,\ y)$，$Y=F_r(x,\ y)$ 数学表达式表达，如果该数学表达式采用多项式函数来表达，则像点坐标 $(x,\ y)$ 与地面点坐标 $(X,\ Y)$ 建立的多项式函数为

$$\begin{cases}x=a_0+\left(a_1X+a_2Y\right)+\left(a_3X^2+a_4XY+a_5Y^2\right)+\\\qquad\left(a_6X^3+a_7X^2Y+a_8X^2+a_9Y^3\right)+\cdots\\y=b_0+\left(b_1X+b_2Y\right)+\left(b_3X^2+b_4XY+b_5Y^2\right)+\\\qquad\left(b_6X^3+b_7X^2Y+b_8X^2+b_9Y^3\right)+\cdots\end{cases} \tag{8-14}$$

式中：$(a_0,\ a_1,\ a_2,\ a_3,\cdots a_n)$、$(b_0,\ b_1,\ b_2,\ b_3,\cdots b_n)$ 为变换系数。

一般多项式阶数是 1 阶到 5 阶，式中表达的为 3 阶。所需控制点数 N 与多项式阶数 n 的关系为 $N=(n+1)(n+2)/2$，即 1 阶需 3 个控制点，2 阶需 6 个控

制点，3 阶需 10 个控制点。

多项式纠正考虑二维平面间的关系，因此对于地形起伏高差较大的区域，并不能纠正由地形起伏引起的投影差，纠正后的精度就不高。另外，考虑入射角的影响，多项式纠正对于地形起伏较大地区并不适宜。

（4）有理函数纠正方法。有理函数纠正方法是一种变换关系的几何纠正模型，以有理函数系数将地面点 $P\left(L_a,\ L_b,\ H_c\right)$ 与影像上的点 $p\left(l_i,\ S_a\right)$ 联系起来。对于地面点 P，其影像坐标 $p\left(l_i,\ S_a\right)$ 的计算始于经纬度的正则化，即

$$P=\frac{L_a-L_{a\_off}}{L_{a\_scale}},\ L=\frac{L_o-L_{o\_off}}{L_{o\_scale}},\ L=\frac{L_e-L_{e\_off}}{L_{e\_scale}} \tag{8-15}$$

正则化的影像坐标（x，y）为

$$X=\frac{\sum_{i=1}^{20}a_i\times p_i\left(P,\ L,\ H\right)}{\sum_{i=1}^{20}b_i\times p_i\left(P,\ L,\ H\right)},\ y=\frac{\sum_{i=1}^{20}c_i\times p_i(P,\ L,\ H)}{\sum_{i=1}^{20}d_i\times p_i(P,\ L,\ H)} \tag{8-16}$$

求得的影像坐标为

$$l_i=y\times L_{i\_scale}+L_{i\_off},\ S_a=x\times S_{a\_scale}+S_{a\_off} \tag{8-17}$$

其中，有理函数系数 L_{a_off}，L_{a_scale}，L_{o_off}，…，a_i，b_i，c_i，d_i 随影像分发，最多可达 20 个，一般存在于同文件名的 RPC 或 RPB 文件中（JKONOS 影像为 RPC，QuickBird、WoridView 影像为 RPB），或是以 NITF 2.0、NITF2.1 格式存在于影像中分发。

有理函数纠正以很高的精度进行物方和像方的空间变换，相对于多项式纠正方法考虑了地面高程，相对于共线方程模型使复杂的实际传感器模型得以简化，便于实现。

RPC 参数一旦给定，有理函数模型纠正前影像不能做任何空间位置的处理，否则将导致系数与影像的对应关系发生变化，使纠正的结果不正确。

值得注意的是，IRONOS、QuickBird、WorldView 等卫星生成的 RPC 参数是基于 WGS-84 坐标系统，轨道测控系统及重力场模型等精密卫星定位参数虽然很精确，但由于缺少中国地区的地面高精度的基础控制数据，使 RPC

模型定位精度受到影响，存在系统偏移，这就需要高精度的控制点加以改正。

（5）稀少控制点的区域网平差纠正方法。长期以来，卫星遥感影像的精确定位一直依赖于地面控制点，控制点的数量与分布直接影响遥感影像对地目标定位的精度。然而在沙漠、海洋、密林、边境等地区，由于地面特征不明显或作业人员无法到达，很难获取足够数量的地面控制点，因此用区域网平差进行影像参数模拟，用稀少控制点就完成影像纠正是一种较适宜的解决方法。

基于光束法的区域网平差，首先将三维空间模型经过相似变换缩小到影像空间，其次将其以平行光投影到过原始影像中心的一个水平面上，最后将其变换至原始倾斜影像，从而进行仿射变换并建立误差方程，包括每景影像的参数和地面影像坐标的改正，组成法方程，进行平差计算改正。

基于 RPC 模型的区域网平差，是通过影像之间的约束关系补偿有理函数模型的系统误差。区域网平差要合理布设控制点，在景间需有一定数量的连接点，所需控制点数量较少。

4. 遥感卫星影像正射纠正的适用模型

当前商业化高分辨率遥感卫星影像正射纠正根据其搭载的传感器以及提供用户产品的级别特点，都有其适用的纠正模型，如表 8-14 所示。

表 8-14　遥感卫星影像正射纠正的适用模型

卫星（传感器）	纠正模型
DPPDB	有理函数
EROS A1	轨道参数共线方程
IKONOS	有理函数
IKONOS with RPCs	有理函数
IRS-1C/1D	多项式推扫
Landsat7 ETM+	多项式推扫
MODIS	轨道参数共线方程
QuickBird with Metadata	轨道参数共线方程

续表

卫星（传感器）	纠正模型
QuickBird with RPCs	有理函数
SPOT 1-4	多项式推扫
SPOT 5	轨道参数共线方程
World View with Metadata	轨道参数共线方程
World View with RPCs	有理函数

实际上，由于卫星影像提供的不同产品级别，也可以根据情况选择纠正模型。以 QuickBird 影像为例，其 1B 级产品为原始数据，提供星历，较适合用卫星轨道参数的方法纠正；标准影像产品 Standard 2A 由于已经做粗地形校正，因此不能用卫星轨道参数方法做校正；预正射标准影像产品 Ortho Ready Standard 2A 产品做了系统几何校正，没有星历、姿态等数据，但是利用其自带的元数据和影像参数，也可以用卫星轨道参数法做正射纠正。

5. 遥感影像几何校正的精度分析

（1）试验数据情况。试验数据采用二景 WoridView 的预备正射标准影像产品（Ortho Ready Standard 2A）。覆盖区域位于云南省中部地区，东经 102.47º ～ 102.68º、北纬 25.06º ～ 25.34º，平均海拔高度为 1 900 m，最低处的海拔高度为 1 222 m，最高处为 2 600 m，相对高差超过 1 400 m，地形属于高山地。应用二景 WorldView 影像区域为矩形区域，东西宽约 21 km，南北长约 31 km，南北重叠约为 22%，为同时间采集的同轨影像。影像具体参数如表 8-15 所示。

表 8-15　试验影像基本参数

影像 ID	景一	景二
横向分辨率 /m	0.532	0.533
切向分辨率 /m	0.585	0.587

续表

影像 ID	景一	景二
侧视角 /°	21.0	21.3
采集方位角 /°	269.4	269.3
采集高度角 /°	67.2	66.9
太阳方位角 /°	154.6	154.5
太阳高度角 /°	38.7	38.8

（2）控制点及检查点布设。控制点与检查点均取自原字区域已成 1 ∶ 10 000 线划图航测加密成果的加密点，从刺点航片转刺而来。共采集控制点 27 个，检查点 34 个，重叠区域同名公共点 14 个。由于航测加密点分布与影像纠正布设范围有差异，因此选取的控制点应尽可能地均匀分布在区域内。

（3）多项式纠正精度分析。对于 P001 景影像分别以一至四次多项式方法，以该景内 17 个控制点全部参与纠正。处理软件为 PCI Geomatica 10.1。纠正误差如表 8–16 所示。

表 8–16　多项式纠正误差

次项数	控制点 RMS/m	检查点 RMS/m
一次项	76.64	102. 31
二次项	70.20	92.05
三次项	51.17	79.62
四次项	4.06	141.32

从表 8–16 中可以得出以下结论。

第一，由于多项式纠正不改正高差引起的投影差，对该试验区域所属的高山地地形纠正误差较大，因此不能适用于大中比例尺的土地利用资源调查。

第二，随着纠正次项的升高，控制点误差呈下降趋势，在四次项时呈量级变化，由 51.17 m 变为 4.06 m。 这是因为多项式方法对整幅图像都采用同一映射函数，随着阶次的提高使控制点精度也提高，但试验区域内高山地与平坦坝子相间，局部变换不一致可能使整体误差增加，检查点误差结果就说明了这一点。

第三，检查点中误差随一至三次项的阶次升高而降低，在四次项时反而最大。这是由于影像的变形特点决定的。一次项纠正线性变形，二次项除了改正线性变形还改正二次非线性变形，三次或三次以上改正高次非线性变形。

QuickBird、WorldView、IKONOS 等卫星定轨与空间姿态稳定，不发生高次非线性变形。因此，由试验结果可知，并不是阶次越高纠正精度越高，二次与三次项较适宜。

（二）多光谱数据的自然色模拟

1. 缺少蓝波段多光谱数据的自然色模拟方法

在土地利用资源调查中，多光谱信息可以突出反映土地利用类型的要素信息，提高影像的可判读性，使判读者不仅能根据图形、纹理等特征判别分析，而且能根据光谱特征判别分析。一般遥感卫星多光谱传感器波谱范围可覆盖整个可见光部分，即蓝、绿、红波段。而如 SPOT 系列遥感卫星、“北京一号”小卫星、IRS-P6 卫星的多光谱范围仅覆盖可见光的绿波段到红波段，缺少对蓝波段的覆盖。

在利用遥感卫星影像进行土地利用资源调查时，多光谱信息要求必须以人眼可见的自然色表达，而不允许用伪彩色和红外彩色模拟，以便于非遥感测绘人员的判读与实地调查。

对于通常的 SPOT 系列遥感卫星、“北京一号”小卫星、IRS-P6 卫星的自然色模拟方法，往往仅靠不同波段组合，以人眼目视判别、感知来调整色调。

用 P 代表全色波段、G 代表绿波段、R 代表红波段、NIR 代表近红外波段、SWIR 代表短波红外波段。以 SPOT5 为例，自然色的蓝、绿、红三波段分别有（SWIR、NIR、G）、（G、SWIR、R）、（R、NIR、G）等组合替代方式。不管以哪种波段的组合，都必须靠经验知识做色调调整。

人工自然色模拟的方式有两大缺陷：一是必须靠作业人员的经验知识做色调调整，作业人员经验欠缺时，色调调校失真较大；二是标准难以定量统一，不同调校时间、人员，不同景影像的拼接，由于感知的差异难以达到同一或近似的标准。

采用不同波段组合后按算术的方法来模拟真彩色影像，一般有三种。

算法一：由于绿波段光谱范围靠近蓝波段，将蓝波段以绿波段代替，绿波段以（G+R+NIR）/3 实现，即绿波段、红波段、近红外波段的算术平均代替；红波段仍然采用原始波段。

算法二：将蓝色波段以绿波段代替；红波段采用原始红波段；绿波段以绿波段、红外波段按 3 ∶ 1 的加权算数平均值来代替，即 $G=(G\times3+NIR)/4$。

算法三：将全色波段参与计算：$B=2\times P\times G/(G+R)$；$G=2\times P\times R/(G+R)$；$R=[a\times P+(1-a)\times NIR]$，其中 a 为 0.1 到 0.5 的经验系数，根据遥感影像景观取值，主要是为了防止过度饱和现象。

以上三种方法，实质是影像的增强算法，其中以第一种和第二种方法算法比较近似，第三种方法加入了全色波段，需作全色与多光谱的配准处理，此方法还需根据影像的景观地物的不同选择参数。

2. 自然色模拟实验对比

本书所用实验数据为华东某地同一区域 SPOT5 10 m 多光谱影像、2.5 m 全色影像，摄影时间为 11 月；ALOS 10 m 多光谱影像、2.5 m 全色影像，摄影时间为 2 月。实验区域属半丘陵地带，包括林地、农用地、居民区、水体较典型地物类。ALOS 数据也采用上述算法，以近红外、红、绿三波段模拟自然色，红、绿、蓝三波段组合做比对数据。

考虑到土地利用资源调查都需对多光谱影像与全色影像做分辨率融合，而第三种算法加入了全色波段，所以不做该算法实验。

从自然色模拟结果得出以下评价结论。

（1）以近红外、红、绿波段模拟自然色，两种算法从目视效果上看，地物都近似于地物本身应呈现的颜色。ALOS 影像模拟结果水体呈蓝、紫色；植被呈绿色；人工建筑呈灰、黑色。SPOT 影像模拟结果水体呈深紫、紫红色；植被呈绿色；人工建筑呈灰、棕色。

（2）算法二模拟结果目视效果优于算法一，算法一地物颜色与原始多光谱地物颜色差异明显。

（3）从算法上看，红波段保持不变，蓝波段以绿波段代替，取值偏小，绿波段按算术方法求得，算法一取各波段平均值，值域偏低，算法二以绿波段为主加权平均，值域高于算法一。

（4）ALOS 影像模拟自然色结果：水体颜色由绿、蓝色向蓝、紫色偏移；植被颜色由暗绿向绿色偏移，比较符合人类心理的植被颜色，但相对呆板；算法二中裸土地、房屋建筑颜色与原始光谱相比饱和度差，而算法一中裸土地、房屋建筑基本失去了颜色饱和度。

SPOT 影像模拟自然色结果：水体颜色呈深紫、紫红色，与人类心理的水体颜色相差较大；植被颜色呈亮绿色，符合人类心理的植被颜色，但相对呆板；算法二中裸土地、房屋建筑颜色过度饱和，向棕红色偏移，而算法一中裸土地、房屋建筑基本饱和。

以 ALOS 影像的模拟结果与原始自然色多光谱影像的结果进行对比，可以得出无对比 SPOT 模拟结果的改进基本原则是降低红波段明度及饱和度，对蓝、绿波段做适当微调。

3. 遥感影像数据的融合

遥感影像融合是指将不同平台上的同一或不同传感器获取的不同空间分辨率与光谱分辨率影像按特定的算法进行处理，使产生的新影像同时具有原影像的多光谱特性和高空间分辨率，以实现不同的应用需求。在利用卫星遥感影像进行土地资源调查中，融合多光谱和高空间分辨率特性，对土地资源的精确分类和面积的准确量算尤为重要。根据目的不同，可大致分为用于变化信息提取的数据融合和用于调查底图制作的数据融合两种。

在土地利用资源调查中，通过信息融合可以突出反映土地利用类型的要素信息，提高影像的可判读性，便于人们从图形、纹理以及光谱特征进行综合判别分析。

（1）多源遥感数据融合的方法。目前用于多源遥感数据融合的方法很多，从技术层次上分，包括像元级融合、特征级融合和决策级融合三个层次。像元级融合有 HIS（H 指 hue，色调；I 指 intensity，饱和度；S 指 saturation，光强度）变换、主分量变换、假彩色合成、小波变换、加权融合、高通滤波融合等方法；特征级融合有贝叶斯（Bayes）决策法、神经网络法、比值运算、聚类分析等方法；决策级融合有基于知识的融合、神经网络、滤波融合等方法。从融合算法上分，可分为对图像直接进行代数运算的方法，如加权融合法、乘积融合法、Brovey 变换融合法等；基于各种空间变换的方法，如 HIS 变换融合法、PCA 变换融合法、YIQ 变换融合法、Lab 变换融合法等；以及基于金字塔式分解和重建的融合方法，如拉普拉斯金字塔融合法、小波变换融合法等。

下面对其中的几种方法进行介绍。

① Lab 变换融合。Lab 变换融合是建立在 Lab 色彩空间模型上的影像变换融合方法。Lab 色彩模型是国际标准的色彩度量。用 Lab 色彩模型描述色彩时，将色彩分离为三个分量，即光度（L，色彩变化由黑色到白色的分量）、分量 a（色彩变换由绿色到红色的分量）和分量 b（色彩变换由蓝色到黄色的分量）。Lab 变换融合是将多光谱影像由 RGB 彩色空间转换为 L、a、b 三个色彩特征空间，用经过匹配拉伸和边缘增强后的全色影像替换多光谱影像中的光度分量 L，然后将各分量还原到 RGB 色彩空间。做 Lab 变换融合时，如果全色影像与多光谱影像未进行灰度匹配，则会导致融合色彩失真。

经过 Lab 变换融合后的影像纹理和细节有显著改进，如线状地物（公路、乡村道路、田埂等）更加清晰。

② HIS 变换融合。与 Lab 变换融合一样，HIS 变换融合也属于色度空间变换，其将 RGB 色度空间作为过渡媒介，即将低分辨率的多光谱影像的每个像元的 RGB 值做色度空间变换，变换到 HIS 色度空间中去，H、I、S 三者分别代表三个分量的平均辐射强度、数据向量和等量的值大小。注意到光强度是红、绿、蓝三幅图像灰度的总和，如果用高分辨率的全色影像的像元灰度数值代替对应像元在 HIS 色度空间中的光强度值，再做色度空间的反变换，此时得到每个像元的红、绿、蓝数值即为融合后的图像各像元彩色值。

③主分量变换（K–L、PCA）融合。主分量变换是将原来的各个因素指标（其中部分可能有相关关系）重新组合到一个新的特征轴系统中，是建立在图像统计特征基础上的多维线性变换，只用几个分量就能完全表征原始图像的有效信息，使图像特征得以突出。主分量变换主要是通过建立一个多维的空间，将同一地区的多幅遥感影像的每个波段的各像元矢量看作这个空间的一个向量。由于波段间存在着大量的冗余数据，因而这些向量之间并不是完全独立

的，因此将这些信息数据重新进行分配，可以形成新的“波段向量”，使这些向量相互独立，并且将主要信息数据集中于前几个向量上。也就是说，各波段像元灰度的总方差（注意不是均方差）不变，但新波段向量方差分布都不一样了，前三个向量的方差和一般要占总方差的 95% 以上，而第一主分量包含的总信息量一般可以达到 80% 以上，基本上新的前三个波段向量就可以代表原图像所有波段数据了。第一主分量成分相当于原来各波段的加权和，反映地物总体辐射差异，其余反映地物的波谱特性。主分量变换就是高分辨率影像代替第一分量，其余分量用多光谱影像合成。

主分量变换是统计特征基础上的多维正交线性变换。使用 PCA 变换的目的不是减少随机噪声的影响或实现数据的压缩，而是通过 PCA 变换，使多光谱图像在各个波段上是统计独立的，然后对每个波段分别处理，以实现像素级图像融合，使人们更方便地进行多于三个波段的数据融合。

主分量变换主要用于多光谱数据三个以上波段的信息融合，对于具有较强相关性的多源数据融合具有显著的优势。由于主成分变换将第一分量用全色高光谱影像代替，因而第一分量包含图像信息可达 80% 以上。

④ Brovey 交换融合。Brovey 变换属于一种简单的代数比值运算融合方法，其主要通过归一化后的多光谱三个波段与高分辨率影像乘积来增强影像，即将高分辨率全色与各自相乘完成融合。其计算公式为 R= pan × band 3/（band l +band 2+ band 3），G=pan × band 2/（band 1 +band 2+hand 3），B=pan × band 1/（band 1 +band 2+ band 3）。其中，pan 表示高分辨率全色影像，band 1、band 2、band 3 表示多光谱影像的三个波段。

⑤小波变换融合。小波融合变换是将原始信号用一组不同尺度的带通滤波器进行滤波，把信号分解到一系列频带上进行分析处理，是一种全局变换，在时间域和频率域同时具有良好的定位能力，对高频分量采用逐渐精细的时域和空域波长，可以聚焦到被处理图像的任何细节。利用小波变换，首先是将影像分解为一系列具有不同分辨率、频率和方向特性的子带信号，其次是通过各子带间的数据进行融合和取代，最后经过小波反变换后获得融合影像。

常用的小波融合类型有两种。

第一种是基于小波的 IHS 融合，其是将多光谱图像的 IHS 变换后的 I 分量与高分辨率图像先进行直方图匹配，然后分别进行小波变换，用高分辨率图像的高频替换I分量的高频，再对I分量进行小波反变换，而后经过IHS反变换，获得融合后的图像。

第二种是基于小波的主分量数据融合，其是将高分辨率图像与多光谱图像的主分量变换后的第一主分量进行直方图匹配，然后分别进行小波变换，用高分辨率图像的高频替换第一主分量的高频，并对第一主分量进行小波反变换，再经过主分量反变换，获得融合后的图像。这种融合模式多用于不同类型传感器数据融合或同一传感器多时相数据的动态分析，也可用于特征影像与地面调查数据的融合。

⑥高通滤波融合。高通滤波融合是采用空间滤波器对高空间分辨率全色影像滤波，直接将高通滤波得到的高频成分按像素叠加到各低分辨率的多光谱影像上，获得空间分辨率增强的多光谱影像。在空间域中，某一像素的低频信息通常以该点的中心和邻域的均值表示；而其高频信息则以它的灰度与其低频信息的差表示。该融合方法可以采用不同的滤波算子。

（2）融合方法的定量分析指标。影响影像融合效果的因素很多，如原始影像的质量、多光谱与全色影像的波谱范围、融合算法对特定地类的适宜性等。因为主观评价是通过直接目视效果进行评价，客观评价是利用数理统计分析对融合方法做简单的定量分析。因此，可将主观评价和客观评价结合起来对影像融合结果进行评价。

①均值。影像的灰度分布在数学上表现为曲线（即灰度直方图），每个像素按照其灰度值均对应此条曲线的某一个位置，按照灰度的分布曲线，每一条曲线都可以找到一个平均值（即均值），反映在人眼上即为平均亮度。人们将其定义为

$$\mu=\frac{\sum_{m=1}^{m}\sum_{n=1}^{n}F(m,\ n)}{M\times N} \tag{8-18}$$

式中：M、N为影像的行列数；$F(m, n)$为影像(m, n)点的灰度。

②标准差表示的是偏离数学期望的方差，在影像上描述为偏离影像均值的偏离程度。影像的标准偏差在度量影像信息量时，值越大表示影像的信息偏离

均值越大，反之则越小。标准差表示灰度分布最集中的区域的影像值，是描述影像直方图分布时的一个重要指标。若图像灰度级分布分散，图像的反差大。标准差小，图像反差小，对比度大，色调单一，其标准差为

$$\sigma=\sqrt{\frac{\sum_{m=1}^{m}\sum_{n=1}^{n}F(m,\ n)-\mu}{M\times N}} \tag{8-19}$$

式中：M、N 为影像的行列数；F（m，n）为影像（m，n），μ为影像均值。

③熵值的物理意义为混乱度的反映，即不确定度的大小。熵值越大，图像所包含的信息量越丰富。8bit 影像表示的信息熵为

$$H(x)=-\sum_{i=0}^{255}P_i\log_2 P_i \tag{8-20}$$

式中：P_i 为图像像元灰度值为 i 的概率。

④平均梯度反映影像对微小细节反差表达的能力，可用来评价图像的清晰程度，同时可以反映影像中微小细节反差和纹理特征，一般来说，平均梯度值越大，图像越清晰。人们将平均梯度定义为

$$g=\frac{1}{(M-1)(N-1)}\sum_{m=1}^{M}\sum_{n=1}^{N}\sqrt{\frac{\left(\Delta F_x\right)^2+\left(\Delta F_y\right)^2}{2}} \tag{8-21}$$

式中：M、N 为影像的行列数；ΔFx、ΔFy 为像素在 X、Y 方向上的一阶差分值。

⑤相关系数是描述两个函数的相互近似程度的度量值，对于多光谱信息则表示为改变的程度，相关系数越大，对影像表示相关程度越高，多光谱信息变化越小，反之则变化越大。人们将其定义为

$$C(f,\ g)=\frac{\sum_{m,\ n}\left[\left(f_{m,\ n}-\mu_f\right)\times\left(g_{m,\ n}-\mu_R\right)\right]}{\sqrt{\sum_{m,\ n}\left[\left(f_{m,\ n}-\mu_f\right)^2\times\left(g_{m,\ n}-\mu_R\right)^2\right]}} \tag{8-22}$$

式中：$f_{m,\ n}$、$g_{m,\ n}$ 分别为多光谱影像融合前后影像点（m，n）的灰度值；μ_f、μ_g 分别为融合前后影像的均值。

⑥偏差指数表示融合后影像与多光谱影像差值的绝对值和多光谱影像的比值。人们将其定义为

$$\varphi = \frac{\sum_{m=1}^{m}\sum_{n=1}^{n}\frac{|f_{m,n}-g_{m,n}|}{f_{m,n}}}{M\times N} \tag{8-23}$$

式中：$f_{m,n}$、$g_{m,n}$分别为多光谱影像融合前后影像（m，n）点的灰度值；M、N为影像的行列数。

对影像处理的意义在于融合影像与原始多光谱影像的偏离度。当影像融合前后没有发生变化时，偏差指数为零，当影像融合后，细节增加显著，偏差指数会增大。

（三）遥感影像的解译与地类分类技术

1. 遥感影像的解译方法

遥感影像处理的最终目的是从影像上获取地面地物的信息，再应用于土地利用调查上，即土地利用分类图斑的判别，人们将之称为地类解译。遥感影像的地类解译分为两种。

一种是目视解译，主要指作业人员运用大脑的感知识别功能，用眼睛或辅助仪器在有关信号层（投影成像机理）、物理层（地学波谱特征）和语义层（事务相关规律）这三个层面知识的引导下，识别地物目标属性，区分地物目标类别，勾绘地物目标分布界限的过程。

另一种是机助分类，主要指以计算机系统为支撑，利用模式识别、人工智能模拟等技术，根据遥感图像中目标地物的特征进行分析和推理，完成对遥感影像的解译。

目前，计算机自动机助分类技术虽然在数学推导上达到了相当严密的程度，但是分类结果仍然有一定数量的错分和漏分情况，未达到土地分类的判别精度要求。而目视解译则可以在经验丰富的专业人员的作业下，使判别精度达到理想的水平。

2. 遥感影像的地类解译度分析

所有地物都具有辐射和反射电磁波的能力，其能力大小取决于地物本身的物理和化学特性，以及来自周围电磁波辐射强度的大小，同时同一地物对不同

波长的反射和辐射强度不同，这种随波长改变而变化的特性即为地物的光谱特性。以高分辨率影像的多个不同谱段组合成的影像色彩、纹理和形态等信息丰富，为土地利用的分类提供了基础条件。以土地更新调查的土地分类为例，一级地类（农用地、建设用地、未利用地）的色彩、纹理、形态、空间位置有较大差异，解译标志清晰明显，可解度较高；二级地类（耕地、园地、林地、牧草地、城镇与居民点等）由于地表植被特征、内部结构特征、地貌特征及所处空间位置的差异，从影像的色彩、纹理、形态等解译标志能基本判别；三级地类中，有林地与迹地、有林地与天然草地、裸土地、工矿用地等地类的判读特征比较明显，也能容易解译区分。灌木林地与有林地、望天田与旱地、坑塘与养殖水面、特殊用地与独立工矿用地等地类的判别特征不明显，容易混淆，解译难以区分，但从实地调查、历史资料等作补充，三级地类的划分完全能达到技术要求。

从以上分析来看，根据多颗高分辨率遥感卫星影像提供的丰富且直观的地类信息特征，可以直接解译判读出地类地物边界，能满足不同尺度的土地利用地类调查的需要。

3. 土地地类的目视解译标志的建立

在土地调查中，建立影像解译标志是调查的内容之一，也是实际可行、降低成本的有效手段之一。即对照遥感影像，仔细观察土地类型、土地利用类型、地貌、植被等地物与影像之间的相互对应关系，并对照其他图件资料，建立影像标志，内容包括色调、形状、大小、图形等，也就是建立典型样板，并尽可能详尽、准确，为室内判读提供依据。

建立解译标志，可以直接从反映地物信息的遥感图像的各种特征中建立，也可以从能够间接反映和表现目标地物信息的遥感图像的各种特征中建立。

（1）色调。色调标志是识别目标地物的基本依据。只有目标地物与背景之间存在能被人的视觉分辨出的色调差异，目标才能够被区分。例如，水体在可见光、近红外谱段都是暗灰黑影像，只有含有大量泥沙的浑浊水在可见光区才能明显提高反射率，形成较浅的色调；绿色植被在近红外区有很强的反射率，能形成明亮的灰白色影像，而在红光区的影像色调则明显偏暗。

（2）颜色。颜色是地物在不同谱段中反射和发射电磁波谱能量差异的综合反映，是识别地物的基本依据。影像的颜色，可以是真实颜色的反映，也可以是假彩色或模拟自然色。利用颜色建立解译标志时，必须清楚影像的波段组合方案，这样才能准确判别地物。例如，用 SPOT5 的短波红外、近红外、绿波段分别赋予红绿蓝合成，则红色为植被，红色越鲜亮饱和，说明绿色植物生长越茂盛健壮。

（3）形状与大小。判读地物目标在遥感影像上呈现的外部轮廓，如建筑物、河流、道路、植被均有独特的形状；人工地物和自然形成地物有明显区别。大小指影像上地物的面积。不少特定的地物目标，不仅具有一定的形状，而且具有一定的大小。将形状和大小结合起来成为鉴别这些目标的依据。

（4）纹理。纹理是通过色调和颜色变化表现的细纹和细小的图案。纹理可以作为区别地物属性的重要依据，根据不同的色彩纹理特征，可区分不同的树木类型。

（5）图案。图案是目标地物以一定规律排列而成的图形结构。例如，菜园呈现栅格状结构，果园呈现棋盘状图形，平田呈现格状图形，梯田多是圆弧状。

（6）位置。位置是判读目标地物在空间分布的地点。目标地物位置和周围相关地物、环境密切相关，如根据农田与水渠之间的相对位置，可以判读该农田是水浇地还是旱地。

在全面了解遥感影像时相、分辨率、波段组合、影像质量以及作业区域人文、地理和土地利用概况的基础上，在野外踏勘中，依据土地利用分类标准，对遥感影像上各种特征通过综合分析，可以建立土地利用分类的遥感影像解译标志。

4. 遥感影像的地类判读

遥感影像的地类判读与判读人员的先验知识有很大关系。由于地物“同谱异物”或“同物异谱”的现象，地类的判读特征仅能以解译标志从二级地类《土地利用现状分类》（GB/T 2001—2007）做解译，三级地类则需实地调查。以下是一般地物类的判读特征。

（1）耕地。平坦地区的农田有明显的几何形状，与居民地相连。影像的色调随着土壤的种类、湿度、农作物种类及生长季节等不同而各异。新翻耕的土地色调较暗，干燥的土壤色调较浅；有农作物生长的耕地色调较深，并随农作物的逐渐成熟而逐渐变浅。沟谷中的农田呈“蚯蚓”状，山坡上的梯田呈阶梯状，菜园呈栏栅状。灌溉条件好的地区，土地水分含量高，影像的色调比较灰暗。水稻田主要分布在河渠两旁，离居民点较近，田块的影像被分割得小而均匀，地面平整，周围筑有田埂，有些为梯田。影像色调大多数比较均匀，呈深灰或黑色，比旱地的色调深。

（2）园地。园地在影像上呈颗粒状，排列整齐，如棋盘状点网图形；茶园呈条带状，色调一般呈深灰色，多种植在山坡上；橡胶园的树冠呈深色颗粒影像，排列比较规则。

（3）林地。有林地外轮廓比较明显，局部边缘有树木阴影，树冠影像间隙小，色调呈深灰色颗粒状，林地中有黑色“天窗”，黑色“天窗”的多寡与树木疏密有关，树木密度大的林地，黑色“天窗”较多。疏林树冠影像较稀，呈深灰色的颗粒影像，中间可见林间空地，树木阴影比较完整。灌木林地树冠影像和有林地相差无几，呈灰色颗粒影像，颗粒较小，阴影较小。火烧迹地形状不规则，色调一般为灰色；采伐迹地呈有规则的几何图形，色调较浅。未成林造林地树龄短，树木不高大，树冠影像呈深灰色颗粒状，颗粒小，树冠密，阴影也较短。

（4）草地。草地中多有零星乔木和灌木，草地的影像多呈灰色和深灰色。

（5）居民点及工矿用地。居民点由房屋建筑组成，其色调与房顶的顶色和摄影时阳光的强弱有关，多为灰色和深灰色，且有房屋的阴影。农村居民点一般和农田联系在一起，有大小道路相连，集镇居民点一般分布在公路和铁路沿线，或江河之滨，房屋比乡村多而密。城市居民点的住宅区和街道比较规则，房屋密集。

（6）交通用地。公路影像呈条带状，一般为白色或浅灰色，柏油路呈灰色，公路两旁的行树及路沟呈较暗的灰色线条。铁路影像呈灰色或浅灰色，直段多，转弯少，转弯弧度大而圆滑。农村路呈白色或浅灰色，边缘一般不清晰，由于光线散射，其宽度常比相同宽度的其他地物影像大。

（7）水体。河流的影像为宽度不均的弯曲带状，色调从白到黑，不一致。一般来说，水深色调深，水浅色调浅，摄影时水面反射光色调较亮。湖泊、水库、山塘的影像形状不规则，轮廓明显，水面影像与河流水面相似，色调一般较均匀。沟渠、小溪在影像上呈灰色和灰色的线条影像。排灌渠的一端与水库、河流相连，另一端与农田或园地相连。小溪一般位于集水线，形成不规则的细线条影像。

（8）未利用土地。沼泽地影像的形状不规则，色调从浅灰色到黑色，不一致。河谷地带的沼泽地多与草地相连，一般为灰色、黑色相间的影像。荒草地多呈灰色和深灰色影像。干燥的沙地呈白色，含水分较多的沙地呈灰色。裸土地影像色调取决于表层土质颜色，多呈灰白色和浅灰色。裸岩石砾地表层为岩石和石砾，植被少，间或有零星乔木和灌木，影像为灰色到灰黑色。

5. 遥感影像的地类自动分类

遥感影像的地类自动分类，按处理方式有非监督分类和监督分类两种。非监督分类是指，人们事先对分类过程不加任何的先验知识，而仅从遥感影像的地物光谱特征的分布规律，随其自然地进行分类。由于遥感成像过程的复杂性，遥感数据表达地物的光谱的多解性以及波段之间的相关性等导致人们从光谱特征分类的精度受到较大影响。监督分类则引入了先验知识选择样本，并依据选出的样本按分类器进行统计分析处理，建立了适用的判别准则，即只需逐个判定各像元点的类别归属即可得出分类结果。

第三节　无人机航测技术在大比例尺地形图制作中的应用

目前，无人机摄影测量系统已经被广泛运用于多个领域。本节主要是对无人机航测技术在大比例尺制图的研究。从测绘的角度看，研究无人机摄影测量系统在大比例尺制图的应用，并对无人机航测作业下的地形图制作精度提出分析，并得出结论，对解决测绘面积小、分布过于松散、影像获取难度大以及急需快速获取地貌信息的区域有重要的现实应用意义。

一、无人机航空测量技术在大比例尺制图中的应用

无人机技术被越来越多地应用于航空摄影测量中，为测绘领域制作各种格式的地理数据提供了便利快捷的作业手段。在制作大比例尺的地形图中，无人

机航测系统以越来越高的精度，得到了越来越多的应用。相比于传统的大飞机制作地形图步骤，无人机有一套属于自己的作业流程，如图 8-11 所示。

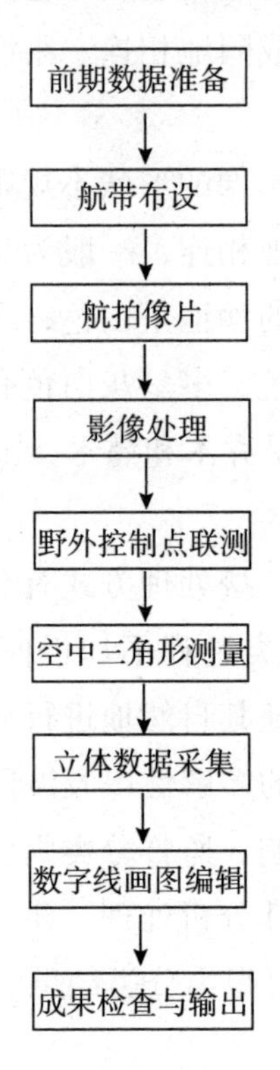

图 8-11　无人机航测系统制作大比例尺地形图的作业流程

（一）航带布设与航拍

航拍之前需要先进行航带布设，即让飞机按照一定的路线和模式飞行，从而获取地面影像。航带的布设是后期作业顺利进行的关键前提，因此作业人员在布设航带时要综合考虑测区的作业分布范围、地形地貌的特点、数码相机的性能以及产品比例尺大小等。布设航带时主要的设计参数有航高的设定以及摄影基线和航带间隔的布设。

对于航高的设定，有严格的计算公式，即

$$H=\frac{f\times GSD}{a} \qquad (8\text{-}24)$$

式中：H 为摄影航高，单位为 m；f 为镜头焦距，单位为 mm；GSD 为地面分辨率，单位为 m；a 为像元尺寸，单位为 mm。

对于摄影基线和航线间隔，也有相应的计算公式。

摄影基线：
$$B_x = L_x - (1 - p_x) \times \frac{H}{f} \tag{8-25}$$

航线间隔：
$$D_y = L_y - (1 - q_y) \times \frac{H}{f} \tag{8-26}$$

式（8–25）和式（8–6）中：B_x 为实地上的摄影基线长度，单位为 m；L_x 为像幅长度，单位为 mm；P_x 为像片航向重叠度；D_y 为实地上的航线间隔宽度，单位为 m；L_y 为像幅宽度，单位为 mm；q_y 为像片旁向重叠度；H 为摄影航高，单位为 m；f 为镜头焦距，单位为 mm。

经计算可得出航带具体的布设参数，但是在实际生产中，航高和摄影基线与航带间隔还需按照以下几点要求布设。

（1）航线一般采用平行于图廓线的东西方向，在特定条件下可以是南北方向，特殊条件下也可以沿线路、河流、海岸、境界等特定方向。

（2）像片重叠度：航向重叠度为 60% ～ 80%，最小不得小于 53%；旁向重叠度为 15% ～ 60%，最小不得小于 8%。

（3）像片倾角：一般平坦地区获取的像片倾角不能大于 5°，最大倾角不能大于 12°，大于 8° 的像片总数要少于总像片数的 10%。山区、高山地区保证不能大于 8°，最大倾角不能大于 15°，大于 10° 的像片数应小于总像片数的 10%。

（4）像片旋角：一般不超过 15°，最大旋角不得大于 30°（为了确保像片的航向和旁向重叠满足要求），同一航线大于 20° 旋角的像片数应少于 3 张，旋角大于 15° 的像片总数少于总像片数的 10%，像片倾角和像片旋角不能同时达到最大值。

（5）测区边界的覆盖保证：边界线航向覆盖确保大于 2 条基线。旁向覆盖大于像幅的 50%。

（6）航高保持：相同航线上相邻两张像片的航高差应小于 30 m，旁向航高之差小于 50 m，设计航高与飞行航高之差小于 50 m。

（7）当测区的风向与设计的航线垂直时，为减小飞行过程中飞机的颠簸、漂移等问题，应重新调整飞行航线。飞机航摄的起飞点尽量选择在测区范围内起飞，从而有效提高作业效率。

航带布设完成之后，无人机便按照路线进行航拍，获取航摄影像。因为无人机搭载的是非量测的数码相机，所以在进行拍摄之前要进行相机的检校。相机的检校参数有焦距（f）、主点（x_0，y_0）和畸变系数（k_1、k_2、k_3 为径向畸变系数，p_1、p_2 为偏心畸变系数，ap_1、ap_2 为 CCD 平面畸变系数）。

如表 8–17 所示，其是对中交宇科的 ZC–1 型号的固定翼式无人机所搭载 Nikon D 810 相机进行检校后的报告。其中，该相机的像素大小为 4.88 μm，鉴定精度达到 0.07 像素，小于 1/3 像素，鉴定精度可以达到测绘作业的要求。

表 8–17　中交宇科检校后报告

序号	检校内容	检校值
1	主点 x_0	3 675.786 167 424 85
2	主点 y_0	2 458.920 528 520 28
3	焦距 f	7 375.668 245 479 46
4	径向畸变系数 k_1	$1.652\,022\,602\,209\,43 \times 10^{-9}$
5	径向畸变系数 k_2	$-3.523\,655\,999\,803\,13 \times 10^{-17}$
6	径向畸变系数 k_3	$-5.618\,783\,915\,331\,74 \times 10^{-26}$
7	偏心畸变系数 p_1	$-9.262\,101\,467\,554\,52 \times 10^{-8}$
8	偏心畸变系数 p_2	$1.811\,273\,410\,177\,70 \times 10^{-8}$
9	CCD 平面畸变系数 ap_1	$6.173\,681\,491\,003\,55 \times 10^{-5}$
10	CCD 平面畸变系数 ap_2	$3.079\,141\,617\,254\,94 \times 10^{-6}$

（二）像控点的布设与转刺

航拍部分完成之后开始像片控制点的布设和联测，即在像片上按照一定的选取原则，在特定的位置上选取特征点，并在实地测出所选点位的三维坐标。

为后续空三测量作业提供数据，像控点的布设原则如下。

1. 区域网布点

1 ∶ 5 000 测图区域平高区域网的航线数不超过 6 条，应在区域网周边和中央布设平高点，在各航线两端和中间布设高程点；1 ∶ 1 000 测图区域基线跨度不超过 3 条，困难时最大不超过 4 条。不规则区域网在凹凸拐角处均布设平高点（图 8–12 ）。在像控点落水区域，原则上以像片条件为准选刺像控点。

2. 特殊情况的布点

（1）航带重叠处布点：控制点应布设在航线重叠接合处，邻区尽量能够共用，如果不能满足共用要求，则应分别布点。

（2）像主点和标准点落水的布点：当像片像主点或标准点位刚好处于测区水域内，或被云影、阴影等覆盖无法看清，或附近地区均无明显地物时，均视为点位落水。当落水范围面积的大小和位置对立体模型连接不构成影响时，可按正常航线布点；反之，则应按照全野外布点方法布设。

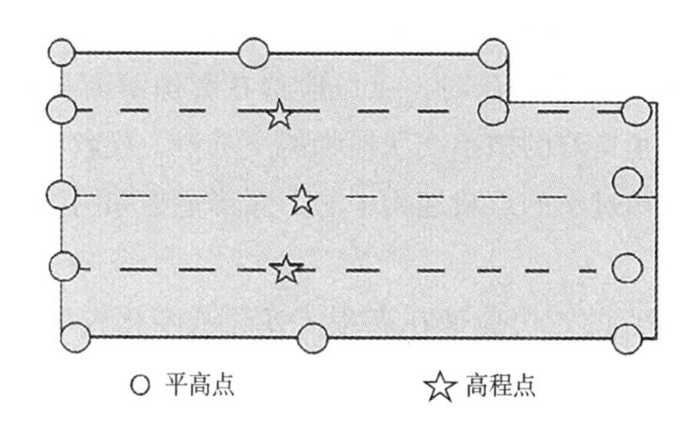

图 8–12　平高点布设示意图

3. 像控点满足条件

（1）像控点布设时，为保证后期空三加密精度，一般应布设在影像航向及旁向重叠区域的范围内，使布设的像控点尽量能够共用。

（2）航线首尾两处控制点布设时，应设在像主点所在直线上，且垂直于方位线，如果实际情况难以完全满足，应确保两者之间的偏离小于一条基线的距离，上下像对点的布设应保证在同一个立体像对内。

（3）像控点所在位置的影像应尽量保证清晰，利于后期判刺和量测作业的顺利进行，当像控点目标位置与其他像片条件产生矛盾时，应适当重新考虑目标条件。

像控点布设时，要引入国家等级网进行联测、平差等。在外业对像控点进行点位平面坐标和高程坐标测量的过程中，采用GPS快速静态测量方法获取像控点平面和高程坐标，像控点的高程一般采用GPS的拟合高程。同时满足以下精度要求。

①平高控制点相对最近基础控制点的中误差不超过地物点中误差的1/5。

②高程控制点相对最近基础控制点的中误差要求小于其所在图形比例尺基本等高距的1/10。

4. 像控点在照片上进行选刺时需要遵循的原则

（1）像片控制点选刺：野外像控点遵循以判点为主、刺点为辅的原则，可采用一人刺点、一人检查的方法以减少错误的出现。在野外进行像控点的选刺时，首先应满足布点方案和像片条件的要求；其次，当在条件范围内不能选出影像清晰的地物目标时，以影像目标为主可适当将像片条件放宽；最后才考虑联测是否方便。

（2）平高控制点实地辨认时，点位应选在影像清晰且目标明显的地物点上。一般可选在交角良好的细小线状地物的交点上，或者有明显折角的地物顶点上。须注意，影像过小的点状地物中心、弧形地物和阴影区域不能作为点位目标。

（3）高程控制点的点位应选在高程无变化或变化较小，以及最好是无植被覆盖的地方。须注意，高程变化较大区域，施工区、斜坡等地不能作为刺点目标。

（4）选取围墙作为像控点选刺目标时，在后期控制像片整饰的时候，应注明区分选刺位置是内墙角还是外墙角。

（5）选刺的像控点与基准面位于不同平面时，应标注比高，量注至0.1米；当点位周围地貌不等高时，应标注比高量注的具体位置。

（6）控制像片的正面整饰：平高点用直径7 mm红色圆圈表示，同时将点号用红色墨水注于圆圈右侧。当所刺的像控点与相邻航线共用时，应在相邻航线的主片上进行转标、注记点号，并说明刺点片的航线号和片号。反面一律采用黑色铅笔进行整饰，其中，只对已刺点或者转刺点进行整饰和注记，未刺孔的像片不做反面整饰。

外业控制测量完成以后，将控制点坐标、刺点片等收集完整，为下一步空三加密做准备。

（三）POS 技术辅助空三加密

本书在前面已经介绍过空中三角测量，在此不作过多介绍，大部分技术可用于无人机航测技术在大比例尺地形图中的制作。下面主要介绍 POS 技术辅助空三加密技术的应用。

全球定位技术的不断发展在一定程度上推动了航测技术的发展，使空三作业过程中减少了人工作业，减少了对地面控制点的依赖。利用 IMU/GPS（惯性测量单元和全球定位系统的组合测量）技术所获取的数据可以直接参与自动空中三角测量，在作业初期，使以最大限度减少或不使用外业控制点进行空中三角测量成为可能。POS 技术利用载波相位 GPS 动态定位技术，获得了航摄仪在曝光瞬间摄影中心的三维坐标，利用 IMU（惯性测量装置）以获得航摄仪在曝光瞬间～飞机的三个姿态角，这相当于直接获取了每张像片近似的外方位元素值，然后代入到后面的空中三角测量的计算中。利用 POS 技术辅助自动空中三角测量，将航测空三加密过程中对外业控制点的依赖降到了最低，大大减少了人工作业的步骤和作业时间，同时满足规范精度要求，不仅提高了内业作业的效率，降低了作业成本，而且缩短了航测作业成图的整个周期的时间。

POS 引入空中三角测量的技术原理是 GPS 技术和 IMU 技术同时获取的外方位元素与空中三角测量解算出的外方位元素理论上应当相等，即

$$\begin{bmatrix}\omega\\ \varphi\\ \kappa\end{bmatrix}_{MU}=\begin{bmatrix}\omega\\ \varphi\\ \kappa\end{bmatrix}_{AT}$$

考虑到由于 *INS* 与航摄仪的各个轴系之间存在着偏心距 *MIS*，则存在旋转矩阵 R_{MIS}，使 $R_{INS}=R_{MIS}R_{AT}$ 成立。

代入 POS 数据的位置测量值，可得

$$\begin{bmatrix} X_{INS} \\ Y_{INS} \\ Z_{INS} \end{bmatrix} + \begin{bmatrix} V_{X_{INS}} \\ V_{Y_{INS}} \\ V_{Z_{INS}} \end{bmatrix} = \begin{bmatrix} X_0 \\ Y_0 \\ Z_0 \end{bmatrix} + \boldsymbol{R}_C^M(\omega,\ \varphi,\ \kappa) \begin{bmatrix} \mathrm{d}_x \\ \mathrm{d}_y \\ \mathrm{d}_z \end{bmatrix} \tag{8-27}$$

式（8–27）中，X_{INS}、Y_{INS}、Z_{INS} 和 $V_{X_{INS}}$、$V_{Y_{INS}}$、$V_{Z_{INS}}$ 为 INS 中心在地面坐标系中物方位空间坐标及改正数；X_0、Y_0、Z_0 为航摄仪投影中心在地面坐标中的位置；ω、φ、κ 为航摄仪投影中心在地面坐标系的姿态；$\boldsymbol{R}_C^M(\omega,\ \varphi,\ \kappa)$ 为从相机坐标系转换为地面坐标系的旋转矩阵，d_x、d_y、d_z 为 INS 中心到航摄仪中心的偏心分量。

代入 POS 数据的姿态测量值，可得

$$\begin{bmatrix} roll \\ pitch \\ yaw \end{bmatrix} + \begin{bmatrix} V_{roll} \\ V_{pitch} \\ V_{yaw} \end{bmatrix} = T\left\{\boldsymbol{D}\left[\boldsymbol{R}_C^M(\omega,\ \varphi,\ \kappa)\right]\boldsymbol{R}_{MIS}^{-1}\right\} \tag{8-28}$$

式（8–28）中：*roll*、*pitch*、*yaw* 和 V_{roll}、V_{pitch}、V_{yaw} 为从载体坐标系转换到地面坐标系 *roll*、*pitch*、*yaw* 时旋转矩阵的元素和改正数；T 为从旋转矩阵中提取各个角度的交换；$\boldsymbol{D}$ 为从摄影测量坐标系下 $(\omega,\ \varphi,\ \kappa)$ 到惯性导航坐标系下（*roll*，*pitch*，*yaw*）的旋转矩阵，$\boldsymbol{R}_{MIS}$ 为从相机坐标系转换到载体坐标系时的偏心角旋转矩阵，且有关系式

$$\boldsymbol{R}_{MIS} = \boldsymbol{R}_C^b(\mathrm{d}roll,\ \mathrm{d}pitch,\ \mathrm{d}yaw) \tag{8-29}$$

式（8–29）中，d*roll*、d*pitch* 、d*yaw* 为偏心角。

由此可得，POS 技术引入空中三角测量，就是将 POS 获取的数据代入空三运算中，同时利用像片之间量测的连接点和实测的地面控制点作为辅助数据，共同参与平差结果，提高空三加密的精度。

（四）空三加密技术的应用

空三加密的处理软件非常多，INPHO 航测处理软件以其专业性强、精度高、计算严密的优势成为目前较主流的航空摄影测量软件，它不但支持对大飞

机数据的空三加密，同时有专门的针对无人机数据的无人机模块，在处理飞行姿态不稳定的无人机数据上优势非常明显。以下是某测区无人机航测系统获取的数据，基于 INPHO 5.7 空三加密软件，以光束法局域平差原理为依据，在有 POS 数据辅助的基础上，进行空三加密的步骤。

1. 数据准备

（1）相机检校数据。相机检校是无人机航测处理中必不可少的步骤。相机检校后需要获取相机的焦距（mm）、像元大小（um）、主点偏移（PPA 或 PPS）等。

（2）航片数据。影像一般以高保真的 TIFF 或 GPEG 格式保存。JPG 格式在存储的过程中会压缩影像，丢失图像信息，使自动空三加密匹配连接点时难度加大。

（3）粗略的外方位数据。航片的粗略外方位元素，大地平面坐标系统，定位精度为 10 ～ 20 米。

（4）地面控制点数据。

2. 数据处理

（1）数据预处理。

①原始航片。数据检查，即对航片的框幅数、分辨率与相机报告中的内容进行检查。保证航片名称与 POS 中的 id 号一一对应。

② POS 数据整理。POS 数据在使用前要进行大致的整理。具体包括航片的 id 号、x 坐标、y 坐标、h 高程、翻滚角、俯仰角、航飞角；文件以 txt 格式保存；航带间用“#”间隔。该测区的坐标采用国家 CGCS2000 坐标。

③像主点偏移 x_0、y_0，分别对应 Matrax 中的 x_0、y_0；径向畸变系数为 k_1、k_2，分别对应 Matrax 中的 k_3、k_5；偏心畸变系数 p_1、p_2 分别对应 Matrax 中的 p_1、p_2。

④控制点数据整理。控制点数据采用 txt 格式。坐标体系为国家 CGCS2000，高程系统为 1985 国家高程系统。

（2）空中三角测量过程。

①建立工程。分别将相机文件中的焦距、框幅和分辨率信息录入，做过畸变的航片，像主点偏移量填写 0，未做过畸变的，按照填写相机文件中的信息填写。

②添加航片。

③添加 POS 数据。其中，POS 数据为“txt”格式，在添加的过程中，要对 POS 中各指标数据选取对应的类别，对 POS 的标准差统一设为默认值。

④添加控制点文件。选择工程保存路径。

⑤调整航片旋转。进入多像片测量窗口，开始编辑像片文件。根据排列出来所显示的航片，对航片进行角度调整，使整个测区的航片正确排列。

（3）生成航片金字塔，进入影像命令器窗口。

选择 RGB 通道为真彩色，选择“处理影像概览”，颜色深度为 8 位，单击开始。

3. 航空摄影测量

（1）生成连接点，单击运行，开始生成连接点。

（2）控制点添加。进入多像片测量窗口，在点列表处双击控制点，软件会自动生成预测的控制点的位置，单击测量开始人工转刺控制点。保存刺点结果。

（3）平差运算，生成平差报告。检查其中控制点的 x、y 误差，对其中误差较大的控制点重新刺点进行调整。然后重新平差，直至平差结果符合要求。空三结束后，生成加密成果，为下一步进行三维数据采集提供数据。

（五）矢量数据采集

有了高精度的空三加密成果，人们就能恢复立体模型，即将立体像对的相对坐标系转换到物方坐标系中，进行立体测图。将空中三角测量的成果导入全数字摄影测量工作站中，在立体模型中进行检查。重点检查控制点和检查点的切准精度，检查空中三角测量区域网间的接边精度。

1. 采集作业的原理

人之所以能够产生立体视觉与人的左右眼视网膜上形成的图像的差异有关，人的大脑可以根据这种图像差异判断物体的空间位置关系，从而使人产生立体视觉。这一原理被称为双目视差原理，如图 8–13 所示。这也是航测内业立体测图的生理基础。

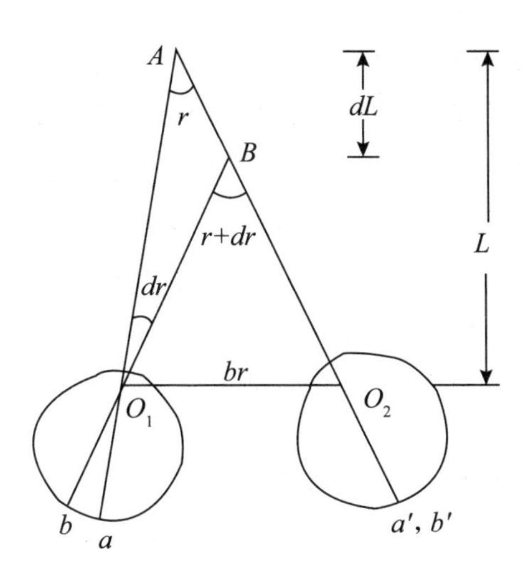

图 8-13　人眼的立体视觉

航摄像片在进行空三加密的时候，对照片进行了相对定向和绝对定向，使两张像片在同名像点两两相交的基础上，将两张照片组成像对，为人眼判出立体提供了影像基础。

通过三维立体眼镜观测出立体，三维立体眼镜的工作原理是，在较短的时间间隔内，交替关闭左右镜片，使左右眼分别看到有一定重叠度的不同的影像信息，利用人眼的双目视差原理，忽略短时间间隔的时间，从而在大脑中形成立体效果，进行三维数据采集。

2. 采集作业的原则与注意事项

地形图采集的原则：采集地物、地貌元素时做到无错漏、不变形、不移位。

采集过程应注意以下事项。

（1）在采集依比例尺表示的符号时，多为点状符号，测标中心应切准其定位点或符号的定位线。在遇到因遮挡、影像模糊等因素造成模型看不清楚的地物时，无法准确测定位置，根据工程要求，应在相应的位置进行标记，在外业工作中进行实地补测。

（2）对于造型独特的建筑物，在采集作业完成以后，若发现其形状有异常，要在采集仪器上再次确认，确保建筑物或者地物采集准确，不变形，不错判。

（3）若遇到遮挡严重的地物，偏于本片像主点位置过多，在本条航线无法采集到时，要在相邻航线的立体像对上进行补测，不可遗漏。

（4）在采集数据之前，将空三加密数据导入恢复模型定向，先检查定向精度，在保证数学精度的前提下再进行地物采集。

（5）数据采集完成后要进行上机检查，主要检查是否有地物遗漏，地形地貌和地物地貌表示是否合理，套合是否准确，是否有高曲矛盾等。

（6）数据方面主要检查数据的比例尺是否正确，资源文件使用是否正确等。

（7）对相邻像对模型进行采集时，不能超测，一般在重叠区域取中线，以中线为界进行采集。

二、无人机测量技术绘制大比例尺地形图的应用实例

（一）灵璧县 1 ∶ 1 000 数字化地形图航测项目

1. 项目概况

灵璧县位于安徽省东北部，淮北平原东部。灵璧县辖 13 个镇、6 个乡。地理坐标为北纬 33° 18′～34° 02′，东经 117° 17′～117° 44′。灵璧县东邻泗县，西连宿州市，南接蚌埠市固镇、五河两县，北界江苏省铜山区、睢宁县。现制作灵璧县县城及周边部分地区的全要素 1 ∶ 1 000 地形图。

2. 资料准备与技术要求

（1）控制点资料。从安徽省测绘地理信息局收集到灵璧县境内 B 级 GPS 点 1 个，C 级 GPS 点 5 个，所有 GPS 点均有三等以上水准高程。所有 GPS 点同时具有 2000 国家大地坐标及 1980 西安坐标系，同时收集三等以上水准点 4 个，控制点分布如图 8–14 所示。

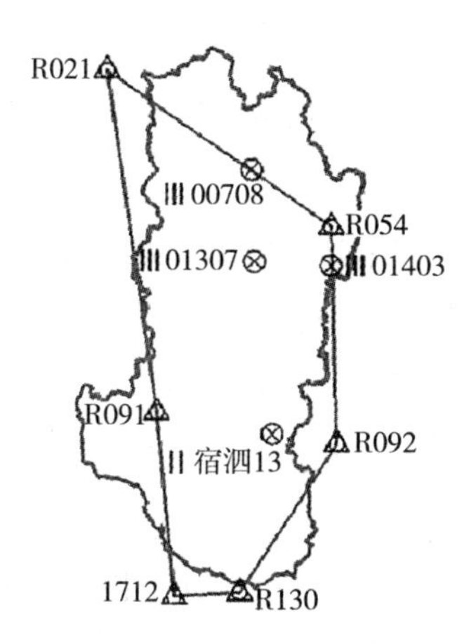

图 8–14　控制点分布图

收集的控制点可以满足基础控制起算点的要求以及计算地方坐标与 1980 西安坐标转换参数的需要。

（2）地图资料。下载 google 网上 2 m 分辨率的影像，以便满足外业基础控制布点及施测计划的需要。

（3）灵璧县境界资料。收集本县域县级境界资料，满足成图范围的需求。

（4）技术依据。

①《城市测量规范》（CJJ/T 8—2011）。

②《全球定位系统实时动态测量（RTK）技术规范》（CH/T 2009—2010）。

③《全球定位系统（GPS）测量规范》（GB/T 18314—2009）。

④《国家三、四等水准测量规范》（GB/T 12898—2009）。

⑤《数字航空摄影规范第一部分：框幅式数字航空摄影》（GB/T 27920.1—2011）。

⑥《1 ∶ 500　1 ∶ 1 000　1 ∶ 2 000 地形图航空摄影测量内业规范》（GB/T 7930—2008）。

⑦《1 ∶ 500　1 ∶ 1 000　1 ∶ 2 000 地形图航空摄影测量外业规范》（GB/T 7931—2008）。

⑧《基础地理信息数字成果 1 ∶ 500、1 ∶ 1 000、1 ∶ 2 000 数字正射影

像图》(CH/T 9008.3—2010)。

⑨《1 ∶ 5 000　1 ∶ 10 000 地形图航空摄影测量内业规范》(GB/T 13990—2012)。

⑩《数字航空摄影测量　空中三角测量规范》(GB/T 23236—2009)。

⑪《国家基本比例尺地图图式　第 1 部分：1 ∶ 500　1 ∶ 1 000　1 ∶ 2 000 地形图图式》(GB/T 20257.1—2017)。

⑫《国家基本比例尺地图图式　第 2 部分：1 ∶ 5 000、1 ∶ 10 000 地形图图式》(GB/T 20257.2—2006)。

⑬《1∶500　1 ∶ 1 000　1 ∶ 2 000 地形图航空摄影测量数字化测图规范》(GB/T 15967—2008)。

⑭《数字测绘成果质量检查与验收》(GB/T 18316—2008)。

⑮《测绘成果质量检查与验收》(GB/T 24356—2009)。

⑯本项目技术设计书。

(5)主要技术指标和规格。

平面坐标系统：灵璧县地方坐标系；本测区经度范围为 117° 16′45″～117° 45′12″，测区平均海拔 20 m，高差引起的每千米长度变形为 -0.31 cm/km。按照国家标准 3° 高斯投影，中央经线为 117°，离中央经线最大距离为 70 km，由距离引起的长度变形为 6.0 cm/km。整体的长度变形为 5.69 cm/km，不能满足规范 2.5 cm/km 的要求，所以需要设独立坐标系。如果把中央经线设为 117° 30′，离中央经线最大距离为 24 km，由距离引起的长度变形为 0.71 cm/km，整体的长度变形为 0.4 cm/km，满足规范 2.5 cm/km 的要求，符合《城市测量规范》(CJJ/T 8—2011)中对独立坐标系的设置要求。灵璧县地方坐标系参数有，椭球为 2000 国家参考椭球，投影面为参考椭球面，中央经线为 117° 30′，以中央经线与赤道的交点为坐标原点，以中央经线的投影为纵坐标轴，以赤道的投影为横坐标轴建立地方独立坐标系，地方独立坐标系对应的大地坐标为相应参考椭球的国家大地坐标。

高程基准：1985 国家高程基准。

基本等高距及地形类别：灵璧县县城及周边地势平坦，无高差起伏较大区域，城区精度要求高，后期规划及正射影像制作均以此为基础。因此，设定成图基本比例尺为 1 ： 1 000 ；基本等高距为 1 m。严格按照 1 ： 1 000 地形图成图精度要求作业。精度要求如下。

①平面精度。地物点相对于邻近平面控制点的点位中误差和相对于邻近地物点的间距中误差如表 8–18 所示。

表 8–18　平面中误差

地区类别	点位中误差	间距中误差
平地、丘陵地	≤ 0.50	≤ 0.40
山地、高山地	≤ 0.75	≤ 0.60

其中，阴影、森林、隐蔽等地貌特殊困难地区，可按表 8–18 的规定值放宽 50%。

②高程精度。测区内硬化地面的高程点与邻近图根点的高程中误差之间的最大差值不得大于 0.15 m。测区内其他地区的高程精度以等高线插求点的高程中误差衡量。等高线插求点的高程中误差如表 8–19 所示。

表 8–19　高程中误差

地形类别	平地	丘陵地	山地
高程中误差	≤ 1/3	≤ 1/2	≤ 2/3

其中，阴影、森林、隐蔽等地貌特殊困难地区，可按表 8–19 的规定值放宽 50%。

③以中误差作为评定精度的标准，极限误差为中误差的 2 倍。

3. 航带布设及航片获取

（1）航线布设。航线按南北方向布设。为保证航拍影像完全覆盖测区，并为后期空三加密及采集作业提供满足精度的遥感影像，因此设计摄区旁向覆盖超出测区范围 30%，航向覆盖超出摄区边界 2 条基线。航向重叠度设计为 65%，旁向重叠度设计为 33% ～ 35%。

航带布设完成之后开始航飞，有 60% 左右重叠度的两张邻接的遥感影像，同时是一组像对。须注意，无人机的飞行质量在一定程度上影响着遥感影像获取的精度，因此无人机在航飞的过程中应遵循以下作业原则。

①测区边界覆盖：航线按常规方法布设，首末航线平行于摄区边界线，布设在摄区边界线上或边界线外，保证航线在摄区边界上的实际覆盖不少于像幅的 15%。

②分区边界线覆盖：分区边界线覆盖须保证分区间各自的影像满幅覆盖。

③航摄对无人机的航高、像片的航向与旁向重叠度、像片的旋角等具有严格的要求。如果航摄过程中受天气（如大风、降雨等）、地形地貌等实际情况对航飞质量造成影响的，或者因云遮挡、阴影等造成影像漏洞，影响后续加密及测图工作进行的，应及时补摄。

4. 像控测量

像片获取后进行控制点测量，根据《1 ∶ 500　1 ∶ 1 000　1 ∶ 2 000 地形图航空摄影测量外业规范》（GB/T 7931—2008）可知，规范控制点测量要满足以下要求。

（1）精度要求。平面控制点和平高控制点相对邻近基础控制点的平面位置中误差不应超过地物点平面位置中误差的 1/5；高程中误差不应超过基本等高距的 1/10。

（2）布点方案。本区采用 IMU/GPS 航摄技术。本区像控点全部布设为平高点。检校场像控布点为了获得准确的数码相机检校参数，需首先进行检校场的像控测量，进行检校场空三加密，获得像片的外方位元素，与 POS 系统获取的外方位元素进行比较，得到检校参数。

检校场宜选取在测区中部，范围不小于 4 条航线、20 条基线。检校场的像控点按四模型布点，平高点间隔基线数不超过 4 条，如图 8–15 所示。

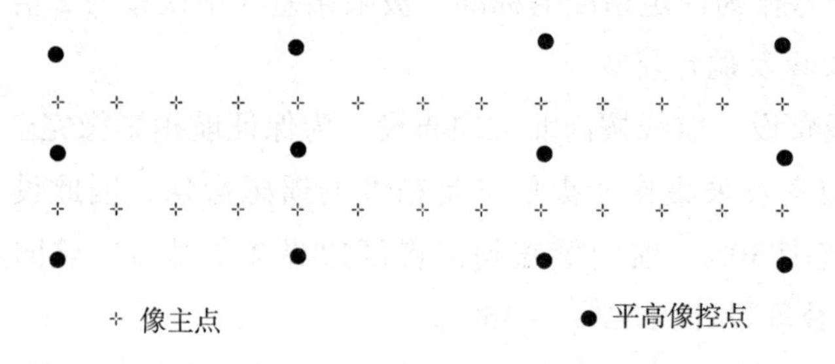

图 8–15　检校场的像控布点图

（3）采用IMU/GPS辅助光束法区域网像控布点。GPS数据、IMU记录数据联合参与光束法区域网平差确定外方位元素时，像控点采用区域网九点法布点，区域网的大小为4条航线、40条基线，中间加布4个检查点。不规则区域，相邻平高点间隔20条基线以上时应在中间加布1个平高点。如果数据质量不佳时应减小区域网的范围，具体减小多少由空三加密具体给定。布点方案如图8-16所示。

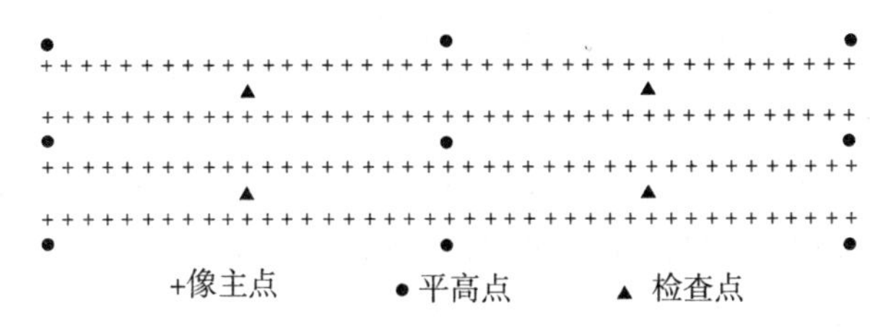

图8-16 像控布点图

（4）刺点与整饰。像片刺点就是用细针在像片上进行刺孔，标明所布设的像片控制点在像片上的相应位置，为内业提供判读和后续测量的依据。像片刺点的准确与否直接影响内业后期空三加密的作业精度，因此为了避免差错，提高精度，外业人员在野外刺点时要用直径不大于0.1 mm的小针尖在选定的目标上刺孔，并在像片背面用铅笔进行标记。同时，每个像控点的刺点位置均现场拍照，并附两张刺点像片数据（一张像片为全景，交代像控点在整张像片的位置，并编辑刺点说明；另一张为刺点处放大片，准确交代刺点位置）。

（5）像控点测量。根据本测区的实际情况，本测区的像片控制点测量主要采用RTK实时动态定位模式进行施测，若在卫星信号较差时，也可采用静态定位模式、快速静态定位模式进行施测。

① RTK测量。本测区的像控点平面和高程均采用GPS-RTK实时动态定位法求取具体三维坐标值，基准站与流动站应始终保持同步锁定5颗以上卫星，GPOD值应小于6；流动站距离参考站距离不得超过10 km。

用于求解转换参数的像控点必须能够控制住测区范围，平面点不得少于4个，高程点不得少于6个。

每次设站均要进行已知点检测或对相邻参考站所测得点位进行检测，较差不能大于0.10 m。

测量时每个点均要保证进行 3 次测量，每次测量的时间不得少于 15 秒，3 次测量的成果值之间不大于 3 cm 时取平均值作为像控点成果。

困难时像控点的测量可使用导线测量和水准测量进行。执行《1 ： 500 1 ： 1 000　1 ： 2 000 地形图航空摄影测量外业规范》（GB/T 7931—2008）中 6.3 和 6.4 的有关规定。

② GPS 静态、快速静态定位法施测的要求。平面技术要求与 E 级 GPS 控制测量相同，高程采用 GPS 拟合高程。

5. 空中三角测量

本测区空中三角测量采用全数字加密方法，以像片上测量的像点坐标为依据，采用严密的数学模型，用 POS 数据辅助，按最小二乘原理，用像控点为平差条件，用 INPHO 加密软件，采用光束法为测图求解可靠的定向点。

因为是无人机航测数据，所以在空三加密的过程中，平面精度很容易达到精度要求。但是，高程精度很难达到精度要求，为了提高精度，灵璧县项目在作业过程中，外业在测区内几条主要硬化路面的干道上打了一些散点，使之参与空三过程，重新进行平差解算，最终使平面和高程均满足了规范要求精度。空三加密完成后，生成加密成果文件，为下一步的采集作业提供恢复立体模型的数据支持。

6. 数字线划图采集

在导入空三成果之后，建立工程，将立体模型恢复出来，在航天远景测图软件采集模块 Feature one 中，对灵璧县进行数字地形图采集。其中测图比例尺为 1 ： 1 000，等高距为 1 m，符号库文件使用 2007 国标新码。

由于该测区的水利设施非常发达，也是该项目要求重点表示的地貌，因此在采集过程中，对沟渠、河流等水系的判别非常重要。

在采集本测区农田内用于灌溉的水渠时要注意：田地里纵横交错的水渠在采集时要注意连通，影像上判别不清楚水渠或者田埂的先按照水渠采集出来，外业调绘时再定性；部分地块内沟渠太过密集，测出图面难看，要进行适当的取舍，本测区要求两条水渠之间最小距离应大于 20 m；按照实地距离，人工加固整齐的水渠若与田地地面高差大于 0.5 m 的按照上坎线采集，宽度大于 0.5 m 的按双线采集，宽度小于 0.5 m 的按单线采集。

废弃的干涸水渠、乡村道路两侧的排水沟、居民地内的排水沟均按干沟采集。干沟宽度大于 1.0 m 的按双线干沟采集，小于 1.0 m 的按单线干沟采集。双线干沟实际宽度大于 5 m 的，干沟内按照标准等高距加测等高线。干沟深度大于 2 m 的应标注沟深。

7. 线划图编辑

三维采集图形出图后，在专业编图软件下对图形进行编辑、图面整饰、上调绘等。

编辑过程中，为了保证数学精度不受损失，作业人员不能为了追求图面美观而随意进行大于 0.2 mm 的修正。其中，水系的表示同样重要，在本测区中，编辑水系要素时，应正确反映各水系之间以及它们与其他地图要素之间的关系。例如，河流（或沟渠）的主流、支流（或干渠、支渠）的交接关系，连通关系应表示清楚，不能出现倒流、无头无尾等，水系与地貌、地物的套合关系要表示合理，如等高线勾头要与水系走势保持垂直关系，湖泊、水库的水面应与等高线的水平关系表示合理等。

按照 1 ∶ 1 000 成图规范完成地形图后续所有编辑工作后，该测区的大比例尺地形图制图作业，即 DLG 制作基本结束。

（二）地形图精度分析

大比例尺作图精度是检验图形是否符合标准的一项重要指标，而且将无人机航测技术应用于大比例尺图形制作也是一项需要检验的过程，为了验证无人机摄影测量的作业精度，以灵璧县项目为依托，在已经成图的基础上选取一些特征点，记录特征点在三维采集下的坐标，然后依据点之记，在野外采用 GPS 方式获取这些特征点的实测坐标。

在测区抽查了 10 幅图的 60 个检查点检查平面精度，以及 18 个检查点检查高程精度。所抽图幅以一定的排列密度散列分布于测区中，其中城区抽取 6 幅，周边地区抽取 4 幅，所选图幅数占总图幅数的 10%。所选点位位于图中墙角、道路交叉口、电杆、路灯等关键点位。对比这些外业检查点的实测坐标与图上坐标，计算出两组坐标的 dx、dy 及高程差值。根据点位中误差公式计算出每个检查点的平面中误差。参照 1 ∶ 1 000 作业规范中的精度要求进行检验。统计结果如表 8–20 和表 8–21 所示。

表 8-20　地形图平面精度检查统计表

单位：m

序号	地物点位精度			
	坐标差		点位误差	点位说明
	dx	dy	ds	
1	0.337	−0.365	0.497	电杆
2	0.398	0.269	0.485	路灯
3	0.399	−0.263	0.480	墙角
4	0.095	0.354	0.367	路灯
5	0.294	−0.327	0.430	路灯
58	−0.270	−0.290	0.396	电杆
59	−0.007	0.348	0.348	电杆
60	0.332	−0.197	0.386	道路交叉点
$M_s=\sqrt{[\mathrm{d}s\mathrm{d}s]/n}=0.428$				

表 8-21　地形图高程精度统计表

单位：m

序号	内容	高程精度		
		实测高程	图上高程	误差
1	地物特征点	18.295	18.188	0.107

续表

序号	内容	高程精度		
		实测高程	图上高程	误差
2	地物特征点	19.561	19.788	−0.217
3	地物特征点	19.858	19.680	0.178
4	地物特征点	21.176	20.950	0.226
5	地物特征点	20.319	20.360	−0.041
6	地物特征点	22.221	21.985	0.236
7	地物特征点	25.325	25.103	0.222
8	地物特征点	19.713	19.580	0.232
9	地物特征点	18.165	17.900	0.205
10	地物特征点	15.043	15.243	−0.200
11	地物特征点	23.642	23.430	0.212
12	地物特征点	23.039	23.354	−0.315
13	地物特征点	20.965	21.290	−0.325
14	地物特征点	24.435	24.703	−0.268
15	地物特征点	38.887	38.670	0.217
16	地物特征点	18.279	18.403	−0.124
17	地物特征点	34.215	34.468	−0.253
18	地物特征点	20.754	20.556	0.198
$M_h=\sqrt{[\Delta h\Delta h]/n}=0.220$				

经分析可知，选取的地物特征点的平面坐标误差与高程误差中误差分别为

0.428 和 0.220。由于灵璧县基本上是平地地区，对比表 8-20 和表 8-21 的精度要求可知，特征点的点位误差与高程误差均满足作业规范所要求的 1 ∶ 1 000 作图精度。由此可得，无人机航测技术在灵璧县 1 ∶ 1 000 大比例尺制图的作业中满足规范精度要求。

参考文献

[1] 朱凌 . 摄影测量基础 [M]. 北京：测绘出版社，2018.

[2] 王双亭 . 摄影测量学 [M]. 北京：测绘出版社，2017.

[3] 潘洁晨 . 摄影测量学 [M]. 成都：西南交通大学出版社，2016.

[4] 丁华，李如仁，徐启程 . 数字摄影测量及无人机数据处理技术 [M]. 北京：中国建材工业出版社，2018.

[5] 胡云华，许海超，曲双锋，等 . 倾斜摄影测量技术在生产建设项目水土保持监管中的应用 [J]. 水土保持研究，2022，29（6）：438–443.

[6] 李辉 . 关于无人机倾斜摄影测量技术在道路工程测量中的应用 [J]. 科技风，2022（27）：79–81.

[7] 蔡威，孙训斌，周杰 . 基于倾斜摄影测量的实景三维建模及精度分析 [J]. 山西建筑，2022，48（19）：166–168.

[8] 任智龙，李风贤，柴生亮，等 .RTK 和 PPK 融合差分技术的无人机摄影测量免像控测图精度实证 [J]. 北京测绘，2022，36（9）：1225–1230.

[9] 梁四幺，杨海成，李云涛，等 . 基于无人机倾斜摄影测量在土石方测算中的应用 [J]. 测绘与空间地理信息，2022，45（9）：235–237.

[10] 周林衡 . 无人机倾斜摄影测量技术在房地一体测绘中的应用研究 [J]. 测绘与空间地理信息，2022，45（9）：245–247，251，254.

[11] 冉康，王涛，何志伟 . 倾斜摄影测量和惯导 RTK 在农村宅基地确权中的应用 [J]. 测绘通报，2022（9）：115–118，166.

[12] 寇延鹏，韩力 . 无人机倾斜摄影测量在矿山测绘中的应用 [J]. 冶金管理 .2020（17）：91–92.

[13] 苗小芒 . 不动产测绘中倾斜摄影测量技术的应用分析 [J]. 科技创新与生产力，2022（9）：114–116.

[14] 操成．航空摄影测量技术在矿山测量中的应用分析 [J]. 工程技术研究，2022，7（16）：194–196.

[15] 杨常红，翟华，丁剑．基于无人机倾斜摄影测量的智慧三维工地应用[J].北京测绘，2022，36（8）：1013–1018

[16] 贾先通．无人机摄影测量技术在大比例地形图中的应用[J].智能城市，2022，8（8）：27–29.

[17] 成晓吉．无人机倾斜摄影测量在矿山测绘中的实践分析 [J]. 中国金属通报，2022（8）：162–164.

[18] 吴永春．铁路桥梁巡检中无人机摄影测量技术的应用研究 [J]. 科学咨询：科技·管理，2022（8）：96–98.

[19] 赵晋睿．矿山工程地质结构测绘中航空摄影测量的应用研究 [J]. 世界有色金属，2022（15）：10–12.

[20] 宋博，韩月娇，马洋洋，等．基于无人机技术的航空摄影测量实训课程改革 [J]. 黑龙江科学，2022，13（13）：118–120.

[21] 巩志鹏．无人机摄影测量在矿山测量中的应用分析 [J]. 内蒙古煤炭经济，2022（12）：172–174.

[22] 万丽娟．无人机倾斜摄影测量技术在农村房地一体测绘中的应用研究 [J]. 工程建设与设计，2022（12）：140–142.

[23] 郭光超．矿区地形测量中无人机航空摄影测量技术的应用 [J]. 世界有色金属，2022（12）：37–39.

[24] 仝红菊，常增亮．航空摄影测量影像中的电力系统地物自动识别方法研究 [J]. 智能建筑与智慧城市，2022（6）：52–54.

[25] 程飞，张子文，姜炳功．无人机倾斜摄影测量在河流综合治理中的应用 [J]. 测绘与空间地理信息，2022，45（6）：58–60，66.

[26] 罗显圣．无人机航空摄影测量模拟系统的应用 [J]. 现代信息科技，2022，6（11）：193–195.

[27] 张彦会．浅谈摄影测量技术的发展历程及未来趋势 [J]. 科技创新与生产力，2022（6）：142–144.

[28] 黄斌．航空摄影测量技术在露天矿山动态监测中的应用 [J]. 世界有色金属，2022（11）：31–33.

[29] 宋桂花 . 摄影测量与遥感技术在建筑工程中的实践探索 [J]. 中国住宅设施，2022（5）：51–53.

[30] 焦亚沁 . 基于无人机倾斜摄影测量点云数据的河流水面三维重建技术研究 [D]. 连云港：江苏海洋大学，2022.

[31] 黄镭 . 大型污水处理厂工程建造中的倾斜摄影测量技术应用 [J]. 工程建设与设计，2022（10）：161–164.

[32] 张靖 . 数字摄影测量用于启闭机结构尺寸精密测量 [J]. 现代测绘，2022，45（3）：58–60，4.

[33] 杨虹 . 无人机摄影测量技术在数字化地形测量的应用 [J]. 新型工业化，2022，12（5）：226–229.

[34] 李国希 . 垂直摄影测量和倾斜摄影测量在生产大比例尺地形图中的对比分析 [J]. 科技创新与生产力，2022（5）：62–64，68.

[35] 马娟娟 . 无人机倾斜摄影测量技术在不动产项目中的应用研究 [J]. 科技创新与生产力，2022（5）：65–68.

[36] 张可 . 基于单位四元数描述的摄影测量相机自检校算法研究 [D]. 徐州：中国矿业大学，2022.

[37] 汪学君 . 摄影测量与遥感技术应用现状及发展趋势分析 [J]. 江西建材，2022（4）：96–97.

[38] 刑思源 . 无人机倾斜摄影测量在建筑规划竣工测绘中的应用 [J]. 江苏建材，2022（2）：82–84.

[39] 蒋霖，吕健春 . 三维激光扫描结合无人机倾斜摄影测量的变电站变形监测研究 [J]. 红水河，2022，41（2）：88–93.

[40] 尚阳 . 基于低空倾斜摄影测量技术的农村房地一体测绘应用及精度评定 [J]. 智能城市，2022，8（4）：20–22.

[41] 黄群贤 . 无人机倾斜摄影测量在大比例尺地形图测绘中的应用 [J]. 工程技术研究，2022，7（8）：88–90.

[42] 王任享，王建荣 . 我国卫星摄影测量发展及其进步 [J]. 测绘学报，2022，51（6）：804–810.

[43] 武炜，张丽丽，司典浩，等 .BIM+ 无人机倾斜摄影测量融合技术在雄安昝岗再生水厂工程中的应用 [J]. 北京工业职业技术学院学报，2022，21（2）：1–5.

[44] 傅贵林 . 基于无人机摄影测量的 DSM 在矿山地灾治理的应用 [J]. 同煤科技，2022（2）：15–17.

[45] 陈明 . 浅析无人机低空摄影测量技术在地质测绘中的运用 [J]. 西部资源，2022（2）：95–96，99.

[46] 王文鑫，邵延秀，姚文倩，等 . 基于摄影测量技术对玛多 M_W7.4 地震地表破裂特征的快速提取及三维结构的室内重建 [J]. 地震地质，2022，44（2）：524–540.

[47] 万会明 . 倾斜摄影测量技术在水利工程测绘中的应用 [J]. 江西水利科技，2022，48（2）：121–125.

[48] 王鹏飞，刘阳 . 智慧城市建设中无人机倾斜摄影测量技术的应用分析 [J]. 科技资讯，2022，20（7）：70–72.

[49] 李博，康亚辉，周博闻 . 基于平面基线靶标的航空摄影测量重定位 [J]. 西安工程大学学报，2022，36（3）：137–142.

[50] 伍宏伟 . 无人机倾斜摄影测量技术在地籍测量中的应用 [J]. 中国住宅设施，2022（3）：70–72.

[51] 关杰良 . 无人机摄影测量技术在测绘工程中的应用 [J]. 江西建材，2022（3）：68–69，72.

[52] 徐锐 . 无人机摄影测量及其在 BIM 技术中的应用 [J]. 地理空间信息，2022，20（3）：121–123.

[53] 方文轩，丛佃伟 . 基于摄影测量技术实现舰载飞行器着舰阶段位姿测量研究 [J]. 测绘与空间地理信息，2022，45（3）：202–205，208.